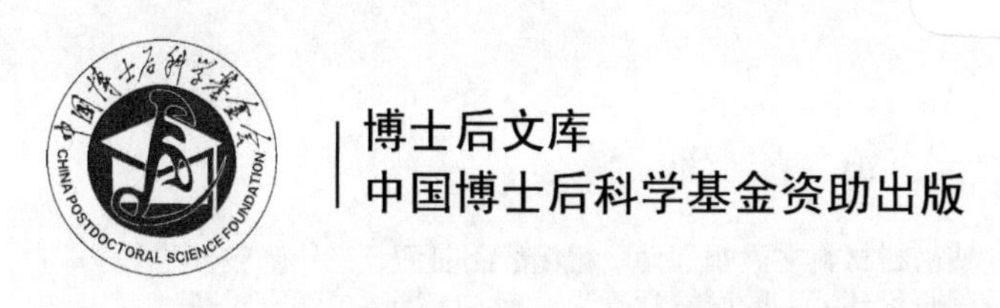

苛刻工况服役的橡塑密封摩擦学行为

沈明学　著

科学出版社
北　京

内 容 简 介

本书系统介绍橡塑密封材料在微幅运动、粗糙配副表面、三体磨粒环境和宽温域工况等苛刻服役环境下的摩擦学行为。首先，概述橡塑密封摩擦学的简况、理论和典型失效行为；其次，从往复橡塑密封微幅运行工况出发论述橡塑密封微动摩擦学特性；再次，在讨论了乏油、富油润滑工况下橡胶/粗糙配副表面两体摩擦学行为和干态工况下橡塑密封材料磨粒磨损行为影响的基础上，介绍介质环境下橡塑材料的三体磨粒磨损特性，系统论述橡胶/金属两体磨损的表面粗糙度优化问题、三体磨粒磨损的"颗粒尺寸效应"等相关科学问题；最后，讨论橡胶/金属配副的摩擦生热特性、聚合物老化和宽温域服役行为。

本书可供从事流体密封技术和摩擦学行为等研究的高等院校师生、科研机构和相关企业的研究人员与工程技术人员查阅、参考。

图书在版编目(CIP)数据

苛刻工况服役的橡塑密封摩擦学行为 / 沈明学著. —北京：科学出版社，2023.7

（博士后文库）

ISBN 978-7-03-075720-3

Ⅰ. ①苛…　Ⅱ. ①沈…　Ⅲ. ①橡塑材料-密封-摩擦-研究　Ⅳ. ①TQ333

中国国家版本馆CIP数据核字(2023)第103390号

责任编辑：陈　婕 / 责任校对：王萌萌
责任印制：吴兆东 / 封面设计：陈　敬

科 学 出 版 社 出版
北京东黄城根北街 16 号
邮政编码: 100717
http://www.sciencep.com
北京九州迅驰传媒文化有限公司印刷
科学出版社发行　各地新华书店经销
*
2023 年 7 月第　一　版　开本：720 × 1000　1/16
2024 年 1 月第二次印刷　印张：14 3/4
字数：290 000

定价：108.00 元

（如有印装质量问题，我社负责调换）

“博士后文库”序言

1985年，在李政道先生的倡议和邓小平同志的亲自关怀下，我国建立了博士后制度，同时设立了博士后科学基金。30多年来，在党和国家的高度重视下，在社会各方面的关心和支持下，博士后制度为我国培养了一大批青年高层次创新人才。在这一过程中，博士后科学基金发挥了不可替代的独特作用。

博士后科学基金是中国特色博士后制度的重要组成部分，专门用于资助博士后研究人员开展创新探索。博士后科学基金的资助，对正处于独立科研生涯起步阶段的博士后研究人员来说，适逢其时，有利于培养他们独立的科研人格、在选题方面的竞争意识以及负责的精神，是他们独立从事科研工作的“第一桶金”。尽管博士后科学基金资助金额不大，但对博士后青年创新人才的培养和激励作用不可估量。四两拨千斤，博士后科学基金有效地推动了博士后研究人员迅速成长为高水平的研究人才，“小基金发挥了大作用”。

在博士后科学基金的资助下，博士后研究人员的优秀学术成果不断涌现。2013年，为提高博士后科学基金的资助效益，中国博士后科学基金会联合科学出版社开展了博士后优秀学术专著出版资助工作，通过专家评审遴选出优秀的博士后学术著作，收入“博士后文库”，由博士后科学基金资助、科学出版社出版。我们希望，借此打造专属于博士后学术创新的旗舰图书品牌，激励博士后研究人员潜心科研，扎实治学，提升博士后优秀学术成果的社会影响力。

2015年，国务院办公厅印发了《关于改革完善博士后制度的意见》（国办发〔2015〕87号），将“实施自然科学、人文社会科学优秀博士后论著出版支持计划”作为“十三五”期间博士后工作的重要内容和提升博士后研究人员培养质量的重要手段，这更加凸显了出版资助工作的意义。我相信，我们提供的这个出版资助平台将对博士后研究人员激发创新智慧、凝聚创新力量发挥独特的作用，促使博士后研究人员的创新成果更好地服务于创新驱动发展战略和创新型国家的建设。

祝愿广大博士后研究人员在博士后科学基金的资助下早日成长为栋梁之材，为实现中华民族伟大复兴的中国梦做出更大的贡献。

中国博士后科学基金会理事长

前　言

橡塑密封是防止内部密封介质外泄、抵御外部污染物入侵的重要屏障。随着高端机械装备的快速发展，流体密封所面临的环境会愈加苛刻，未来的密封技术将朝着适应复杂多变环境的多重功能一体化以及超长寿命方向发展。常规服役环境下的橡塑密封技术已经不能满足日益发展的轨道交通、海洋、空天、核能等行业宽温、高速、沙尘等苛刻环境工况下机械装备的需求，迫切需要基础理论研究结合试验分析，从密封副摩擦学设计与防护、材料优化匹配以及全寿命服役与失效机制方面，进一步明确橡塑密封摩擦副的构效关系、表界面作用等，从而实现橡塑密封制件的长寿命、高可靠性。

本书简要回顾了国内外橡塑密封材料摩擦学的发展历史和研究现状，并在此基础上重点介绍了作者及团队成员近十年来在国家自然科学基金项目(51775503、51965019)、中国博士后科学基金面上项目(2017M620152)和特别资助项目(2018T110392)、江西省引进培养创新创业高层次人才“千人计划”、江西省自然科学基金项目(20192BAB206026、20212ACB214003)和浙江省自然科学基金项目(LQ13E050013、LY17E050020)等资助下取得的最新研究成果，主要内容包括：①机械密封用橡胶弹性体微动摩擦学运行特性；②配副表面粗糙影响下橡胶/金属密封配副的摩擦学行为；③干态工况下橡塑密封材料磨粒磨损问题及“颗粒尺寸效应”；④考虑磨粒粒度、磨粒浓度、界面润滑状态等变量影响下的水、油润滑介质工况橡塑材料的三体磨蚀行为；⑤服役温度影响下的橡塑材料的摩擦学行为。

本书的出版得到了诸多的支持与协助，首先，感谢所有参与课题研究的研究生，他们是季德惠博士研究生、李波硕士研究生、张兆想硕士研究生、董峰硕士研究生、徐朋帅硕士研究生、李圣鑫硕士研究生、李佳强硕士研究生等，正是他们的辛勤努力与积极配合，才保证了本书研究成果的顺利完成；其次，感谢在研究过程中给予众多帮助和指导的浙江工业大学彭旭东教授、上海交通大学张执南教授、西南交通大学朱旻昊教授、华东交通大学熊光耀教授等；最后，衷心感谢中国博士后科学基金会、科学出版社，在他们的支持和协助下，本书才能顺利出版。

撰写本书的目的在于向读者介绍国内外橡塑密封材料摩擦学的研究现状发展趋势以及作者团队在橡塑密封材料摩擦学研究方向的最新进展，以实现交流研究经验、推广研究成果、促进我国摩擦学发展。

需要指出的是，橡塑密封材料摩擦学是一门交叉性很强的学科，加上本书篇幅和作者专业知识的限制，书中难免存在一些不足，敬请广大读者批评指正。

沈明学

2022年8月16日

于华东交通大学

目　录

第1章　橡塑密封摩擦学概述

1.1　橡塑密封与摩擦学

橡塑是橡胶和塑料的统称，它们是典型的高分子聚合物，往往以合成或天然聚合物为主要成分，并辅以各类填料在一定温度和压力下加工成型。橡胶等高分子聚合物因具有高弹性、耐腐蚀性、抗渗透性、中等应力松弛和蠕变性能、对接触表面具有良好的补偿性和耐磨性等优点，被广泛应用于各类流体机械中的软接触密封。作为重大装备的关键基础零部件，橡塑动密封制品在轨道交通、石油化工、航空航天、海洋工程装备等领域得到了广泛应用。

摩擦学的主要研究对象是相互作用的固体表面，是研究两个接触的固体表面在相对运动中产生摩擦、磨损、黏附、黏滞、表面疲劳等影响的一门学科。摩擦学性能是橡塑动密封制品一项极为重要的关键性指标，它甚至直接决定整套装置的服役寿命。作为一种关键密封形式，橡塑密封常以接触式动密封形式存在。例如，活塞和活塞杆做往复或旋转运动，就是依靠活塞、活塞杆与密封件之间的摩擦来实现密封效果[1,2]。

橡塑密封是防止内部密封介质外泄、抵御外部污染物入侵的重要屏障，已成为保障现代工业高效、长期、安全和稳定运行必不可少的重要技术产品。然而，对于重大装备的橡塑密封及其摩擦学问题，人们往往觉得“微不足道”，关注甚少[3]。橡塑材料磨损、界面润滑及密封安全等相关科学问题，仍未引起学术界和工业界的足够重视。近三十年来，我国“重整机、轻配件”的研究和发展思路，一定程度上阻碍了橡塑密封系统相关的摩擦学理论研究与工程应用的发展[4]。

1.2　橡塑摩擦学理论

橡胶是一种弹性模量很低、黏弹性很高的聚合物，它具有不同于金属和一般聚合物的特性。橡胶与刚体之间的摩擦包括黏着(adhesion)和滞后(hysteresis)两个作用力分量，黏着摩擦起因于橡胶与对偶面之间黏着的不断形成和破坏，伴随着快速的能量耗散；滞后摩擦则是由表面微凸体作用导致滑动的橡胶产生周期性的变形以及犁削过程中的能量耗散引起的。橡胶的这种耦合摩擦特性也导致橡胶磨损有别于一般聚合物的特性。橡塑摩擦的主要理论最初是由 Schallamach 提出的[5,6]，并由 Grosch、Ludema、Tabo 和 Moore 等进一步研究发展和逐渐完善，张嗣伟在其著作中很好地总结了相关理论[7]。事实上，上述理论主要建立在橡胶材料黏弹特性假设的基础上。然而，橡胶的摩擦系数表现为一种 Williams-Landel-Ferry(WLF)类的温度依赖性，WLF 公式是黏弹性力学中著名的公式之一[8]。Schallamach 是最早报道橡胶的摩擦力与温度和滑动速度有关的研究者，他发现摩擦力随速度的增大略有增大，随温度的降低而大幅增大[6]，他试验得出的摩擦系数与温度的指数关系类似于液体黏性流动时的流动性与温度的关系，如图 1.1 所示。在运动过程中，分子连续地在基质上附着和分离，橡胶链末端在滑动方向上的切向应力作用下有小幅跳跃。

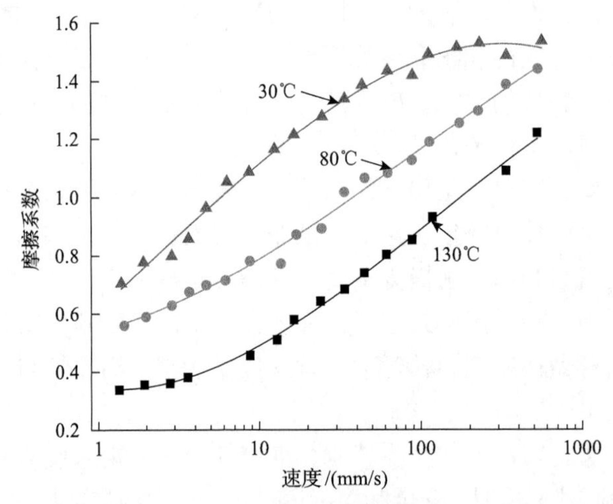

图 1.1　摩擦系数在不同温度下随滑动速度演变的函数分布[6]

Grosch[9]扩展并建立了一个更大的数据集来证明橡胶摩擦对滑动速度和温度的依赖关系，其中摩擦系数是在 10^{-5}～1cm/s 的低滑动速度下测量的，并作为温度的函数，如图 1.2 所示。Grosch 在试验过程中应用 WLF 叠加概念，获得了在 20℃、速度为 10^{-8}～10^{8}mm/s 范围下的摩擦系数和滑动速度之间独特的钟形主曲线，他假设主曲线上的一个峰值速度对应于一个 $\tan\delta$(损耗角正切)的峰值。Ludema 等[10]也进行了类似的试验。这些发现被报道后，橡胶的摩擦行为由橡胶块本身的黏弹特性决定的概念在橡胶研究领域得到了广泛认可。

在此基础上，Moore[11]提出了橡胶总摩擦系数之和的概念，即 μ_{all} 由黏着分量 μ_{adh} 和形变组分 μ_{def}(即滞后分量 μ_{hys})求和得到：

$$\mu_{\text{all}} = \mu_{\text{adh}} + \mu_{\text{def}} = \left[K_1' \frac{E}{P^r} + K_2' \left(\frac{P}{E} \right)^n \right] \tan\delta \tag{1.1}$$

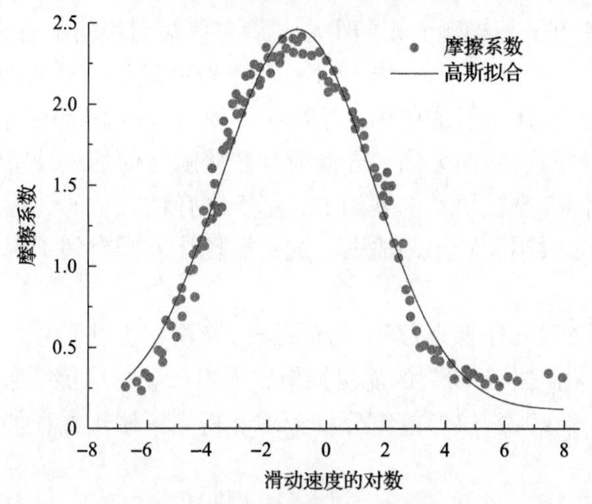

图 1.2　20℃下丁腈橡胶摩擦系数随滑动速度演变的分布函数主曲线[9]

$$\mu_{\text{adh}}=K_1'\left(\frac{E}{P^r}\right)\tan\delta \tag{1.2}$$

$$\mu_{\text{def}}=\mu_{\text{hys}}=K_2'\left(\frac{P}{E}\right)^n\tan\delta \tag{1.3}$$

式中，K_1'、K_2' 均为恒量常数；E 为弹性模量；P 为法向压力；$\tan\delta$ 为损耗角正切，又称损耗因子；$r\leqslant 1$；$n\geqslant 1$；μ_{hys} 为对应于橡胶在接触刚性粗糙表面时的形变所损失的滞后能量。值得一提的是，式(1.1)～式(1.3)中 μ_{all}、μ_{adh}、μ_{def} 都可以表示为材料特性相关的函数。

Carbone 等[12]基于表面黏附能理论，根据弹性力学、断裂力学的基本原理，在忽略波的传播和黏弹性所引起的能量损失条件下，给出了摩擦系数 μ 的计算公式：

$$\mu=kh\cos^2(ka/2)\sin(ke)\frac{\cos(ke)\sin^2(ka/2)-\overline{P}_\infty}{\overline{P}_\infty} \tag{1.4}$$

其中，

$$\overline{P}_\infty=\frac{2(1-v^2)-P_\infty}{E}\cdot\frac{1}{kh} \tag{1.5}$$

$$k=2\pi/\lambda \tag{1.6}$$

式中，P_∞ 为橡胶弹性体垂直地面距离接触表面无限远处的压应力；E 为材料弹性模量；λ 为微观波动长度；h 为表面粗糙度；a 为微观接触面积半径；v 为滑动速度；e 为在滑动速度 v 下接触面积的中心与静态接触面积的中心偏离量。

近十几年来，Persson 等[13-15]提出了一种新颖的随机粗糙表面接触力学理论，以解释粗糙度对弹性体接触的作用；给出了不仅可以计算接触面积和压力分布，而且可以推导如黏附、界面分离、介质泄漏和接触几何的统计特性等相关参数的方法。此外，他们在系统研究的基础上，基于黏弹性力学的计算方法，计算说明了雨天轮胎摩擦力大幅度减小的原因，这一发现让人们看到了统一各项研究成果的希望[16]。

Fukahori 等[17]对总摩擦系数相关方程进行修正和改进，考虑了橡胶滑移过程中，Schallamach 花纹根部断裂的能量损失，指出橡胶总摩擦系数 μ_{all} 由黏着分量 μ_{adh}、形变组分 μ_{def} 和裂纹形成组分 μ_{crac} 求和得到，修正方程如下：

$$\mu_{\mathrm{all}} = \mu_{\mathrm{adh}} + \mu_{\mathrm{def}} + \mu_{\mathrm{crac}} = K_1 \eta v \left\{ \left[1 + K_2 \left(\frac{\tan\delta}{\sqrt{2}} \right) + \sqrt{2} K_{\varepsilon} c \right] E^{-7/6} W^{1/6} \right\} \tag{1.7}$$

式中，K_{ε} 为衡量常数；η 为未交联相的黏度；E 为交联相的弹性模量；v 为滑动速度；c 为裂纹长度；W 为法向载荷。

综上所述，Moore 理论仍是目前橡塑摩擦最基本的基础理论，上述学者的相关理论推导也有力支撑了 Moore 理论，使得该理论至今仍被广泛应用。国内橡塑材料摩擦研究起步相对较晚，中国石油大学(北京)张嗣伟教授所著的 *Tribology of Elastomers*[7]以橡胶典型的磨损机理以及磨损中涵盖的物理和化学问题为切入点，围绕材料、结构、环境等因素对橡胶磨损原理进行了较为系统且深入的研究。

1.3　苛刻服役环境下的橡塑密封及其典型失效

影响橡塑密封失效的因素主要包括以下几方面。

(1)材料结构性能缺陷：尽管橡塑材料本身的性能足够突出，但在设计选材和加工成型方面，难免存在对产品服役需求、性能评估以及实际安装条件认识不足等问题；在加工成型方面，原料的品质不稳定、入料配比偏差、工艺条件把控不当等均会影响密封材料的服役性能表现。

(2)接触状态：在密封件装配或服役过程中，可能会陷入间隙或存在错位倾角，使得密封件未能处于良性接触状态。此外，橡胶密封件常处于压缩或伸张状态，其永久性形变远较其他密封材料严重，长时间的压缩或伸张导致材料的机械性能逐步衰退，最终丧失实际使用价值。粗糙的配副表面(轴承上的微毛刺)也会加速密封件损伤失效，进而被迫停机拆修。

(3)运行参数：一般涵盖滑动速度、运动频次、接触载荷、位移幅度等参数(主要取决于密封件的实时运行条件)，这些含有密封件的整机运行参数在一定程度上也会影响密封件的摩擦学性能表现。

(4)环境因素：橡塑密封应用面临复杂交变的服役环境，受环境因素(高温干燥、低温冰雪、高寒高湿、风沙多尘、易腐环境等)的影响，促使橡塑材料产生严重的磨损、黏附、断裂、疲劳失效等问题。

近年来，随着高端装备制造技术的发展，橡塑密封服役所面临的环境工况会愈加苛刻，未来的橡塑密封逐渐向适应复杂多变环境的多重功能一体化以及超长寿命方向发展，这对橡塑密封性能提出了更高的要求，且受橡塑材料自身特点所限，其“瓶颈效应”也日益凸显。常规服役工况下的橡塑密封技术已经不能满足日益发展的轨道交通、海洋、空天、核能行业宽温、高速、沙尘等苛刻环境工况下机械装备的需求，这就需要基础理论研究结合试验分析，在密封副摩擦学设计与防护、材料优化匹配以及全寿命服役与失效机制等方面，进一步明确橡塑密封摩擦副的构效关系、表界面作用等，从而实现橡塑密封制品的长寿命、高可靠性。

迄今，对橡胶在连续旋转或大位移往复运动下的摩擦磨损行为进行了较为广泛而深入的研究[7,18]。然而，关于橡胶微动磨损的研究鲜见报道。在往复轴密封工作时，橡胶/金属摩擦副可能出现相对静止、不连续滑移、部分滑移和完全滑移等复杂的接触状态，势必引起橡胶/金属接触副间微动的产生[2,19]。微动常被认为是工业中的“癌症”，大量的研究已证实，微动会造成接触表面磨损、加速疲劳裂纹的萌生与扩展，具有很大的潜在危险性[20]。Darling[21]明确指出微动是引起密封失效的主要原因之一，微动作用可以导致橡胶密封圈甚至与之配副的金属材料表面产生严重的微动损伤。Felhös 等[22,23]研究了不同炭黑含量的三元乙丙橡胶(ethylene propylene diene monomer，EPDM)在销-平面接触、滚动平面接触、微动磨损三种不同试验配置下的摩擦磨损性能。通过对比发现，摩擦系数和磨损性能强烈地依赖于相关接触方式，具有很大程度的不确定性。Baek 等[24]发现橡胶弹性体微动磨损过程中产生的磨屑会引起摩擦界面应力场、温度场演化，磨屑行为受微动参数、表面粗糙度和材料性能等影响。然而，他们未能准确揭示橡胶-金属接触的微动行为和微动磨损损伤机理。

摩擦即意味着相互接触的摩擦副表面发生相对运动，长期的摩擦作用致使配副金属硬表面出现磨损失效，表层材料不断被去除而脱落，恶化的磨损表面变得粗糙，橡胶/金属配副的二体磨粒磨损逐渐形成。目前，大多数学者[7, 25]研究橡胶材料的摩擦学特性是以光滑的金属或涂层平面作为对偶件，忽视了对摩副表面粗糙度对橡胶的影响。在很多实际应用中，橡胶密封摩擦副往往不能实现全膜润滑而处于乏油状态[26, 27]。表面粗糙度对摩擦和磨损、接触状态、润滑性能、附着力和界面分离等均有显著影响，而密封副的摩擦学行为与接触副的表面粗糙度和摩擦副材料的表面特性密切相关[13,14,28]。工程上往往通过尽量降低“硬”对摩副表面粗糙度的方法来减缓橡胶等“软”材料的磨损，但已有的研究表明，配副金属的表面粗糙度并非越小越好，过于光滑的表面反而会增加对摩副表面的黏着力、增大摩擦系数和加剧磨损。Sedlaček 等[29]研究了粗糙度参数与摩擦学行为间的关系，他们指出摩擦系数与表征摩擦副表面粗糙度的参数 R_k(核心粗糙度深度)、R_{pk}(简约峰高)、R_{vk}(简约谷深)等密切相关；Myers[30]认为利用表面粗糙度均方根(root mean square, RMS)预测材料的摩擦磨损最为有效；代汉达等[31]讨论了偶件表面粗糙度对聚四氟乙烯(poly tetra fluoroethylene, PTFE)摩擦学性能的影响机制，提出了减缓 PTFE 磨损的粗糙度参考范围。然而上述相关结论主要来源于“硬-硬”配对接触摩擦副，对于橡塑密封“橡胶-金属”的“软-硬”接触摩擦副是否适用仍需要进一步验证。如何实现橡塑密封配副表面粗糙度优化以达到减摩、抗磨、降耗的目的，这是当前迫切需要解决的主要问题之一。

工程上，橡胶/金属摩擦副在服役过程中往往将橡胶本身视为主要易损件，但忽视了弹性体(橡胶)对硬质金属对偶件的磨损，文献[21]明确指出核反应堆主冷却剂泵橡塑密封在微动作用下能引起金属表面的严重损伤；文献[32]分析了某在役盾构机唇形密封的失效机理，表明砂石微粒(SiO_2)等硬质颗粒能嵌入摩擦副基体内，以及颗粒的存在加速了铬钴合金的磨损。通常，粉尘等外界颗粒物的侵入、摩擦副自身产生的磨屑、密封介质被污染或涂镀层脱落形成的颗粒也会引起橡胶密封副的过早失效；此外，颗粒嵌入摩擦副表面产生的微切削效应，将加速金属表面的损伤[33]。迄今，关于软/硬配副开展磨粒磨损的研究绝大多数依据 ASTM-G65-00 标准，将被测试样加载在旋转的橡胶轮上，而磨粒颗粒通过漏斗或鱼嘴带入接触区域，这些工作主要集中于利用橡胶轮试验评价“硬”材料的耐磨性，而针对橡胶磨粒磨损的研究较少。大量的工程实践和失效案例使人们逐渐认识到橡胶三体磨粒磨损的重要性。为了解密封件的摩擦失效机理，一些学者研究了磨粒的质量浓度、颗粒形性、外加载荷和滑动速度等参数对摩擦副摩擦学性能的影响[34-36]。事实上，“颗粒尺寸效应”已被指出是两体或三体磨损的一个重要特征[34,37,38]。此外，研究表明大尺寸磨粒比小尺寸磨粒的攻击性更强，对材料的去除和犁削效应也更为显著[39]。此外，高接触压力下的磨粒在摩擦的过程中倾向于破碎，磨粒对摩擦副进行二次损伤，破碎小颗粒的滚动损伤行为尤为突出[39-41]。如图 1.3 所示，橡塑密封在三体磨粒磨损过程中，摩擦副的损伤失效与颗粒的尺寸、浓度、形状和运动方式密切相关，但现有的研究结果仍存在许多争议和分歧[18]。

此外，服役环境温度始终是制约橡塑密封材料性能的“通病”。密封副摩擦过程中，接触表面可能会产生大量的热，导致密封界面温度升高。过高的温度易导致橡胶材料老化，加速磨损失效；过低的温度尤其是接近或低于其玻璃化转变温度后，橡胶材料会丧失弹性，改变摩擦副接触状态。Liu 等[44]研究发现低温环境下超高分子量聚乙烯(ultra-high molecular weight polyethylene, UHMWPE)磨损

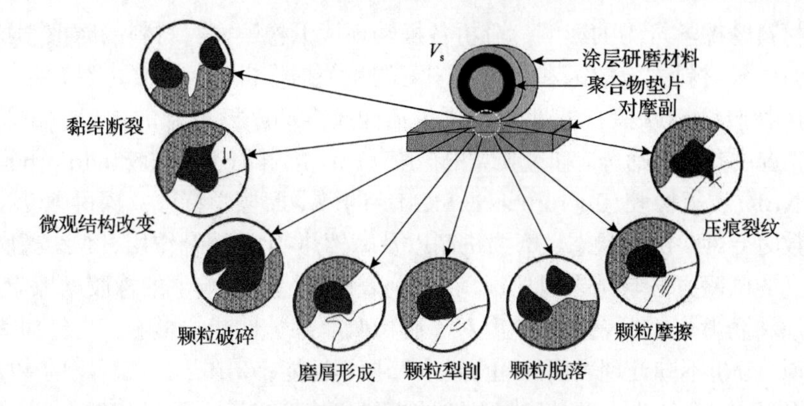

(a) 研磨区颗粒行为示意图[42]

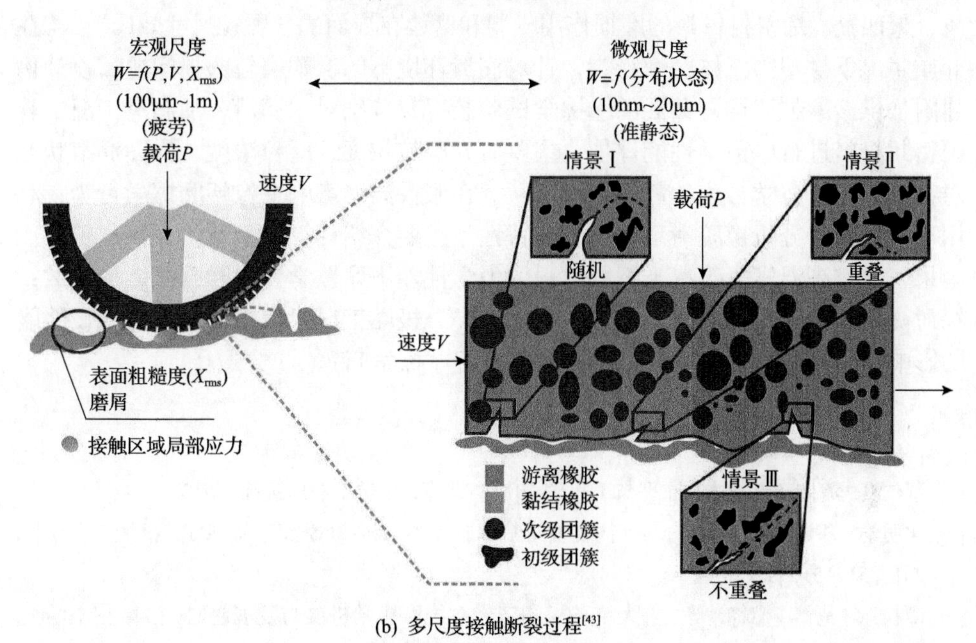

(b) 多尺度接触断裂过程[43]

图 1.3　摩擦界面的颗粒行为

形貌呈典型的疲劳磨损和磨粒磨损特征，而室温下磨损机制以磨粒磨损为主。Theiler 等[45]指出低速工况下摩擦热产生较少，环境温度对聚合物的摩擦学性能影响更加突出，随着温度的降低，磨损机制由以黏着磨损为主逐渐转变为以磨粒磨损为主。同时，研究发现低温下存在对摩副材料的转移。这可能与环境温度的变化引起聚合物弹性衰退、应力松弛、材料硬度和强度等力学性能和热力学行为变化有密切关系[46,47]。总之，橡塑材料的密封性能对服役环境温度变化较为敏感，服役温度对橡塑密封材料摩擦学性能的影响仍需要进一步开展研究。

本书针对极端服役环境下的橡塑密封件，系统研究接触氛围及运行工况对橡塑密封材料摩擦学行为的影响，分析各极端环境下橡塑密封材料的摩擦学特性，以期阐明诱导材料失效成因和环境影响下的相关损伤机理，主要内容包括：①机械密封用橡胶微动摩擦学特性，主要包括橡胶微动摩擦试验的构建、试验选材和运行工况中参数的筛选，研究典型的橡胶 O 形密封圈（丁腈橡胶（nitrile butadiene rubber, NBR）、氟橡胶（fluororubber, FKM））的微动摩擦学特性，探讨微动损伤中摩擦系数时变性、滑移状态、磨损机制以及摩擦热-化学耦合作用，介绍橡胶微动模拟仿真的试验方法与结果对比；②在配副表面粗糙度影响下的橡胶摩擦学行为，考察乏油和润滑作用下表面粗糙度对丁腈橡胶摩擦学性能的影响，再针对表面织构化处理，分析不同处理表面的润湿性和摩擦学性能；③在干态工况下的橡塑密封磨粒磨损问题，介绍干态磨粒磨损试验的搭建和试验细节，评估磨粒粒度对丁腈橡胶、聚四氟乙烯密封材料的磨损作用机制和磨粒在界面的“颗粒尺寸效应”；④在介质工况下橡塑第三体磨蚀行为，针对润滑环境下的橡塑磨粒磨损问题，设计构建附加供给磨粒流均匀共混的摩擦学试验装置，分别对水润滑、油润滑工况下软硬密封材料进行摩擦学性能评估，主要研究磨粒粒度、磨粒浓度、界面润滑状态对密封界面摩擦学行为的影响及规律；⑤在服役温度影响下橡塑摩擦学行为，利用有限元方法分析橡胶滑动摩擦生热特性，主要介绍计算模型及仿真与试验对比结果，研究高温富氧工况下橡胶材料的力学性能、摩擦学性能和摩擦能量耗散，探讨高低温（–50℃、–25℃、0℃、25℃、60℃）极端工况对聚氨酯密封件服役性能的影响，综述讨论面向低温服役环境的橡塑摩擦学问题。

参 考 文 献

[1] 蔡仁良. 流体密封技术：原理与工程应用[M]. 北京：化学工业出版社, 2013.

[2] 沈明学, 郑金鹏, 孟祥铠, 等. 往复轴封氟橡胶 O 型圈微动摩擦学特性[J]. 机械工程学报, 2015, 51(15): 39-45.

[3] 谭桂斌, 范清, 谭锋, 等. 重大装备橡塑密封系统摩擦学进展与发展趋势[J]. 摩擦学学报, 2016, 36(5): 659-666.

[4] 彭旭东, 王玉明, 黄兴, 等. 密封技术的现状与发展趋势[J]. 液压气动与密封, 2009, (4): 4-11.

[5] Schallamach A. Friction and abrasion of rubber[J]. Wear, 1958, 1(5): 384-417.

[6] Schallamach A. Abrasion of rubber by a needle[J]. Journal of Polymer Science, Part A: Polymer Chemistry, 1952, 9(5): 385-404.

[7] Zhang S W. Tribology of Elastomers[M]. Amsterdam: Elsevier, 2004.

[8] Williams M L, Landel R F, Ferry J D. The temperature dependence of relaxation mechanism in amorphous polymers and other glass forming liquid[J]. Journal of the American Chemical Society, 1955, 77(14): 3701-3707.

[9] Grosch K A. The relation between the friction and visco-elastic properties of rubber[J]. Proceedings of the Royal Society of London, 1963, 274(1356): 21-39.

[10] Ludema K C, Tabor D. The friction and visco-elastic properties of polymeric solids[J]. Wear, 1966, 9(5): 329-348.

[11] Moore D F. The Friction and Lubrication of Elastomers[M]. Oxford: Pergamon Press, 1972.

[12] Carbone G, Mangialardi L. Adhesion and friction of an elastic half-space in contact with a slightly wavy rigid surface[J]. Journal of the Mechanics and Physics of Solids, 2004, 52(6): 1267-1287.

[13] Persson B N J. Contact mechanics for randomly rough surfaces[J]. Surface Science Reports, 2006, 61(4): 201-227.

[14] Campañá C, Persson B N J, Müser M H. Transverse and normal interfacial stiffness of solids with randomly rough surfaces[J]. Journal of Physics: Condensed Matter, 2011, 23(8): 85001-85009.

[15] Scaraggi M, Persson B N J. Friction and universal contact area law for randomly rough viscoelastic contacts[J]. Journal of Physics Condensed Matter, 2015, 27(2): 355-359.

[16] Persson B N J, Tartaglino U, Albohr O, et al. Sealing is at the origin of rubber slipping on wet roads[J]. Natrue Materials, 2004, 12(3): 882-885.

[17] Fukahori Y, Gabriel P, Liang H, et al. A new generalized philosophy and theory for rubber friction and wear[J]. Wear, 2019, 446-447(58): 1-18.

[18] Ferial H, Alokesh P, Animesh K B. Tribology of Elastomers[M]. Berlin: Springer, 2022.

[19] Guo Y B, Zhang Z, Wang D G, et al. Fretting wear behavior of rubber against concrete for submarine pipeline laying clamping[J]. Wear, 2019, 432-433(15): 203166.

[20] 周仲荣, Vincent L. 微动磨损[M]. 北京: 科学出版社, 2002.

[21] Darling S. Main Coolant Pump Seal Maintenance Guide[M]. Palo Alto: Electric Power Research Institute (EPRI), 1993.

[22] Felhös D, Karger-Kocsis J. Tribological testing of peroxide-cured EPDM rubbers with different carbon black contents under dry sliding conditions against steel[J]. Tribology International, 2008, 41(5): 404-415.

[23] Karger-Kocsis J, Felhös D, Xu D, et al. Unlubricated sliding and rolling wear of thermoplastic dynamic vulcanizates (Santoprene®) against steel[J]. Wear, 2008, 265(3-4): 292-300.

[24] Baek D K, Khonsari M M. Fretting behavior of a rubber coating: Effect of temperature and surface roughness variations[J]. Wear, 2008, 265(5-6): 620-625.

[25] Wang L, Guan X, Zhang G. Friction and wear behaviors of carbon-based multilayer coatings sliding against different rubbers in water environment[J]. Tribology International, 2013, 64: 69-77.

[26] 董峰, 沈明学, 彭旭东, 等. 乏油环境下橡胶密封材料在粗糙表面上的摩擦磨损行为研究[J]. 摩擦学学报, 2016, 36(6): 687-694.

[27] Qiao J S, Zhou G W, Pu W, et al. Coupling analysis of turbulent and mixed lubrication of water-lubricated rubber bearings[J]. Tribology International, 2022, 172: 107644.

[28] Menezes P L, Kishore, Kailas S V, et al. Role of surface texture, roughness, and hardness on friction during unidirectional sliding[J]. Tribology Letters, 2011, 41(1): 1-15.

[29] Sedlaček M, Podgornik B, Vižintin J. Influence of surface preparation on roughness parameters, friction and wear[J]. Wear, 2009, 266(3-4): 482-487.

[30] Myers N O. Characterization of surface roughness[J]. Wear, 1962, 5(3): 182-189.

[31] 代汉达, 曲建俊. 水润滑下偶件表面粗糙度对 PTFE 复合材料摩擦学性能的影响[J]. 润滑与密封, 2009, 34(2): 8-10.

[32] Sebastiani M, Mangione V, De Felicis D. Wear mechanisms and in-service surface modifications of a satellite 6B Co-Cr alloy[J]. Wear, 2012, 290-291: 10-17.

[33] 邹建华, 吴榕. 分析液压缸活塞杆密封失效原因及防止措施[J]. 液压与气动密封, 2005, 5: 46-48.

[34] Hu G, Ma J B, Yuan G J, et al. Effect of hard particles on the tribological properties of hydrogenated nitrile butadiene rubber under different lubricated conditions[J]. Tribology International, 2022, 169: 107457.

[35] Trezona R I, Hutchings I M. Three-body abrasive wear testing of soft materials[J]. Wear, 1999, 233-235: 209-221.

[36] Li C, Huang H B, Qu J H, et al. Mechanism of wear and COF variation of vulcanized rubber under changing loads and sliding velocities: Interpretation at the atomic scale[J]. Tribology International, 2022, 170: 107505.

[37] Coronado J J. Abrasive size effect on friction coefficient of AISI 1045 steel and 6061-T6 aluminium alloy in two-body abrasive wear[J]. Tribology Letters, 2015, 60(3): 1-6.

[38] Liu X S, Zhou X C, Yang C Z, et al. Study on the effect of particle size and dispersion of SiO_2 on tribological properties of nitrile rubber[J]. Wear, 2019, 460-461(15): 1-11.

[39] Shen M X, Dong F, Zhang Z X, et al. Effect of abrasive size on friction and wear characteristics of nitrile butadiene rubber (NBR) in two-body abrasion[J]. Tribology International, 2016, 103: 1-11.

[40] Stachowiak G B, Stachowiak G W, Brandt J M. Ball-cratering abrasion tests with large abrasive particles[J]. Tribology International, 2006, 39(1): 1-11.

[41] Pellegrin D, Torrance A A, Haran E. Wear mechanisms and scale effects in two-body abrasion[J]. Wear, 2009, 266(1-2): 13-20.

[42] Pandiyan V, Tjahjowidodo T. Use of acoustic emissions to detect change in contact mechanisms

caused by tool wear in abrasive belt grinding process[J]. Wear, 2019, 436-437: 203047.

[43] Harish A B, Wriggers P. Modeling of two-body abrasive wear of filled elastomers as a contact-induced fracture process[J]. Tribology International, 2019, 138: 16-31.

[44] Liu H T, Ji H M, Wang X M. Tribological properties of ultra-high molecular weight polyethylene at ultra-low temperature[J]. Cryogenics, 2013, 58(4): 1-4.

[45] Theiler G, Hübner W, Gradt T, et al. Friction and wear of PTFE composites at cryogenic temperatures[J]. Tribology International, 2002, 35: 449-458.

[46] Li B, Li S X, Shen M X, et al. Tribological behaviour of acrylonitrile-butadiene rubber under thermal oxidation ageing[J]. Polymer Testing, 2021, 93: 106954.

[47] Kriston A, Isitman N A, Fülöp T, et al. Structural evolution and wear of ice surface during rubber-ice contact[J]. Tribology International, 2016, 93: 257-268.

第 2 章　橡胶密封微动摩擦学特性

本章以氟橡胶/不锈钢、丁腈橡胶/不锈钢平面典型配副为研究对象，研究不同位移幅值和接触压力下橡胶微动摩擦学特性，并采用含高阶项的 Mooney-Rivlin 本构模型对丁腈橡胶 O 形密封圈进行轴对称有限元分析，考察位移幅值、摩擦系数、介质压力及压缩率等对密封圈微动行为的影响，以期从试验仿真的角度为机械密封整体性能的进一步提升和优化提供理论依据。

2.1　橡胶微动试验的实现

2.1.1　橡胶的微动及其实验室模拟

微动是指在机械振动、疲劳载荷、电磁振动及热循环等交变载荷作用下，接触表面间发生的振幅极小的相对运动。在机械密封中，其辅助密封件常为橡胶 O 形密封圈。图 2.1 为典型的机械密封结构示意图，其中动环安装在旋转轴上，静环由弹簧和一个辅助密封件(O 形密封圈)作为支撑。在密封系统运行时，O 形密封圈与轴套之间发生小幅度的相对摆动运动，以保证静环能够准确自如地调整其相对位置。因此，两摩擦表面间不可避免地发生微动损伤[1,2]。

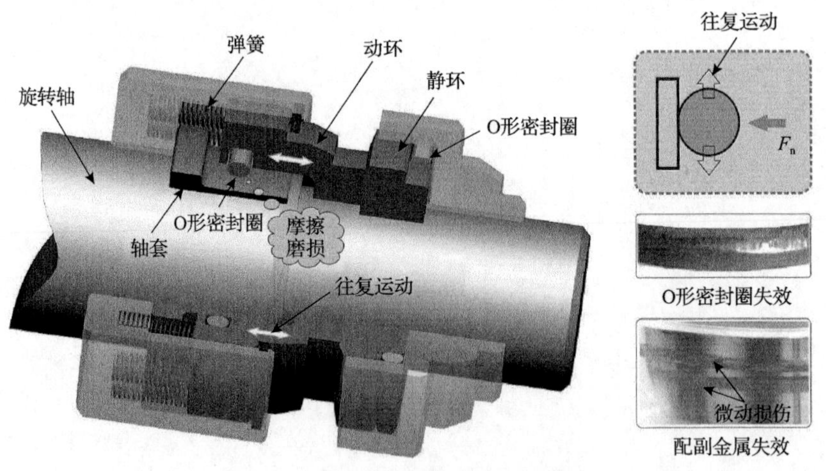

图 2.1　典型的机械密封结构示意图

相对位移是发生微动的基本条件，其幅值大小是微动区别于传统滑动摩擦磨损的主要标志。因橡胶材料自身具有良好的弹性协调能力，两接触副间的相对运动大部分可通过橡胶自身弹性变形完成，接触界面仅占总位移的一小部分。因此，对于橡胶，摩擦副间毫米量级的相对运动仍属于微动范畴。图 2.2 为橡胶 O 形密封圈往复微动摩擦学试验装置示意图，试样的相对往复运动形式与实际工况接近。通过该装置可对微动过程中摩擦表面的温度信息进行实时采集，即在图中配副金属表面下方约 1mm 处嵌入直径约为 1mm 的热电偶用于测量接触表面温度。考虑到 O 形密封圈的压缩率对其本身的工作性能有重要影响，通常做往复运动的密封圈压缩率选择在 10%～20%[3]，试验时 O 形密封圈的压缩率也取在该范围内。不同的压缩率可以通过试验机施加不同的法向载荷实现。

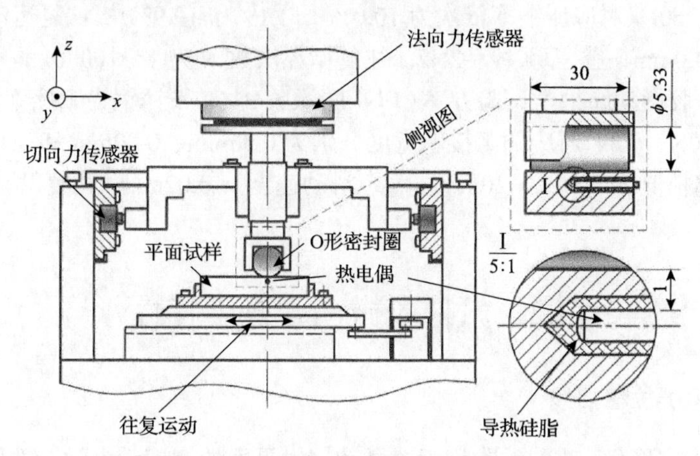

图 2.2　橡胶 O 形密封圈往复微动摩擦学试验装置示意图(单位：mm)

2.1.2　试验材料与参数

氟橡胶具有突出的耐高温、耐油、耐化学药品性能，良好的物理力学性能、介电性能、不燃性、耐候性，以及优异的真空性能、耐辐射性[2]。氟橡胶作为一种重要的密封材料，广泛应用于航空航天、交通运输、工程机械、石油石化、制药装备等领域的液压密封、气动密封以及机械密封的辅助密封中。同样地，丁腈橡胶耐油性极好，耐磨性较高，耐热性较好，也常作为密封材料。AISI 316L 奥氏体不锈钢(简称 316L 不锈钢)具有优异的耐腐蚀性能、耐热性能以及良好的物化稳定性，无须涂层、改性或其他特种加工技术处理，仅通过简单的磨削加工即可应用于机械化工等领域，可直接作为配副金属。

表 2.1 为摩擦副材料的主要物化性能参数。本节分别以氟橡胶、丁腈橡胶和 316L 不锈钢配副为研究对象，开展橡胶微动摩擦学试验，重点考察位移幅值和法向载荷对其摩擦学行为的影响，分析橡胶的微动运行行为、磨损机理及材料损伤

的演变规律。

表 2.1　摩擦副材料的主要物化性能参数

材料	屈服强度 σ_s/MPa	拉伸强度 σ_b/MPa	弹性模量 E/GPa	密度 ρ/(g/cm^3)	硬度	伸长率 δ/%
丁腈橡胶	—	16.8	0.0116	1.32	72(Shore A)	≥450
氟橡胶	—	16.8	0.00784	2.23	70(Shore A)	≥300
316L 不锈钢	310	580	205	7.98	178HV	—

氟橡胶微动摩擦学试验方案：以氟橡胶/316L 不锈钢为摩擦副，法向载荷 F_n=15N、30N、60N(对应压缩率依次为 10.0%、14.1%和 19.9%)；往复运动位移幅值 D 为 0.5～4.0mm；往复频率 f=2Hz；往复循环次数 N 为 1～10000。

丁腈橡胶微动摩擦学试验方案：以丁腈橡胶/316L 不锈钢为摩擦副，法向载荷 F_n=15N、30N、60N(对应的半接触宽度分别为 0.56mm、0.80mm 和 1.12mm)；往复运动位移幅值 D 为 0.2～20mm；固定滑动速度 v=0.02m/s；往复循环次数 N 为 1～10000。

2.2　氟橡胶微动摩擦学特性

2.2.1　摩擦力-位移曲线

摩擦力-位移(F_t-D)曲线常用于对微动接触界面的摩擦动力学特性研究，它记录了接触副在微动过程中摩擦力(F_t)随位移(D)的变化过程，间接地指明了微动界面的变形行为[4]。图 2.3 为氟橡胶在法向载荷 30N 下的 F_t-D 曲线。

当位移较小(D=1.0mm)时，整个微动过程中 F_t-D 曲线始终保持窄扁的椭圆形。该状态下氟橡胶接触表面未见明显损伤，接触中心始终处于黏着且微滑发生

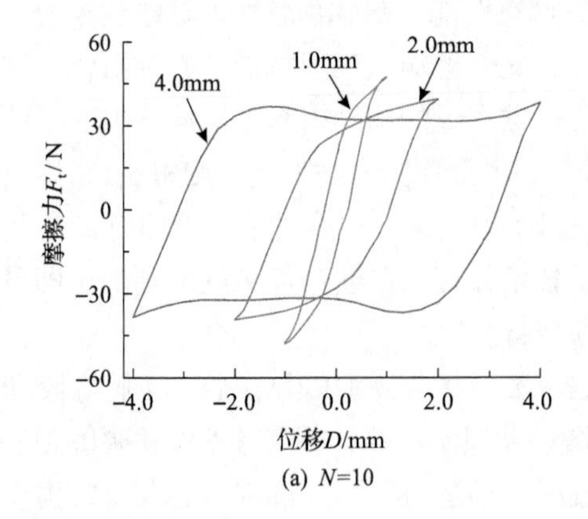

(a) N=10

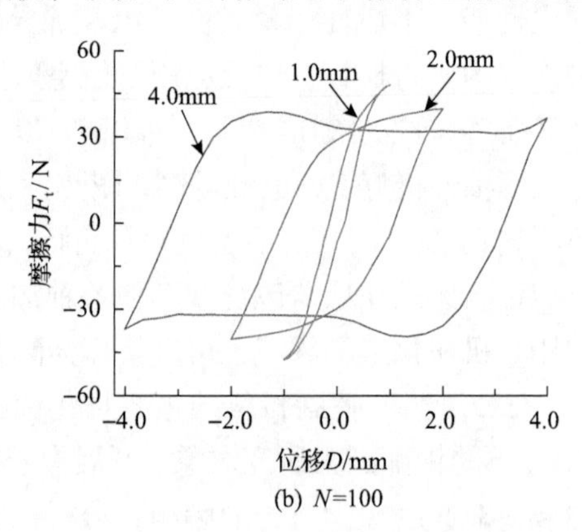

(b) N=100

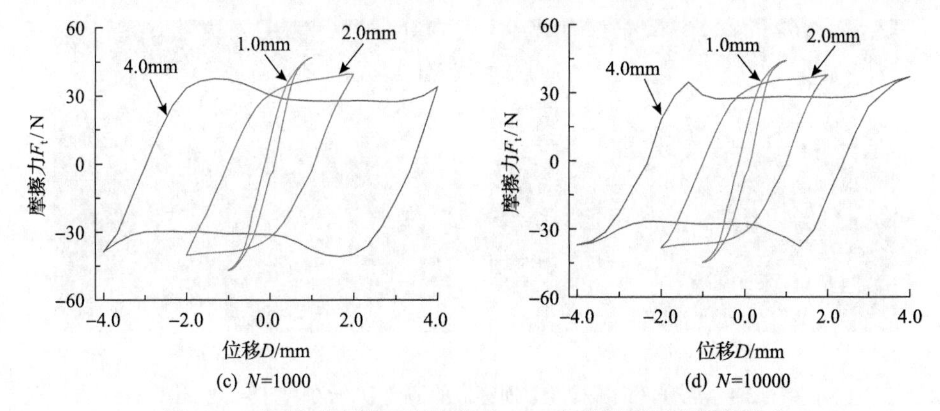

(c) N=1000　　(d) N=10000

图 2.3　不同位移幅值下氟橡胶的 F_t-D 曲线随循环次数的演变

在两侧接触边缘，并不随循环周次的增加而改变。此时，接触界面间未发生完全滑移，外部施加的往复位移主要通过氟橡胶自身的弹性变形协调完成，微动运行于部分滑移区(partial slip regime, PSR)。值得一提的是，在部分滑移区，即使位移幅值再小，F_t-D 曲线也未能呈现直线形，该现象明显不同于非弹性体(如金属、硬质塑料)的微动特性，椭圆形 F_t-D 曲线的呈现表明微动过程中存在能量的耗散，这部分能量可能主要是微动过程中弹性体内部的摩擦并非微动界面上的能量损耗[4]。随着位移的增加，椭圆形逐渐打开并向平行四边形转变。

当 D=2.0mm 时，整个微动过程中，所有的 F_t-D 曲线均呈近似平行四边形，根据金属材料的切向微动特性可判定此时微动应运行于滑移区(slip regime, SR)[1]。如图 2.4 所示，该工况下磨痕中心在微动前期(如 N=5000)仍处于黏着状态，随着循环次数的增加，磨痕中心的黏着区逐渐减小且微滑区开始出现较大的剥落坑，表明此时微动运行于混合区(mixed fretting regime, MFR)。因此，氟橡胶微动混合区的判定必须结合磨痕形貌的演变过程，仅靠动力学曲线确定微动运行区域会产生较大的误差，上述判定方法与扭动微动相似[5]。这主要是由于氟橡胶弹性体内部的摩擦和形变始终伴随着微动，从而导致动力学曲线难以反映接触界面的真实接触状态。

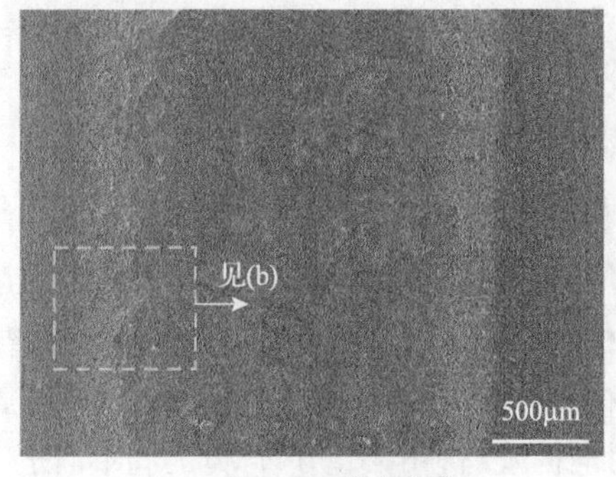

(a) N=5000, 磨痕全貌

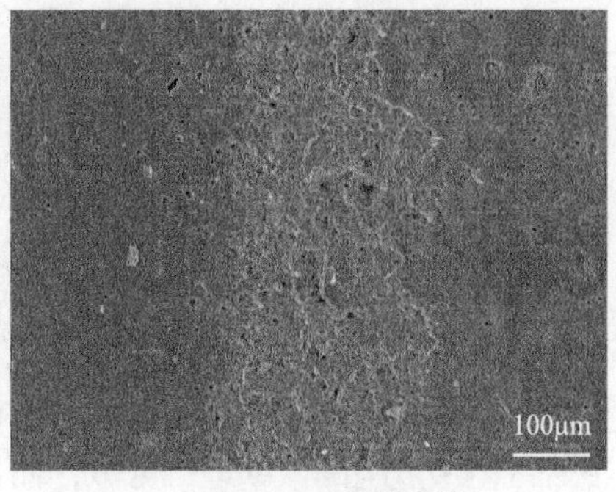

(b) N=5000, 局部形貌

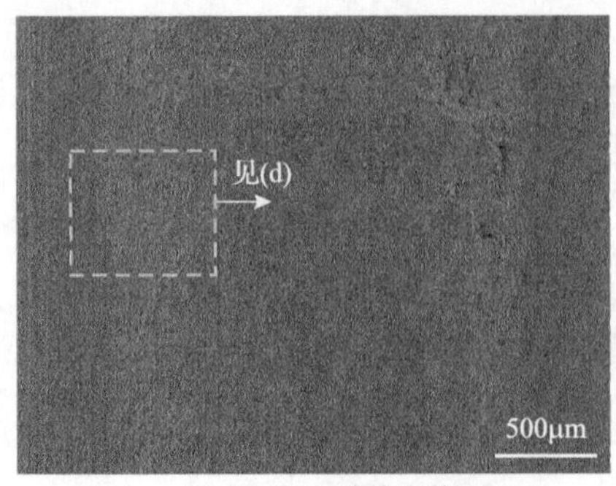

(c) N=8000, 磨痕全貌

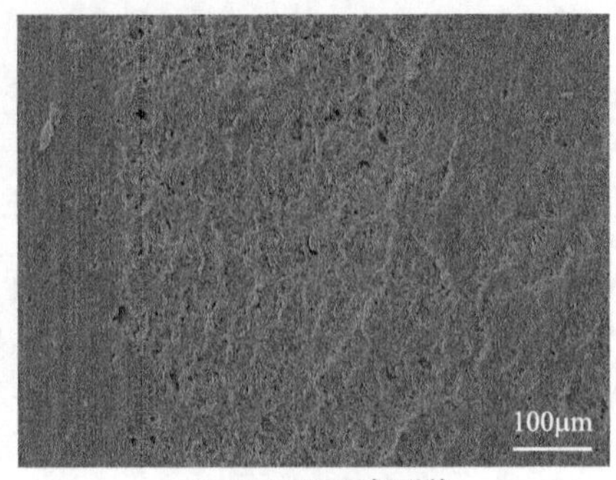

(d) N=8000, 局部形貌

图 2.4　混合区内氟橡胶表面磨痕的演变（F_n=60N，D=3.0mm）

当 D=4.0mm 时，整个微动周期内所有 F_t-D 曲线呈典型的平行四边形，表明接触界面间发生了相对滑动，微动运行于滑移区。

2.2.2　运行工况微动图

运行工况微动图(running condition fretting map, RCFM)能够反映接触载荷、位移幅值等参数对微动运行特征的影响。通过对不同压缩率(对 O 形密封圈来说，压缩率增加，接触载荷也相应增大)和位移幅值下微动运行区域进行分析，得到了氟橡胶/316L 不锈钢对摩副微动条件下的运行工况微动图，如图 2.5 所示。

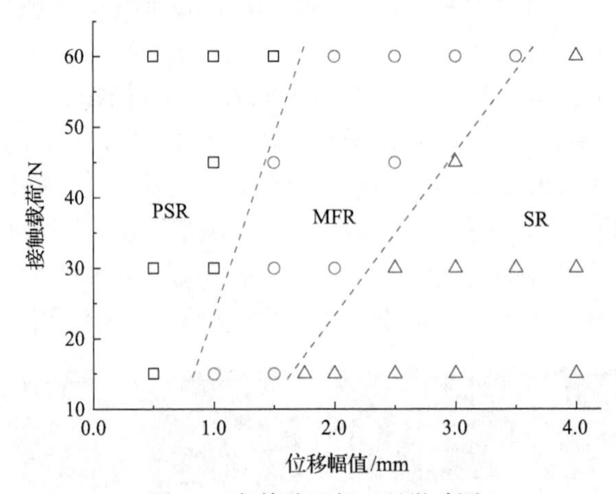

图 2.5　氟橡胶运行工况微动图

由图 2.5 可以看出，在接触载荷一定时，随着位移幅值的增大，微动依次运行于部分滑移区(PSR)、混合区(MFR)和滑移区(SR)；此外，随着接触载荷的增加，混合区的范围逐渐扩大，同时混合区和滑移区向大位移幅值方向移动。对于金属材料，混合区是最危险的微动运行区域，而目前橡胶材料的微动运行行为尚不清楚，下面结合氟橡胶磨损表面形貌对其在不同微动运行区域内的损伤机制进行深入探讨。

2.2.3　摩擦系数时变特性

如前所述，橡胶材料是低弹性模量的黏弹体，橡胶/金属摩擦副间的摩擦阻力由橡胶内摩擦和接触界面摩擦组成，因此在微动过程中氟橡胶表现出不同于金属等材料的摩擦学特性，且在不同的运行区域呈现出不同的时变特性。图 2.6 为法向载荷 F_n=60N 时不同微动运行区域内摩擦系数随循环次数的变化曲线。由图可见，不同微动运行区域内摩擦系数呈现出不同的变化规律。当微动运行于部分滑移区时，摩擦副的相对运动主要通过橡胶材料自身弹性变形协调完成，因此在整个微动过程中摩擦系数始终保持较稳定的值；在混合区，摩擦系数快速升至最大值后保持较短时间的稳定值，随后始终保持下降的趋势，但最后下降趋缓；在滑移区，摩擦系数的变化可以大致分为 4 个阶段，即迅速爬升阶段(约 20 个周次前)、缓慢爬升阶段(20～1000 周次)、快速下降阶段(2000～4000 周次)、基本稳定阶段(约 4000 周次以后)。

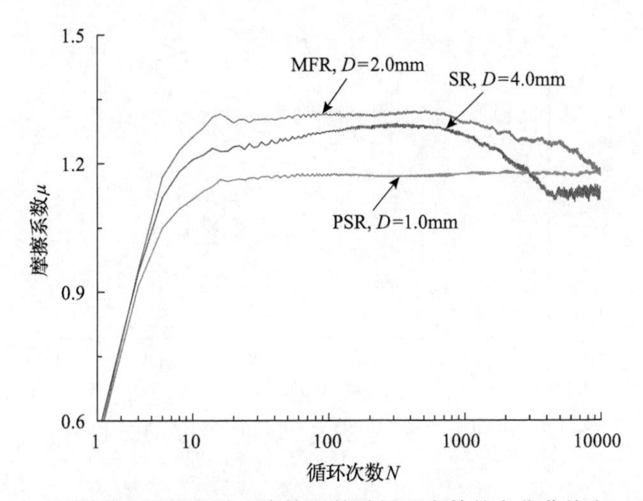

图 2.6　不同微动运行区域内摩擦系数随循环次数的变化曲线(F_n=60N)

综上可知，微动运行区域对摩擦系数有重要的影响。考虑到位移幅值是影响材料微动界面接触状态的重要参量，为了进一步考察位移幅值对往复轴封运行特性的影响，绘制了稳定阶段(N=10000)氟橡胶 O 形密封圈试样在不同压缩率下摩擦系数随位移幅值的变化曲线，如图 2.7 所示。由图可见，不同压缩率下摩擦系数随位移幅值的增加可大致归纳为 5 个阶段，即快速爬升、迅速下降、略微上升、逐渐减小后基本稳定以及保持较高值。同时，对应图 2.5 运行区域的划分，可以做如下解释：在部分滑移区，随着位移幅值的增大，橡胶内摩擦增大，因此摩擦系数单调增大；在混合区，O 形密封圈在不同的压缩率下摩擦系数呈相反的单调趋势。在低压缩率下，摩擦系数继续单调增大，而在较高的压缩率下，摩擦系数随位移幅值的增大逐渐下降。这可能是由于较低载荷下橡胶内部摩擦仍占主导，其摩擦力与位移幅值成正比，而增大载荷后橡胶的变形增大，摩擦副的相对运动主要通过O形密封圈在接触界面处的滚压协调完成；随着位移幅值的继续增大，橡胶自身的形变已不足以协调外部施加于摩擦副的相对运动，因此接触界面始终保持完全滑动状态，微动运行于滑移区。而随着位移幅值的增大，接触界面的摩擦阻力占总的摩擦阻力的比例上升，因此该状态下摩擦系数前期呈略微上升趋势；随着位移幅值的继续增加，接触界面间的磨屑逐渐增多并起到了固体润滑层的作用，因此摩擦系数呈下降趋势；在磨屑的产生与排出达到动态平衡后，摩擦系数基本保持稳定。但当位移幅值 D=10mm 时，摩擦系数远高于相同压缩率下滑移区的摩擦系数，这可能是由于该幅值已超出微动范畴进入了滑动磨损阶段。

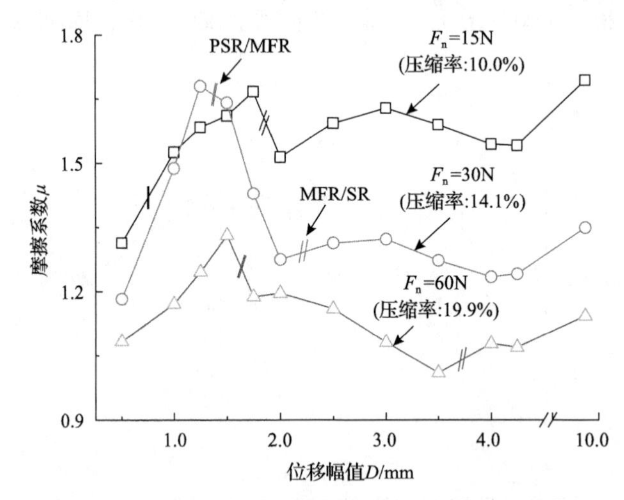

图 2.7　不同压缩率下摩擦系数随位移幅值的变化曲线

2.2.4　磨痕形貌

在不同的微动运行区域，氟橡胶表现出完全不同的损伤特征。在部分滑移区，外部施加较小的位移（F_n=30N，D=0.5mm）时，氟橡胶自身的弹性变形量足以协调两摩擦副的相对位移，即微动接触界面以黏着状态为主，氟橡胶表面几乎未见明显的损伤迹象（图 2.8(a)）。但随着位移幅值的逐渐增加（F_n=30N，D=1mm），氟橡胶自身的弹性变形量不足以完全抵消两摩擦副的相对运动，其中一部分位移由接触区内部分滑移协调完成，此时磨痕呈中心黏着、两侧边缘微滑的典型形貌，且随着循环次数的继续增加两侧边缘微滑区不会继续向中心扩展。而靠近混合区时，微滑区内局部出现了沿垂直于微动方向分布的不连续疲劳裂纹（图 2.8(b)和(c)）。

(a) D=0.5mm, 磨痕全貌

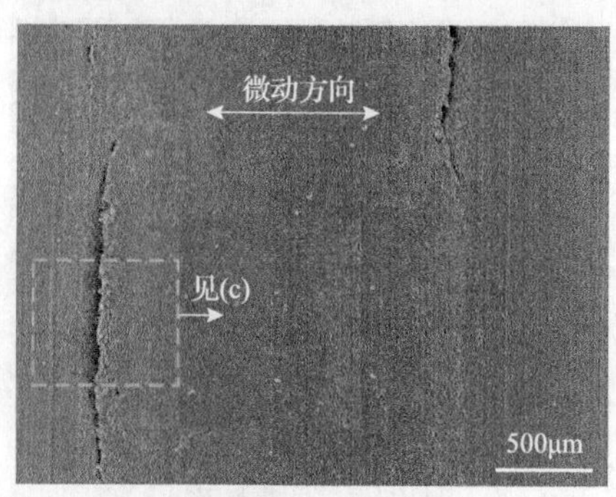

(b) D=1mm, 磨痕全貌

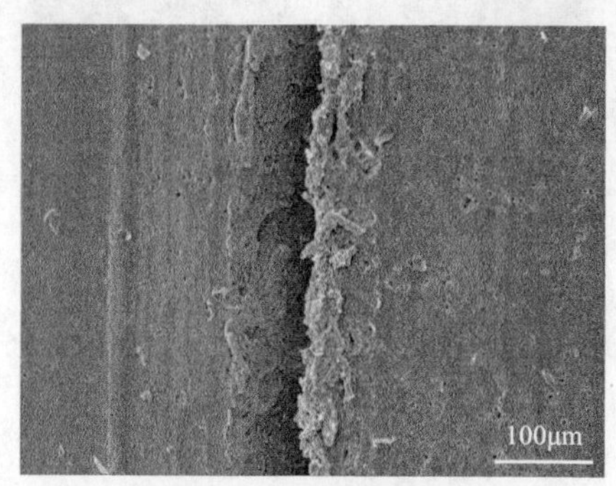

(c) D=1mm, 局部形貌

图 2.8　氟橡胶在部分滑移区内的磨痕扫描电子显微镜(SEM)形貌

当微动运行于混合区时，接触区材料的破坏形式以疲劳裂纹的萌生与扩展为主，此时裂纹的萌生位置与部分滑移区相近，并在疲劳裂纹靠近接触中心一侧分布着沿裂纹长度方向的卷曲状磨屑。与部分滑移区不同，该微动运行区域内两侧边缘微滑区会随循环次数的增加逐渐向接触中心扩展。相应地，接触界面由部分滑移状态逐渐向完全滑移状态转变，在此过程中接触区两侧疲劳裂纹过早地萌生并逐渐扩展、接触区内磨屑逐渐形成并充当固体润滑层(图 2.9(a)和(b))，因此摩擦系数长时间保持下降趋势。由于反复的疲劳交变应力作用，一些平行裂纹与垂直裂纹相遇，在靠近裂纹附近氟橡胶磨损表面出现了较明显的片状剥落和点蚀坑(图 2.9(c))。因此，在 MFR，疲劳裂纹萌生与扩展、表面材料的剥落以及局部的磨损多种破坏机制并存。通过对氟橡胶裂纹附近能量色散 X 射线(energy-dispersion X-ray, EDX)分析发现，中心接触区(图 2.9(a)中点 A 附近)的 EDX 能谱与原始表面(图 2.9(b)中点 B 附近)相似，表明接触区氟橡胶由于始终处于黏着状态而未发生明显的摩擦化学反应；但在卷曲状磨屑处(图 2.9(b)点 C 附近)氧元素质量分数明显高于其他部位，这是由于在微动过程中磨损表面发生了摩擦氧化；而在张开的裂纹内部(图 2.9(b)点 D 附近)未发生摩擦氧化，且撕裂的新鲜表面未能与空气中的氧发生氧化反应，因此氧含量较低。混合区的磨痕表面 EDX 能谱图如图 2.10 所示。

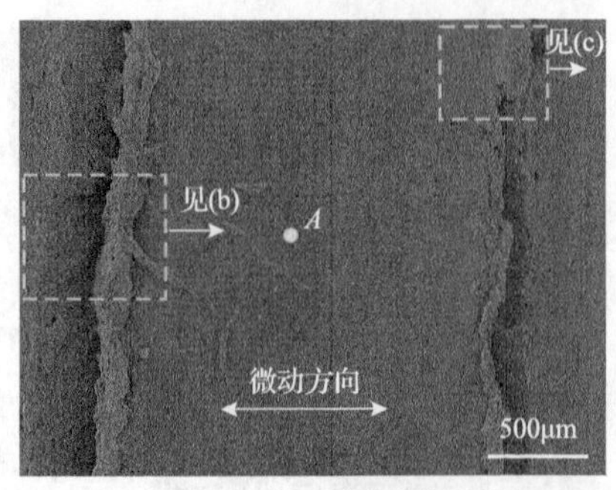

(a) D=3mm, 磨痕全貌

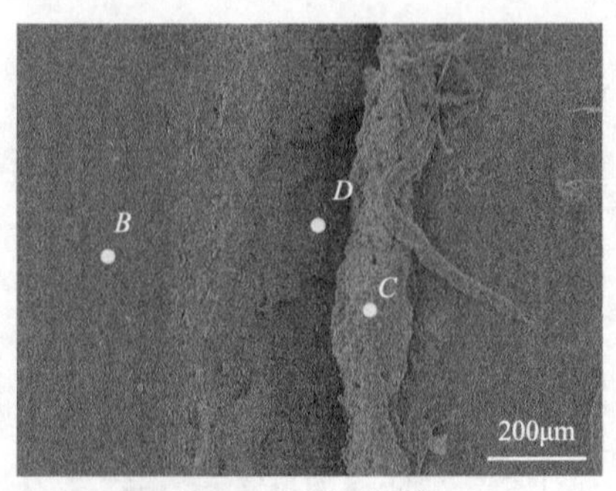

(b) D=3mm, 局部形貌1

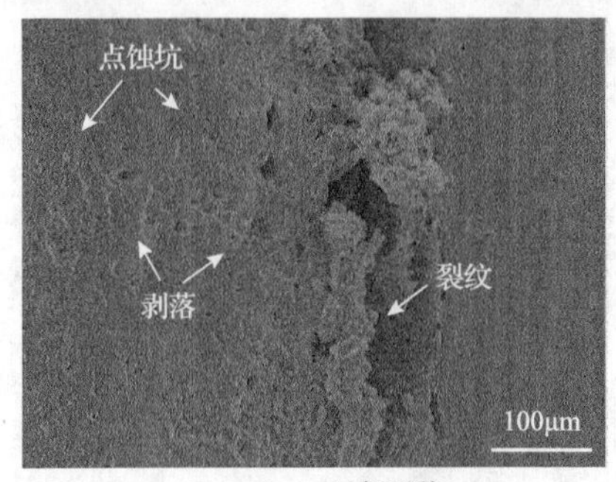

(c) D=3mm, 局部形貌2

图 2.9　氟橡胶在混合区的磨痕 SEM 形貌

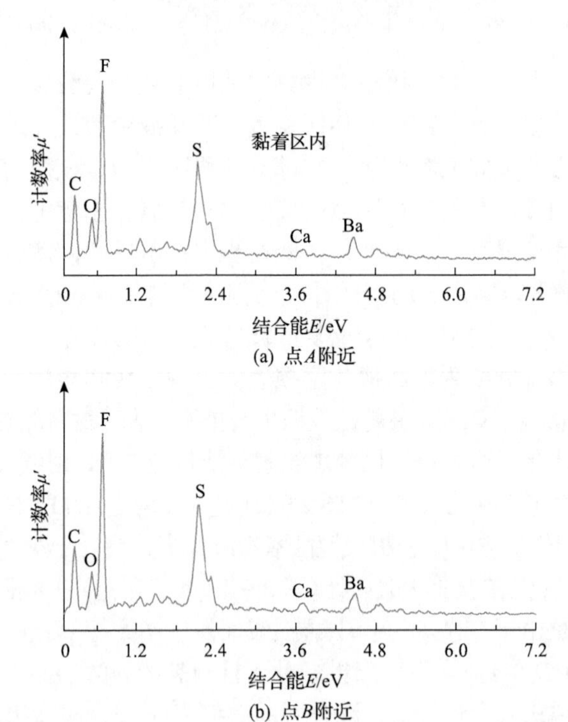

(a) 点A附近

(b) 点B附近

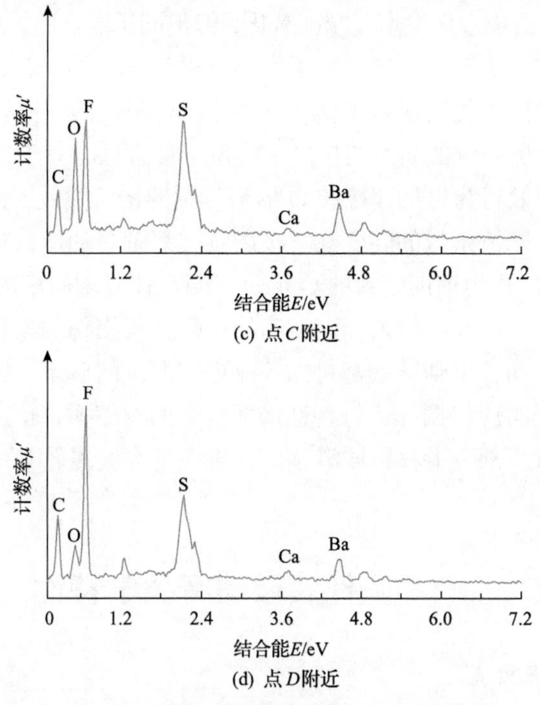

(c) 点 C 附近

(d) 点 D 附近

图 2.10　混合区的磨痕表面 EDX 能谱图

在滑移区，氟橡胶磨损表面呈现橡胶材料特有的花纹磨损形貌(图 2.11(a))，在整个接触区的表面磨损程度相当。花纹的舌状突起部位在摩擦切应力的作用下被剪切下来形成磨屑(图 2.11(b))，这些磨屑存在于两接触界面间起到了固体润滑层的作用，因此滑移区的摩擦系数低于部分滑移区和混合区，而随着循环次数的增加，磨屑的产生与排出达到动态平衡，摩擦系数逐渐稳定(图 2.6)；对磨屑表面进行 EDX 能谱分析发现，脱落的磨屑上氧元素含量明显高于原始表面，表明在

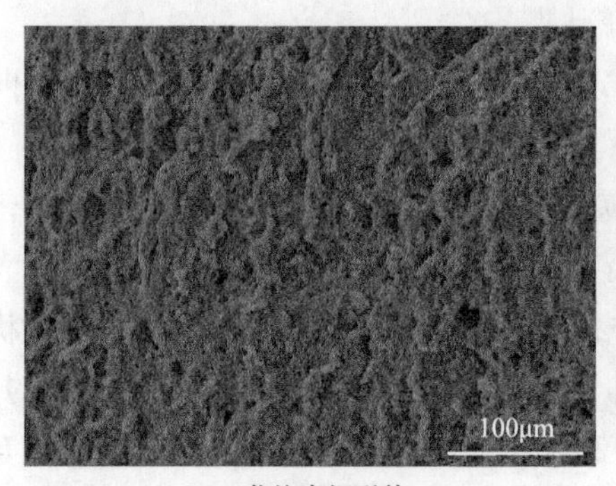

(a) 花纹磨损形貌

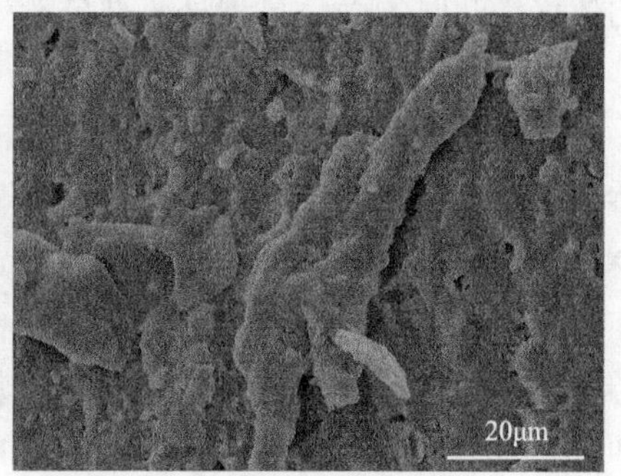

(b) 快被剪断的舌状突起

图 2.11　氟橡胶在滑移区的磨痕 SEM 形貌(D=4.0mm)

微动作用下氟橡胶磨损表面发生了摩擦氧化，但不同于混合区，滑移区磨损表面发现了铁元素的存在，表明滑移区发生了摩擦副材料的转移。总之，在滑移区，氟橡胶的表面磨损特征主要表现为花纹磨损，并伴有明显的摩擦氧化效应。

综上所述，疲劳裂纹的萌生与扩展主要位于混合区，对于橡胶O形密封圈，这种材料损伤的失效行为可加速橡胶O形密封圈的密封失效。此外，在部分滑移区和混合区附近，摩擦系数的陡变会直接影响往复轴封的运行特性。例如，在机械密封正常运行时，作为辅助密封的O形密封圈在往复轴向窜动时橡胶/金属接触界面往往落于微动的运行区域内，而微动的运行及其损伤的累积，轻则影响密封的追随性或加剧振动，重则导致密封失效或更加严重的后果。因此，往复轴封用O形密封圈在使用时应根据其运行特性选择合适的压缩率，使用工况应尽量避开混合区，使其运行于部分滑移区或滑移区，进而提高往复轴封的使用寿命和密封性能。

2.3　丁腈橡胶微动摩擦学特性

2.3.1　摩擦力-位移曲线

图2.12为丁腈橡胶在法向载荷30N和不同位移幅值下的摩擦力-位移(F_t-D)曲线。由图2.12(c)中的平行四边形F_t-D曲线可以看出，水平线段BC和DA对应为两个接触表面的相对滑动情况，倾斜线段AB和CD则对应于静摩擦力。当位移幅值为2.0mm时，整个微动过程中F_t-D曲线均为准平行四边形。毫无疑问，该接触界面间的微动以滑移状态运行。此外，微动初期的最大动摩擦力往往大于微动后期的最大动摩擦力，尽管静摩擦力似乎是不规则的。而当位移幅值等于0.5mm时，F_t-D曲线基本呈线性(图2.12(a))。由于丁腈橡胶弹性体的弹性变形能够自协调施加的位移，此时的微动过程处于部分滑移状态。

在中等位移幅值下，即1.0mm时，F_t-D曲线在前几十个循环中呈准平行四边形，在约100个循环后呈近似线性，与部分滑移区相似。最后，在后期的循环中，摩擦循环逐渐舒展为一个相对较宽的椭圆形状(图 2.12(b))。此时，显著变化的F_t-D曲线表明微动过程中接触状态不稳定，黏着区随着循环次数的增加而扩大、收缩甚至消失。因此，在这种情况下，相对运动状态在部分滑移和完全滑移状态下转变。根据运行工况微动图理论，微动过程处于混合微动状态。值得一提的是，如图 2.12(d)所示，当位移幅值上升至 10.0mm 时，上述类似平行四边形的F_t-D曲线已演变为规则的平行四边形，表明该运行状态下的位移已超出微动范围，并处于相对往复滑动状态。

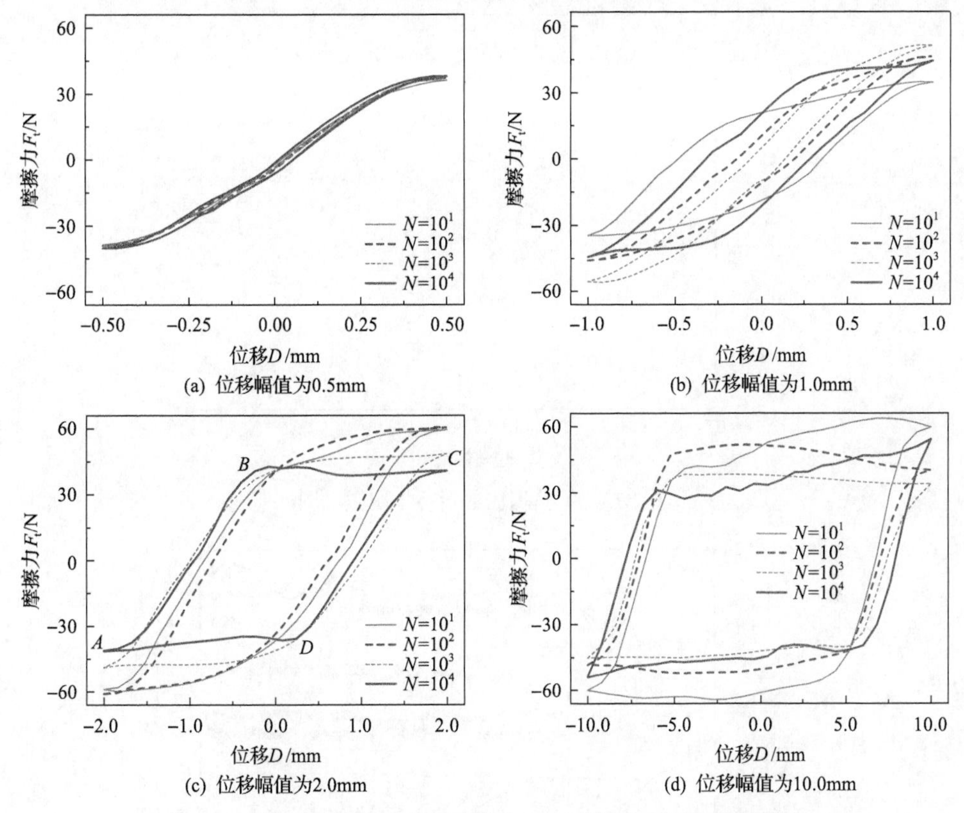

图 2.12　不同位移幅值下丁腈橡胶 F_t-D 曲线随循环次数的演变

2.3.2　运行工况微动图

根据 F_t-D 曲线的演变特征，建立丁腈橡胶的运行工况微动图，如图 2.13 所示。随着位移幅值的增加，微动状态从部分滑移区到混合区再到滑移区转变。此外，随着法向载荷(F_n)减小，微动状态从部分滑移区向滑移区转变。这些结果也在金属-金属微动中得到了证实[1]。然而，不同于金属的微动运行行为，对于丁腈橡胶，微动需要施加较大的位移幅值才能进入混合区或滑移区。

2.3.3　摩擦系数时变曲线

图 2.14 为不同滑移状态和法向载荷影响下的摩擦系数随循环次数的演变曲线。值得注意的是，在不同的微动运行工况下，时变曲线表现出不同的特性。也就是说，丁腈橡胶弹性体的摩擦系数强烈依赖于微动工况。在相同工况下，摩擦系数随法向载荷的增大而减小。当微动摩擦在部分滑移区(如位移幅值为 0.5mm)运行时，由于建立了稳定的部分滑移状态，摩擦系数在几次循环后迅速达到一个稳定值。随后，由于接触界面始终保持部分滑移状态，摩擦系数在后续的微动过

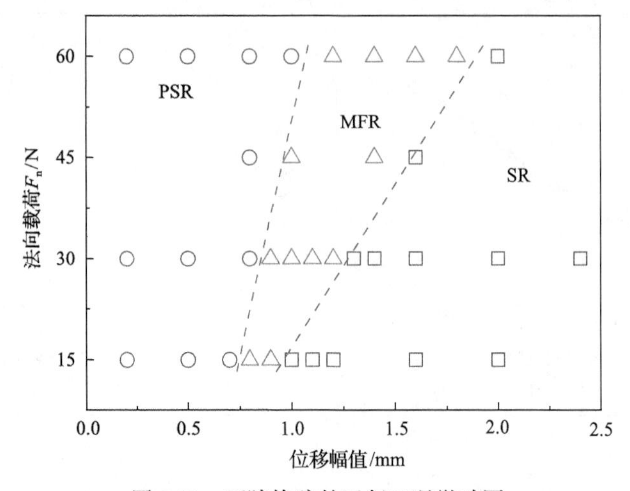

图 2.13　丁腈橡胶的运行工况微动图

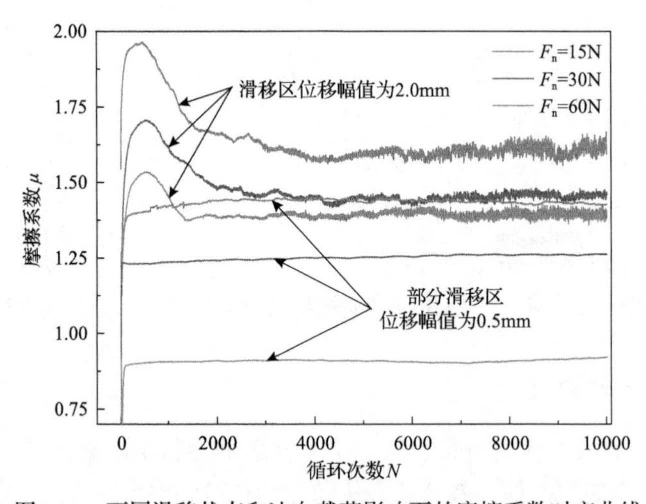

图 2.14　不同滑移状态和法向载荷影响下的摩擦系数时变曲线

程中基本保持不变。在滑移状态下，根据摩擦系数随循环次数的演变趋势特征，可以将其划分为三个阶段：①快速上升阶段，即表现为摩擦系数由低爬升至一个相对较高数值的演变过程，此过程持续约数百个循环周次；②下降阶段，摩擦系数逐渐减小，对应于循环次数为 500～1500；③稳定阶段，摩擦系数相对稳定。

然而，当微动运行于混合区时，摩擦系数的演化比其他微动区域更加复杂。如图 2.15(a)所示，摩擦系数时变曲线可划分为 5 个阶段：①阶段 i(1～50 个循环)与滑移阶段的快速上升阶段相似，为暂时上升阶段，对应的 F_t-D 曲线呈准平行四边形(图 2.15(b))；②阶段 ii(50～200 个循环周次)为平台期，对应于接触表面薄膜失效后建立的一种暂时稳定的部分滑移状态，微动线圈呈现为椭圆形(图 2.15(b))；③阶段 iii(200～2000 个循环周次)是微动的第二个上升阶段，随着循环次数的增加，微动仍保持部分滑移状态，接触副的相对运动受到弹性变形的协调，但相应的微动线圈变细，摩擦力逐渐增大；④阶段 iv 为下降阶段，即处于 2000～8000 个循环周次；⑤阶段 v 为稳定阶段，对应于后续的 8000～10000 个循环，后两个阶段出现的原因与上述滑移区域的情况相似。当位移幅值增大到较大值(D=10.0mm)时，摩擦系数显现出与其他运行工况不同的演变特征，循环后期的时变曲线伴有强烈的波动。摩擦系数曲线的峰值出现在第 100 个循环周次左右。此外，摩擦系数在循环次数为 500～1000 时维持相对较低的值，但摩擦系数仍显著高于 1.6。上述现象表明，此时磨损状态可能由微动磨损转变为滑动磨损。

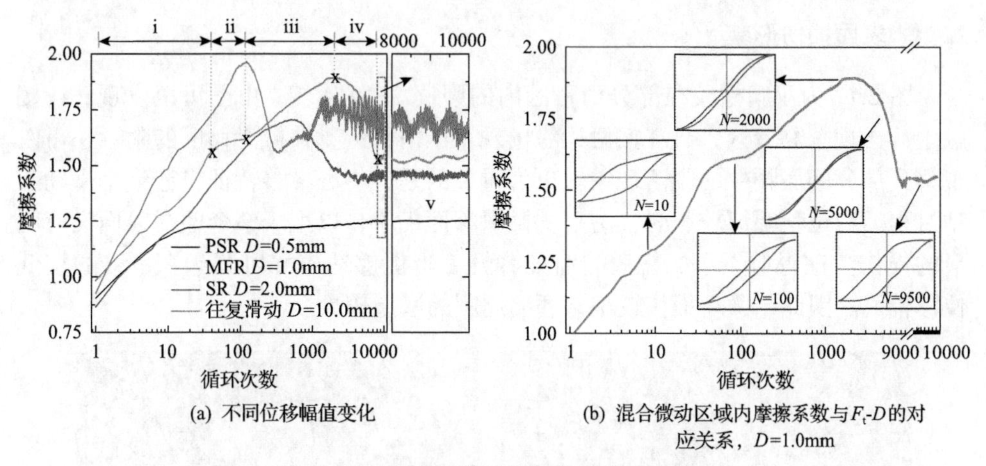

(a) 不同位移幅值变化　　(b) 混合微动区域内摩擦系数与 F_t-D 的对应关系，D=1.0mm

图 2.15　摩擦系数的时变曲线(F_n=30N)

为了进一步理解位移幅值对摩擦系数的影响，图 2.16 给出了不同接触载荷下摩擦系数随位移幅值的变化。由图可见，摩擦系数在部分滑移区中有所增加；在

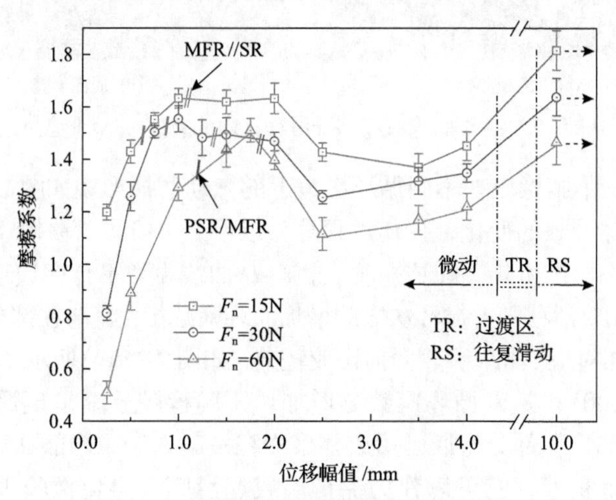

图 2.16　摩擦系数随位移幅值的演变曲线

混合区中达到最大值；随着位移幅值的增大，滑移区内摩擦系数基本呈现出先减小再逐渐增大的趋势。需要注意的是，当位移幅值增加至 10.0mm 时，摩擦系数在位移幅值附近保持较高的值。

因此，随着位移幅值的变化，丁腈橡胶弹性体的摩擦系数呈现出不同的特性，摩擦界面状态由静摩擦逐渐向动摩擦转变，接触副进入部分滑移状态、低幅值下的滑移状态或两者耦合的状态，以及高幅值下的宏观滑移状态。总体来看，磨屑是影响丁腈橡胶摩擦磨损性能的一个至关重要的决定性因素。事实上，上述现象的出现与磨损表面的磨屑运动行为密切相关。

2.3.4 表面损伤形貌

图 2.17 为丁腈橡胶在部分滑移区内的磨痕 SEM 形貌。由图可以发现，在接触中心出现了黏着区，且在接触边缘出现了微滑移区，在微滑移区的附近还可以观察到部分磨屑颗粒的脱落现象。更为重要的是，中心黏着特征贯穿整个微动运动过程。当位移幅值较小时，磨痕的微滑移区缩小，以至于整个磨损表面没有明显的损伤。这得益于丁腈橡胶自身的弹性变形能够适应并协调毫米量级的较低位移幅值。因此，微动损伤较小，磨痕周围的磨屑较少。

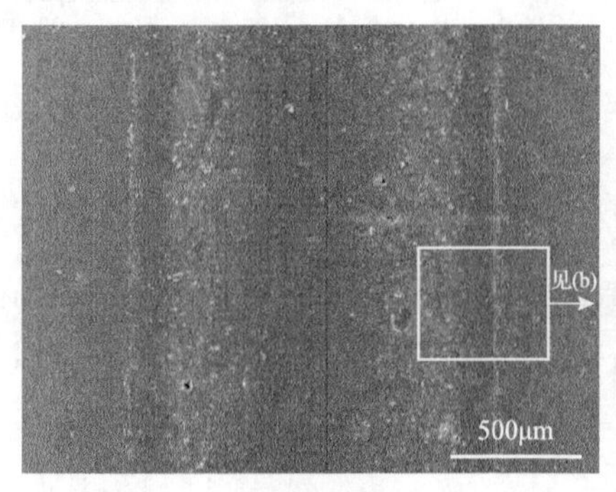

(a) 磨痕全貌

(b) 局部形貌

图 2.17 丁腈橡胶在部分滑移区内的磨痕 SEM 形貌

在混合区，丁腈橡胶在不同循环次数下的微动磨损形貌如图 2.18 所示。根据损伤形貌和摩擦系数的变化，损伤过程分为以下三个阶段。阶段 Ⅰ（前 2000 个循环），涵盖阶段 i、ii 和 iii，在这一阶段，F_t-D 曲线由类平行四边形迅速转变为椭圆形。因此，相对滑移随着循环次数的增加而逐渐减小，其与在部分滑移区运行的微动磨损状态相对应。此时，表面损伤较轻微，如图 2-18(a)所示。阶段 Ⅱ（循环次数为 2000～8000），随着循环次数的增加，丁腈橡胶逐渐呈现严重的损伤特征（图 2.18(b)～(d)），部分磨屑已形成并聚集在一起，形成局部黏着层附着在橡胶磨损表面上。事实上，它可以作为保护层或润滑膜，避免橡胶表面被进一步严重的磨损，如图 2.18(d)所示。与此同时，F_t-D 曲线逐渐由椭圆形或直线转变为平行四边形。此时，运行状态由部分滑移状态转变为完全滑移状态，相对应的摩擦系数时变曲线也逐渐下降。阶段Ⅲ(循环次数为 8000～10000)，图 2.18(d)和(e)分别为历经 8000 和 10000 次循环后的微动磨损形貌。可以看出，二者磨损表面的损伤特征极为相似，在磨痕处能够明显观察到一些不连续的黏着层(图 2.18(e))，这属于典型的黏着磨损特征。在这一阶段，微动界面处磨屑的形成与排出处于动态平衡状态。直至循环结束，F_t-D 曲线保持着类似于平行四边形，因此摩擦系数时变曲线可以处于一个相对稳定的值。总之，混合区内磨损表面的主要特征是部

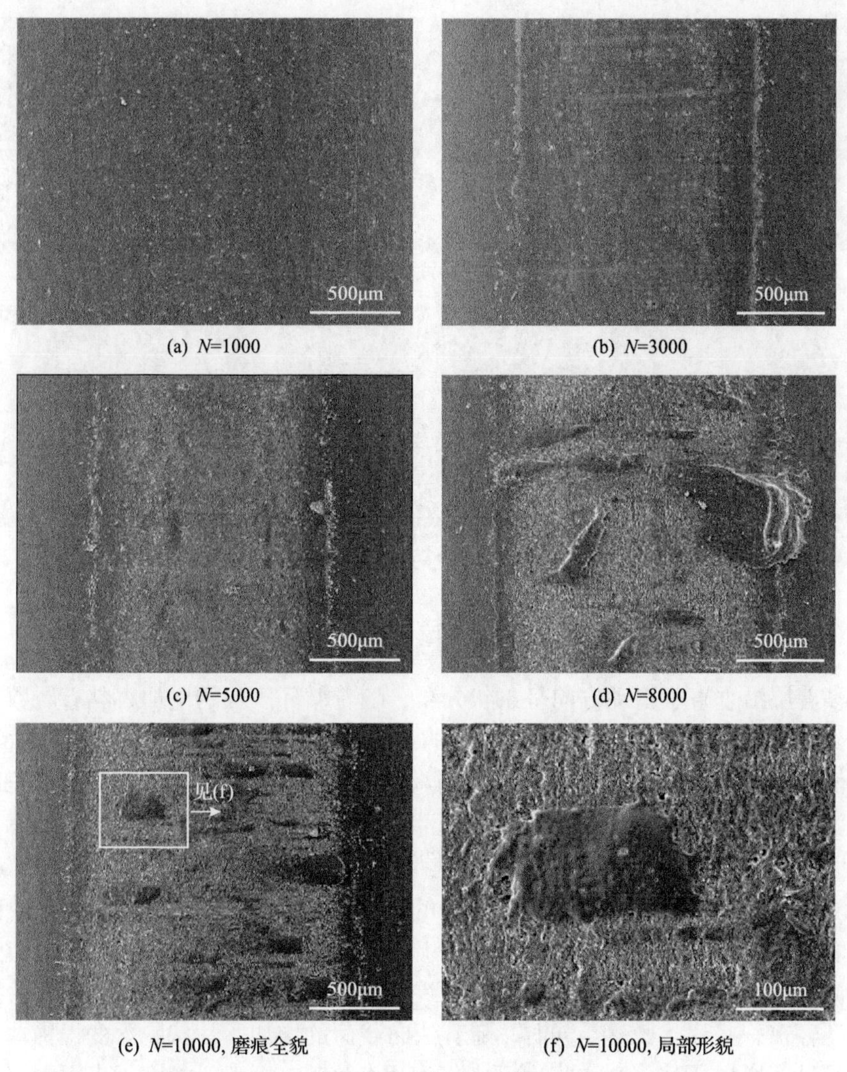

(a) N=1000　(b) N=3000　(c) N=5000　(d) N=8000　(e) N=10000, 磨痕全貌　(f) N=10000, 局部形貌

图 2.18　不同循环次数下丁腈橡胶在混合区内的磨损形貌(D=1.0mm, F_n=30N)

分犁沟和局部黏着层并存，磨损过程中产生的磨屑属于三体磨损行为，为后续磨粒磨损和黏着磨损的发生提供了条件。

在滑移区，表面损伤贯穿于整个微动磨痕，即使在较短的微动周期内也未出现中心黏着区域。而当循环次数上升至1000次时，磨损表面可观察到一些磨屑颗粒，如图2.19(a)所示，表明接触界面已由两体接触变为三体(橡胶-磨屑-金属)接触。因此，摩擦系数时变曲线出现了下降阶段(图2.15)，这一阶段始终伴随着磨屑的持续形成。随后，大量的磨屑堆积，形成突起的黏着层，如图2.19(b)～(e)所示。在这一阶段，磨屑的产生和排出已达到动态平衡，因此摩擦系数相对稳定。

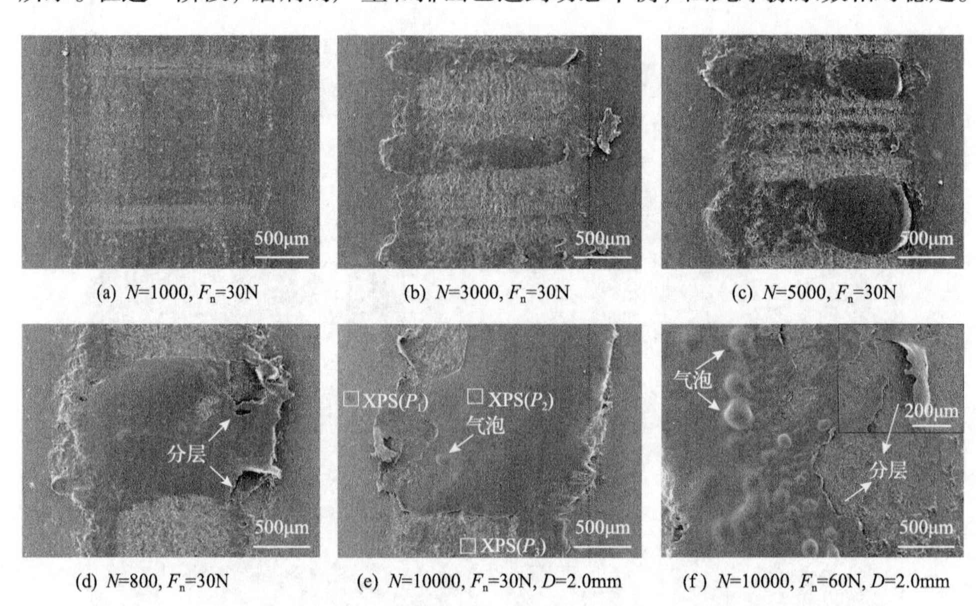

(a) N=1000, F_n=30N　(b) N=3000, F_n=30N　(c) N=5000, F_n=30N

(d) N=800, F_n=30N　(e) N=10000, F_n=30N, D=2.0mm　(f) N=10000, F_n=60N, D=2.0mm

图2.19　不同循环次数下丁腈橡胶在滑移区内的磨损形貌

XPS为X射线光电子能谱

黏着层沿垂直于滑动方向呈条状分布，随着循环次数的增加，黏着层数量逐渐减少，小而密集的黏着层集结成大块的黏着层，且磨痕局部被许多黏着物覆盖。从损伤形貌可推测此类堆积的黏着层可能是由熔融的磨屑颗粒压实而成的。三维磨痕形貌显示，磨痕黏着层的最大高度(局部凸起处)约为50μm，如图2.20所示。磨损表面除了黏着层，主要的损伤形貌为典型的Schallamach磨损花纹(图2.19(d))，这种表面形貌是橡胶和软聚合物磨损后的典型特征[6]，这将导致磨损表面较两侧原始表面更为粗糙。此外，黏着层下方出现了一些气体鼓泡。这一结果可能是在高频微动作用下，空气被压入黏着层所致。此外，由于黏着层的分层现象，磨损表面还存在一些片状脱落。同时，随着法向载荷的增加，片状脱落变得稀薄，气泡数量显著增加(图2.19(e))。然后，气泡逐渐聚集在一起，加剧了表面剥层的发生。因此，滑移区内的主要磨损机制为磨粒磨损、疲劳磨损和黏着磨损。

磨损表面都呈现出典型的 Schallamach 磨损花纹。因此，该运行工况下丁腈橡胶的

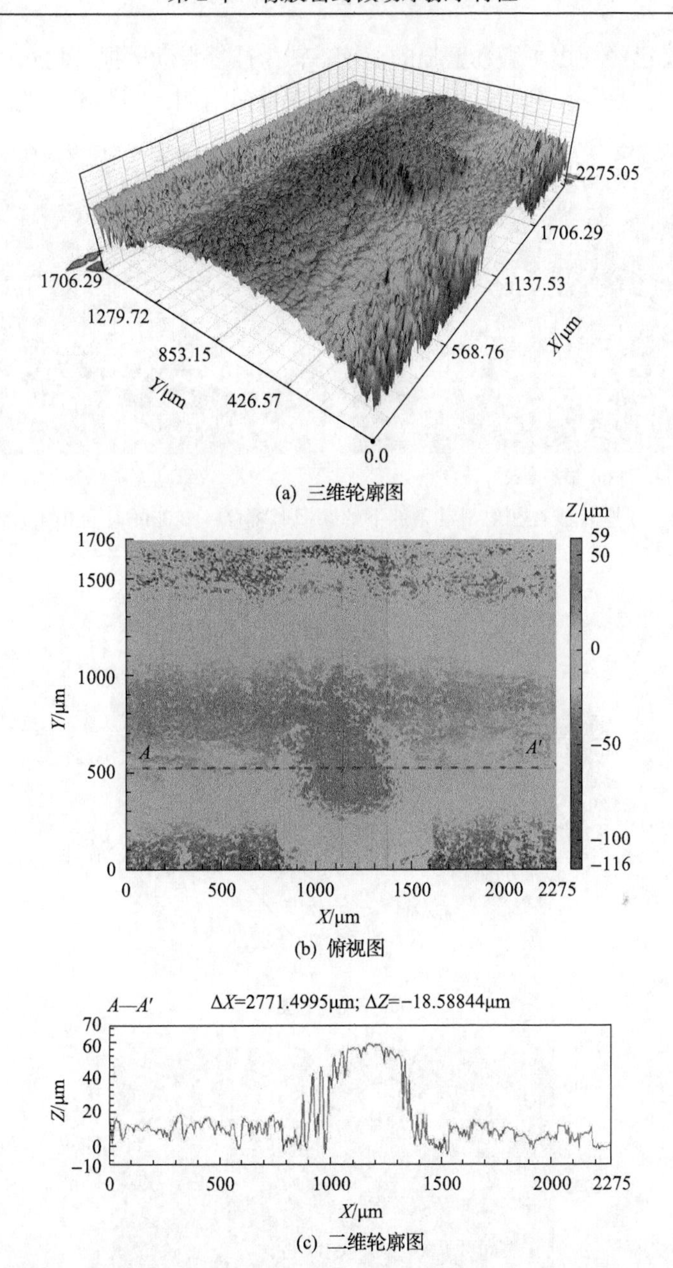

(a) 三维轮廓图

(b) 俯视图

(c) 二维轮廓图

图 2.20　丁腈橡胶在滑移区内的磨痕轮廓图(对应于图 2.18(c)，D=1.0mm, F_n=30N, N=5000)

在较大的位移幅值(D=10.0mm)下，橡胶磨损产生了大量的磨屑，在相对滑移中被排出接触区外并堆积在磨痕的两侧。一般而言，在大位移幅值下，损伤表面可能会出现黏着层。然而，事实并非如此，由图 2.21 和图 2.22 可以看出，整个磨损表面都呈现出典型的 Schallamach 磨损花纹。因此，该运行工况下丁腈橡胶的

摩擦磨损状态已经超出了微动磨损的范围，转为往复滑动磨损。此外，接触区两侧堆积磨屑的演化是一个循环过程，随着循环次数的增加，磨屑不断地产生和排出。

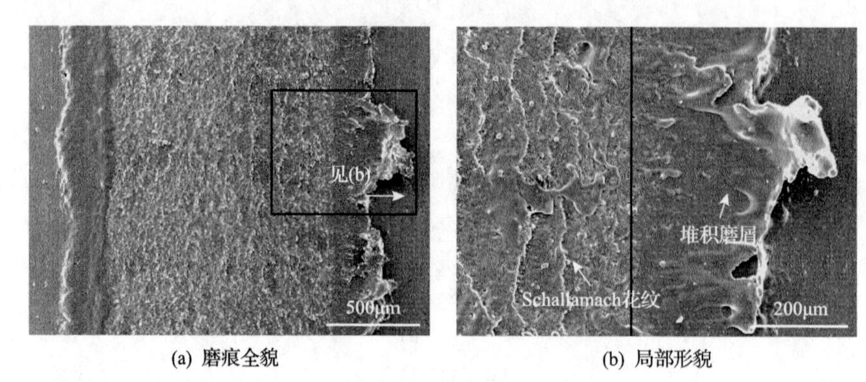

(a) 磨痕全貌　　(b) 局部形貌

图 2.21　丁腈橡胶在相对滑动条件下的磨损形貌(D=10.0mm, F_n=30N, N=5000)

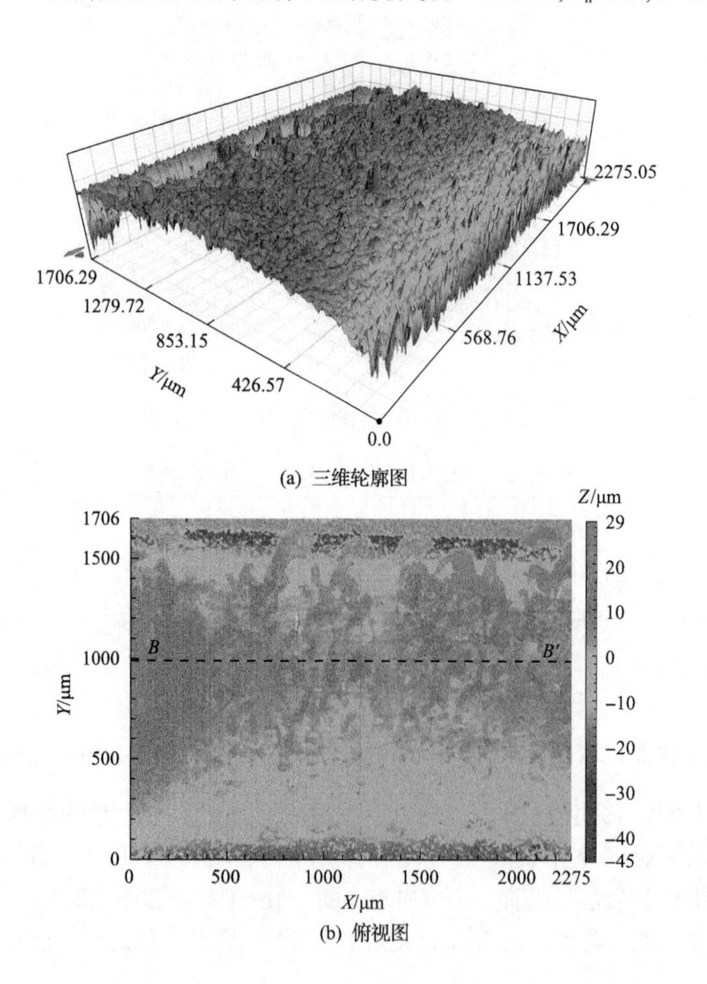

(a) 三维轮廓图

(b) 俯视图

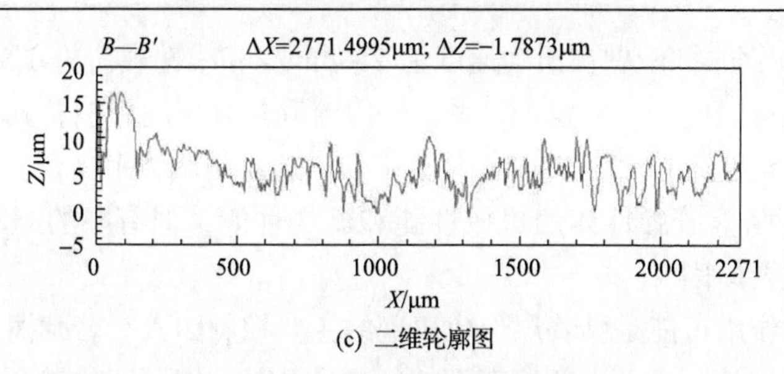

(c) 二维轮廓图

图 2.22　丁腈橡胶在相对滑动条件下的磨痕轮廓图(D=10mm, F_n=30N, N=8000)

这一过程也是摩擦系数在磨损过程中出现反复剧烈波动(图 2.15)的主要原因。已有的大量研究关注于大幅度位移往复滑动条件下丁腈橡胶弹性体的摩擦学行为，主要损伤机制相对清楚，这里不再赘述。

综上所述，丁腈橡胶摩擦磨损过程中的损伤机制强烈依赖于往复摩擦的位移幅值。在三种不同微动运行状态(部分滑移、混合微动和滑移)和大位移幅值往复滑动磨损过程中均存在不同的损伤特征。

2.3.5　摩擦热-化学耦合作用

磨损表面的黏着层对橡胶/金属摩擦副的摩擦学性能起着重要的作用，而黏着层的形成很大程度上会受滑动界面摩擦热所引起的温升的影响[7]。为此，记录并分析在两种不同的位移幅度下摩擦截面附近温度随循环次数的演变趋势，如图 2.23 所示。尽管测得的温度不能精确地预测摩擦界面的闪点温度，但它足以表征温度的变化特征[8]。结果表明，温度与位移幅值和循环次数密切相关，但通过微动试验，橡胶与金属摩擦副之间的温度分别仅升高了 0.8℃和 13.5℃。Martínez 等[9]计

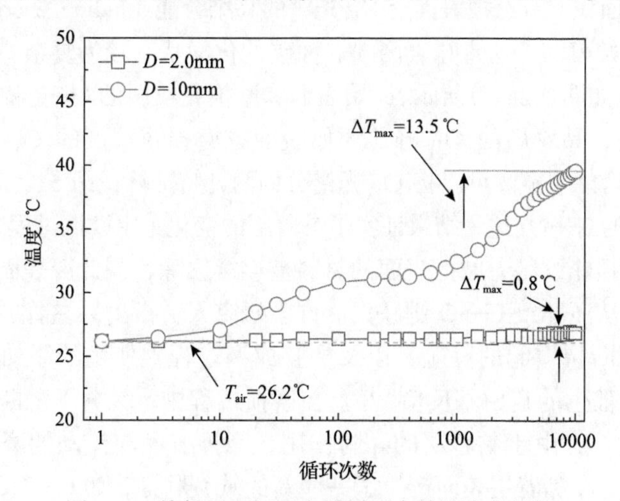

图 2.23　接触界面间温度随循环次数的演变趋势

算了 EPDM 和钢摩擦配副在滑动速度为 250mm/s 和线性载荷为 1.5N/mm 工况下的摩擦界面闪点温度，研究发现，考虑到对流和热导率的影响，其平均温度和闪点温度的上升幅度应在 22～50℃，甚至更低，这与测试结果吻合。因此，热效应可能会影响丁腈橡胶弹性体的机械性能和流变性能，但有限的温升不是引起热氧化作用的主要原因。

摩擦化学作用可能是黏着层形成机理的主要控制因素，若摩擦界面发生热氧化过程和摩擦化学反应，则摩擦表面的氧含量及其同碳原子的键合反应会显著增加[10]。因此，通过 X 射线光电子能谱分析仪检测位于原始非磨损表面(P_1)、黏着层(P_2)和磨损花纹区(P_3)中的三个典型点(对应于图 2.19(e)中的标识点)。图 2.24(a)给出了氧(O_{1s})、碳(C_{1s})、氮(N_{1s})、锌(Zn_{2p})和聚硅酮(Si_{2s}和 Si_{2p})的电子光谱。这些元素的特征峰分别出现在 532eV、282eV、396.5eV、1019eV 和 103eV 附近。重要的是，黏着层和磨损花纹的光谱相较于原始表面也显示了相同的峰，不同之处仅是碳、氧峰的相对强度存在微小的变化。此外，在损伤表面无法检测到 Cr 及其氧化物的峰，从而表明在微动试验中并未发生材料由金属配副转移至弹性体表面的现象。

将 C_{1s} 光谱拟合为原始表面上近 284.8eV 和 286.1eV 的两个分量，分别对应于 C—C 或 C—H 和碳氮化合物[11]。但是，除了碳氮化合物，在黏着层和磨损花纹表面上出现了近 285.7eV 新的组分峰，可能对应于 C—N 或 C—H，如图 2.24(c)和(d)所示。此外，原始表面的 C_{1s} 光谱的半高全宽(full width at half maxima, FWHW)为 0.98eV 和 1.23eV。对于黏着层，其为 1.24eV 和 1.02eV 和 1.07eV。对于磨损花纹区，该值为 1.13eV、0.97eV 和 1.15eV。拟合结果显示，两峰的面积大于原始表面峰的面积，且磨损表面上 C_{1s} 光谱的高结合能(binding energy, BE)区域的强度也大于原始表面。这意味着磨损表面碳的化学状态较为复杂，黏着层的复杂性更为突出[6]。如图 2.24(b)所示，原始表面和磨损花纹区的 O_{1s} 光谱几乎在 532eV 处重叠。但是，黏着层的 O_{1s} 峰比原始表面或磨损花纹区的 O_{1s} 峰更宽，且前者光谱的高结合能更宽。可以将 O_{1s} 光谱分为两处特征峰，即 532.4eV 处的 C═O 和 533.4eV 处的 C—O。这一结果证实了黏着层的变化是由摩擦过程中氧化引起的。然而，对于磨损花纹区，摩擦表面的材料被连续去除，因此亚表面虽暴露在外但并未被氧化，从而导致 C—O 键缺失。许多研究人员指出，黏着层的特性取决于大分子链机械断裂引起的反应，以及橡胶成型过程中使用的添加剂，尤其是添加剂在橡胶中催生的自由基反应[6,12]。在磨损过程中，大分子链断裂，形成自由基和碎屑。此外，由于黏着层的黏附作用，摩擦表面与流动的磨屑颗粒之间的相互作用很强，在黏着层表面产生了一些新的碳交联键，如 C—N、C—H、C—O 及 C═O 键等，这可能会使黏着层变得更光滑亮泽。Muhr 等[13]研究了小尺度机械磨损情况下的油性黏着层磨损(具有光亮特征的黏着层)，发现橡胶的磨损与其交联性能密切相关。此外，他们认为由机械应力引起的氧化活化反应可能是产生油性黏着层磨损的主要原因，而不是摩擦热衍生的热氧化。因此，可以认为磨损表面上形成了由磨屑衍生出的黏着层，且该黏着层实质上是橡胶分子链被氧化降解的结果。

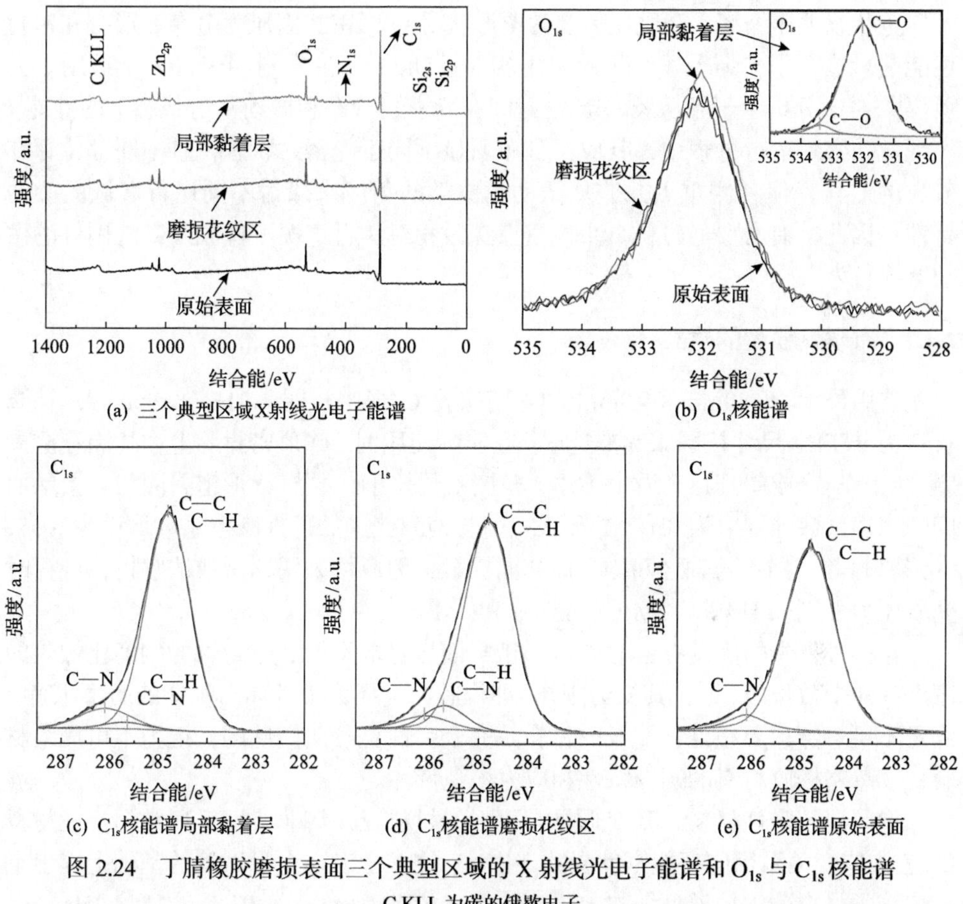

(a) 三个典型区域X射线光电子能谱　(b) O_{1s}核能谱

(c) C_{1s}核能谱局部黏着层　(d) C_{1s}核能谱磨损花纹区　(e) C_{1s}核能谱原始表面

图 2.24　丁腈橡胶磨损表面三个典型区域的 X 射线光电子能谱和 O_{1s} 与 C_{1s} 核能谱

C KLL 为碳的俄歇电子

弹性体降解通常与弹性体主链结构的键断裂和氧化有关[6,14]。但是，对于 C_{1s} 光谱，不存在含氧官能团(如 286.4eV 的 C—O 键，287.9eV 的 C═O 键或 289.1eV 的 O—C═O 键)。这些键的缺失表明试样表面检测到的氧来自添加剂，而非来自丁腈橡胶基体，如二氧化硅和氧化锌。此外，硅及其氧化物在结合能为 153eV 和 99eV 时的特征峰证实了这一观点。上述结果表明，微动过程中仅发生了简单的橡胶分子机械断裂。因此，丁腈橡胶表面的化学变化主要是由于简单的机械化学作用而非热氧化作用。

2.4　弹性体微动运行的有限元模拟

目前，关于机械密封的大部分研究主要集中于密封动静环端面形貌、材料性能、温度场和振动等方面[15,16]，忽视了O形密封圈的密封性能和受力状态，尤其是微动运行行为的影响。此外，国内外基于有限元法、经验公式或试验验证研究了静止状态下压缩率、介质压力及沟槽形状对O形密封圈压力分布、形变和密封性能的影响[17,18]，但上述结果对发生相对运动的O形密封圈未必完全适用。吴琼等[19]对比分析了丁腈橡胶O形密封圈在静密封状态和微动密封状态下的性能，发现微动密封运行过程中，其应力分布明显不同于静密封状态，且不同部位存在较大的差异，但其侧重点并非从微动摩擦学的角度来探讨不同运行区域的微动特性。因此，有必要通过仿真手段重点探讨相对运行工况下橡胶及其配副件的微动磨损行为。

2.4.1　有限元模型的建立

选用尺寸为ϕ60mm×5.3mm的丁腈橡胶O形密封圈，泊松比ν=0.49；挡圈材料为PTFE，尺寸按国家标准选取。在实际使用时，O形密封圈上往往涂覆润滑脂(便于安装)或使其在介质中工作，摩擦系数较小。本节O形密封圈与轴接触面间的摩擦系数分别取为0.1、0.2和0.3，而与挡圈接触的部件摩擦系数均设为0.05，O形密封圈、挡圈与轴之间均为面与面接触，因此均采用罚函数法解析，计算时介质压力分别取1MPa、2MPa、4MPa和6MPa。

建模过程中的假设有：①与O形密封圈接触的沟槽和密封轴的刚度比橡胶的刚度高4个数量级，可将其视为刚体，即橡胶与金属为柔性体与刚体的面-面接触，满足不可贯穿边界条件；②橡胶材料是完全弹性且各向同性的，视为不可压缩材料；③忽略橡胶材料的蠕变特性和应力松弛特性。

橡胶属超弹性材料，其变形具有很强的材料及几何非线性，通常超弹性材料的应力-应变关系用应变能密度函数来描述。许多学者在大量试验的基础上提出了描述该类材料的本构模型，如Neo-Hookean模型、Mooney-Rivlin模型、Klosene-Segal模型等。但Mooney-Rivlin模型更贴近橡胶材料的真实特性，且被大量的试验验证[17,20]。因此，本节采用该模型来描述O形密封圈的力学行为，表达式如下：

$$U=\sum_{i+j=1}^{N} C_{ij}\left(I_i-3\right)^i\left(I_j-3\right)^j \tag{2.1}$$

式中，U为应变能密度函数；I_i和I_j为应变张量不变量分量；C_{ij}为材料常数；i、j为自然数；N为模型的阶数。

根据上述本构模型，利用有限元软件中给定的简化五常数二阶多项式进行计算，其参数为 C_{10}=1.255，C_{20}=−1.679，C_{01}=−0.778，C_{11}=2.935，C_{02}=−0.744。

图 2.25 为单侧受限的橡胶 O 形密封圈、挡圈和沟槽结构。图中定义：法线方向平行于 x 轴的接触面分别为主接触面、副接触面；法线方向平行于 y 轴的接触面为侧接触面。为了便于理解，本节规定密封轴沿 y 轴正方向运动为上行程，沿 y 轴负方向运动为下行程，微动运行时，定义密封轴沿 y 轴负方向运动至下行程极限位置时为第一个 1/4 微动周期。根据机械密封原理和结构特征，该密封主接触面上的应力大小决定 O 形密封圈能否阻止介质的泄漏[17]。

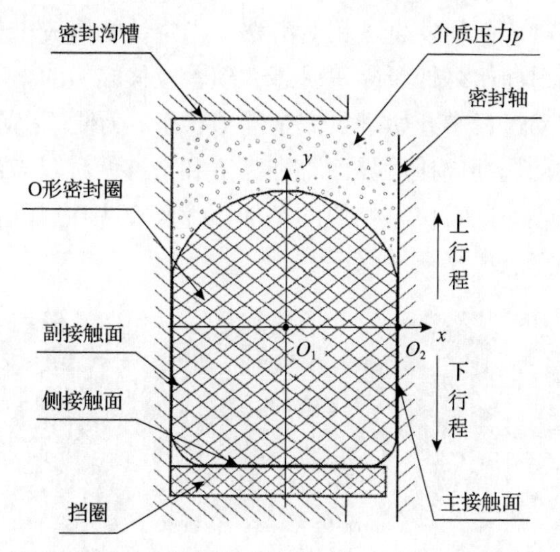

图 2.25　单侧受限的橡胶 O 形密封圈、挡圈和沟槽结构示意图

基于上述本构模型和密封结构建立丁腈橡胶 O 形密封圈的 Abaqus 轴对称有限元模型。O 形密封圈和挡圈的网格划分如图 2.26 所示，单元类型采用 CAX4H。为获得精确的计算结果，对 O 形密封圈和挡圈网格进行局部细化，其表层外圈采用结构化的网格划分，内部采用自由网格划分。模拟过程由 12 个分析步组成：通过设定与 O 形密封圈接触的两刚体的边界位移，达到预定的压缩率 R_c；确定介质侧压力的作用位置，在介质端施加压力 p；在密封轴上施加 y 轴方向的位移 D，使其完成 T 个周期的往复运动，完成 O 形密封圈微动运行工况的模拟。

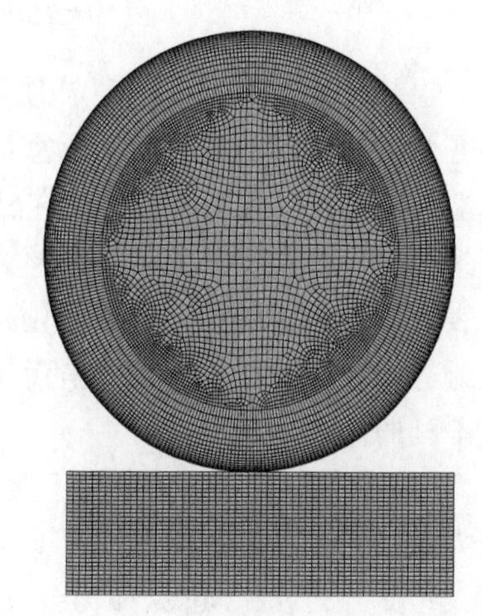

图 2.26　O 形密封圈和挡圈的网格划分

2.4.2 微动的运行状态

接触表面间产生相对运动的位移幅值直接决定微动的运行状态。图 2.27 给出了 O 形密封圈在不同微动运行阶段的变形情况及接触表面相对位移 u_2。图中，O 点为主轴原点；O'点为 O 形密封圈网格上某节点。由图可见，图 2.27(a)～(c)的 1/2 个微动周期内，O 与 O'的相对位置不变，说明该微动阶段接触界面处于黏着状态；而在随后的 1/4 个微动周期内，O'从 O 上方滑移至 O 下方，在微动运行至起始位置后两接触体的接触状态又回到了图 2.27(a)所示位置，表明在上述的后半个微动周期内两接触表面间发生了相对滑移。当位移幅值较小(如 D=0.2mm)时，整个微动周期内密封面始终处于黏着状态，随着位移幅值的增大(如 D=1.0mm)，接触界面在整个微动过程中开始进入完全滑移状态。为便于揭示 O 形密封圈的微动机理，将一个微动周期内接触界面存在黏着和滑移两种状态的现象定义为混合黏滑状态。综上所述，随着位移幅值的增加，橡胶在主接触面上的微动可依次呈黏着、混合黏滑和完全滑移三种状态。

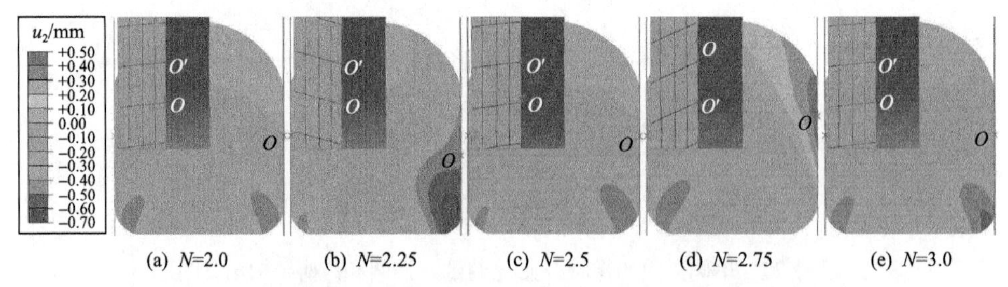

(a) N=2.0　(b) N=2.25　(c) N=2.5　(d) N=2.75　(e) N=3.0

图 2.27　O 形密封圈在不同微动运行阶段的变形情况及接触表面相对位移
(p=2MPa，R_c=15%，D=0.5mm)

O 形密封圈的摩擦力对补偿环的浮动性和追随性有重要的影响[1]。摩擦力的突变会引起机械密封端面实际密封比压超过或小于理想比压，从而引起介质泄漏或端面磨损并导致密封失效。在黏着状态下，密封轴施加的相对运动完全由 O 形密封圈的自身形变来协调，摩擦力始终保持较低的稳定值；在滑移状态下，两接触表面发生相对滑移，摩擦力较高但整个微动过程较平稳；在混合黏滑状态下，接触界面黏滑交替，摩擦力呈无规律地波动，这对补偿环的浮动性和追随性无疑是不利的。

von Mises 应力(σ_M)是基于剪切应变能的一种等效应力，直接反映三个方向主应力差值的大小，主应力差值越大的区域代表 O 形密封圈出现疲劳裂纹的可能性越大；此外，von Mises 应力会加速 O 形密封圈应力松弛，进而影响 O 形密封圈的密封性能[19]。图 2.28 为 O 形密封圈在黏着和滑移两种不同接触状态下不同运行阶段的 von Mises 应力云图(p=2MPa, R_c=15%)。由图可见，黏着和滑移状态下分布随微动运行的变化趋势大致相似，在整个微动周期内最大 von Mises 应力均出现在下行程极限位置的右下方，且滑移状态下最大应力更高、应力集中更明显，表明微动处于下行程极限位置时 O 形密封圈易被挤入装配间隙中，而最大 von Mises 应力的递增，致使 O 形密封圈发生剪切失效的可能性提高。同时，滑移状态下接触界面的磨损也会加剧。当 T=3.0 时，von Mises 应力和 T=2.0 时完全相同，表明橡胶材料的力学行为已达到稳定状态。此外，在黏着状态下，O 形密封圈内最大 von Mises 应力随着位移幅值的增加而逐渐增加；进入滑移状态后，von Mises 应力保持较稳定的值。

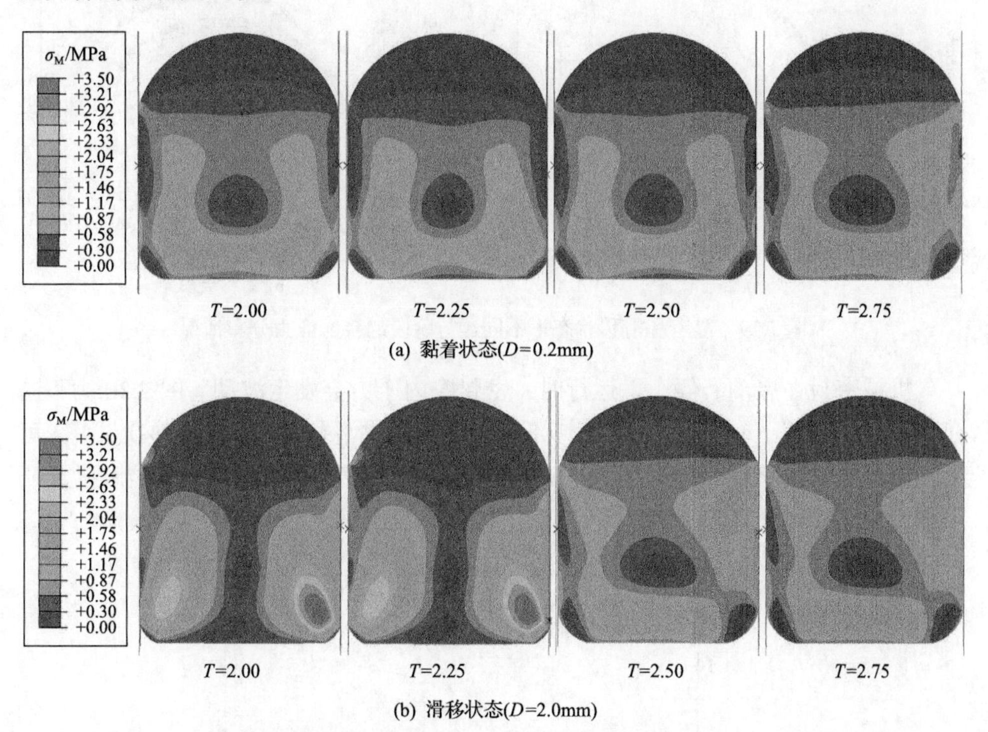

图 2.28　O 形密封圈在黏着和滑移接触状态下不同运行阶段的 von Mises 应力云图

2.4.3　微动运行过程中的应力特点

图 2.29 为黏着和滑移状态下不同运行阶段的接触应力 σ 随接触位置的变化曲线。图中，横轴 0 点对应主轴刚体初始点位置。由图可见，两种状态下接触应力分布均近似呈二次抛物线分布，应力从峰值点向两侧逐渐减小；在黏着状态下，接触应力沿接触中心两侧的分布和大小在整个微动运行过程中几乎无明显变化，且靠近介质侧的应力下降更加明显；在进入滑移状态时，初始位置(T=2.00)的接

触应力接近对称分布；运动到下行程极限位置(T=2.25)时接触应力迅速上升，沿宽度方向其分布变陡，最大接触应力沿微动方向移动，该阶段的最大接触应力比介质压力提高了 1 倍；而当 T 为 2.50 和 2.75 时，最大接触应力相近且其值远小于前面两个阶段，在宽度方向两侧的分布也与前面两个阶段相反。因此，在 O 形密封圈发生微动时，黏着状态下的密封性能接近静态密封；而在滑移状态下，接触应力波动十分明显，因此相比于黏着状态或静态下更易发生介质泄漏。

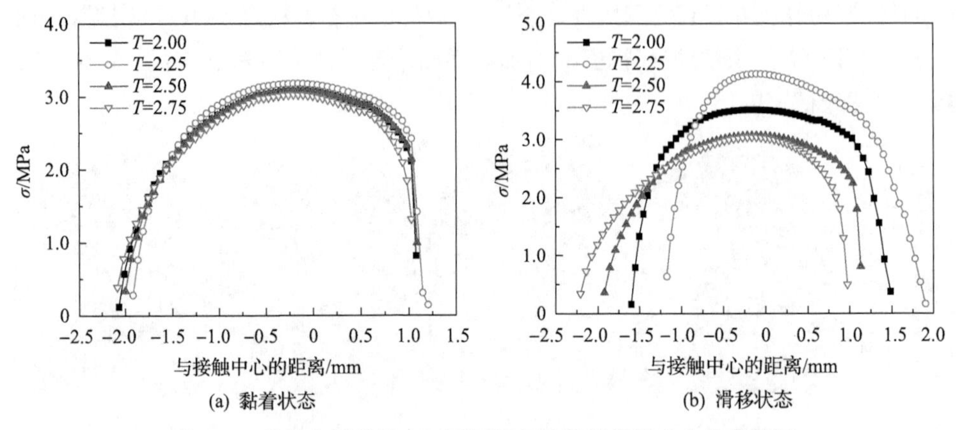

图 2.29 黏着和滑移状态下不同运行阶段的接触应力分布情况

机械密封在启动、停车、运行时，密封腔内压力会发生波动。图 2.30 为不同介质压力 p 作用下 O 形密封圈在上/下行程的临界黏滑位移 u_{cr}(R_c=15%)。由图可见，临界黏滑位移随介质压力的增大而逐渐增大，但上行程临界黏滑位移随介质压力增大的程度比下行程稍明显。

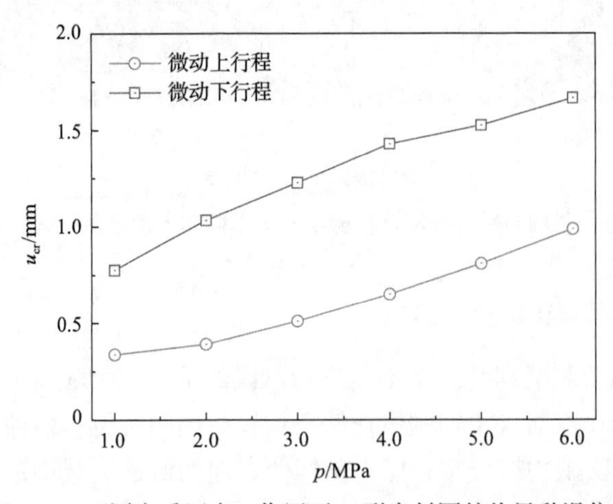

图 2.30 不同介质压力 p 作用下 O 形密封圈的临界黏滑位移

由上述分析可知，接触状态和运行阶段不同，微动接触面上的最大接触应力也不同。对于整个微动过程，滑移状态下最易发生介质泄漏的运行阶段出现在 T=2.75 时(该阶段的接触应力峰值最小)。图 2.31 为黏着状态、混合黏滑以及完全滑移状态下，微动接触面上的最大接触应力 σ_{max} 随介质压力的变化情况。由图可见，在相同的介质压力下三种接触状态下最大接触应力相当，且随着介质压力的增加呈近似线性递增关系，同时最大接触应力始终高于介质压力。因此，在介质压力波动的场合，O 形密封圈仍能阻止介质泄漏，这种“自密封”特性和接触应力近似抛物线分布的特性(图 2.29)，使得 O 形密封圈对介质压力的变化具有较好的适应能力和良好的防泄漏能力。当 p=1MPa 时，$\sigma_{max}\approx 2p$，而随着介质压力的增加，最大接触应力的增幅稳定，表明随着介质压力的增加，O 形密封圈的密封性能相对减弱，在低介质压力工况下的密封稳定性更好。

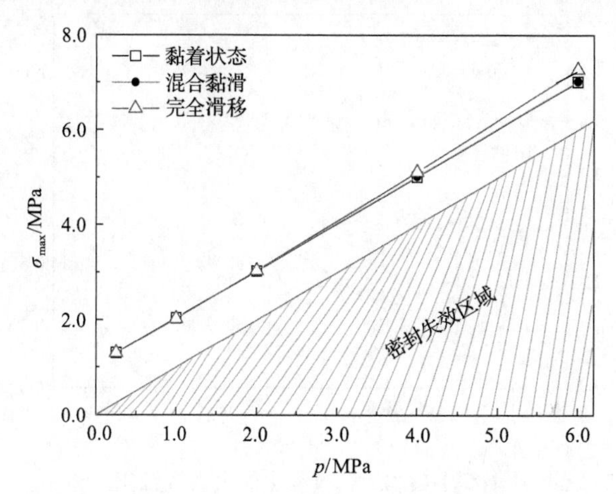

图 2.31　不同接触状态下介质压力与最大接触应力的关系

2.4.4　运行工况微动图的建立

根据微动运行过程中对接触状态的分析，可以判定不同压缩率下 O 形密封圈随位移幅值增加的微动运行状态，如图 2.32 所示。由图可见，在一定的压缩率下，随着位移幅值的增加，接触状态可依次运行于黏着区、混合黏滑区和完全滑移区；随着压缩率的增加，黏着区的范围扩大，混合黏滑区逐渐减小直至消失；此外，压缩率的提高增加了接触界面产生相对滑移的难度。

随着 O 形密封圈压缩率的增大，接触应力和接触宽度相应增大。图 2.33 为微动密封界面上微动运行过程中的最大接触应力 σ_{max} 和最大剪应力 τ_{max} 随压缩率的变化曲线。由图可见，两种接触状态下接触界面上的最大接触应力和最大剪应力均随压缩率的增加而逐渐增加，这在一定程度上说明了增大压缩率有利于提高 O

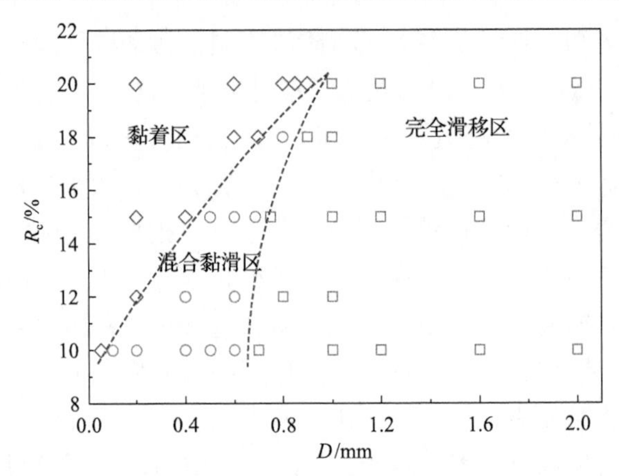

图 2.32　不同压缩率和位移幅值下的 O 形密封圈微动运行状态

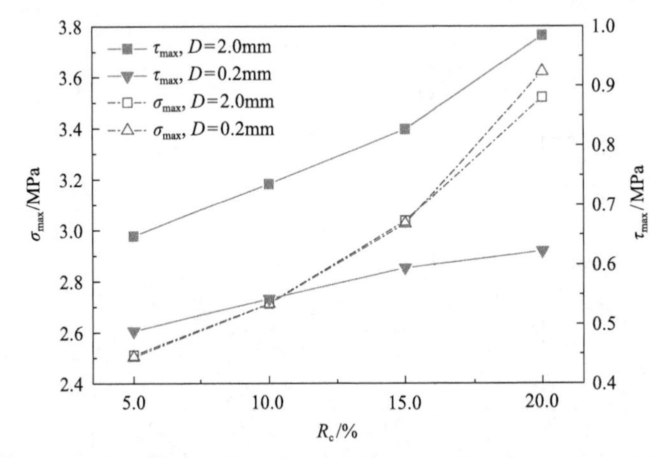

图 2.33　不同压缩率下微动运行过程中的最大接触应力和最大剪应力

形密封圈的密封性能。如前所述，接触状态对最大接触应力不存在明显的影响，但滑移状态下最大剪应力大且随压缩率的提高更明显地快速上升。因此，增大压缩率和滑移幅值会加剧密封表面的磨损，使摩擦力增大进而影响浮动环的浮动性。另一方面，增加压缩率会引起 O 形密封圈 von Mises 应力的增加，且压缩率越大应力递增越快，从而诱发 O 形密封圈的剪切失效。值得一提的是，这种现象在无挡圈的情况下更加明显[19]。同时，增大压缩率可能会加剧浮动环的振动，降低 O 形密封圈的密封性能。综上所述，作为微动工况下的补偿环 O 形密封圈，在满足辅助密封作用的同时，还要求其可以随补偿环沿轴向做微小的补偿运动，因此 O 形密封圈的压缩率不宜太大，推荐取值 10%左右[17]。

摩擦系数 μ 是评价材料摩擦性能的重要指标，O 形密封圈在密封介质时由于其润滑性能的差异或润滑不充分等情况会引起 O 形圈密封界面摩擦系数的变化。

图 2.34 为不同介质压力 p 作用下 O 形密封圈下行程的临界黏滑位移随摩擦系数的变化。由图可见，在相同的介质压力下，随着摩擦系数的增加密封界面的临界黏滑位移增加，密封界面的接触状态由滑移状态向黏滑或黏着状态转变；压力越高，临界黏滑位移越大。如前所述，进入混合黏滑状态时主接触面上的摩擦力呈较大幅值的无规律波动，这对浮动环的追随性不利；另外，摩擦系数的增加会直接导致接触界面剪应力的提高(图 2.35)，从而加剧 O 形密封圈表面的磨损。因此，摩擦系数的上升会加速 O 形密封圈的磨损并影响密封表面的摩擦力，从而降低浮动环的浮动性。对于 O 形密封圈，较小压缩率即可产生较大的接触应力和接触宽度，为满足机械密封补偿环浮动性和端面追随性的要求，机械密封补偿环 O 形密封圈的预压缩率不宜过大，一般控制在 10%左右为宜。

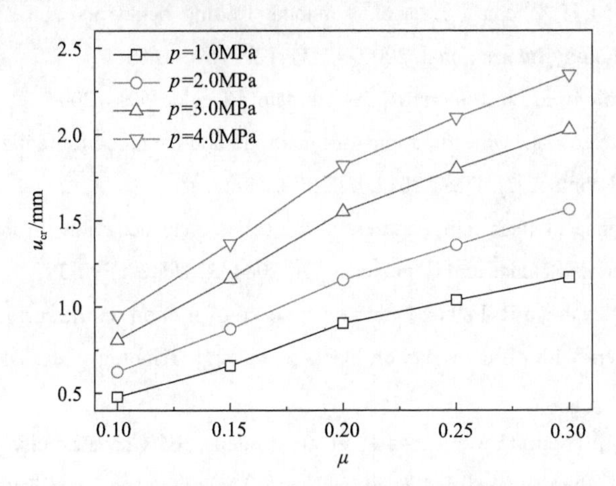

图 2.34　不同介质压力下临界黏滑位移随摩擦系数的变化

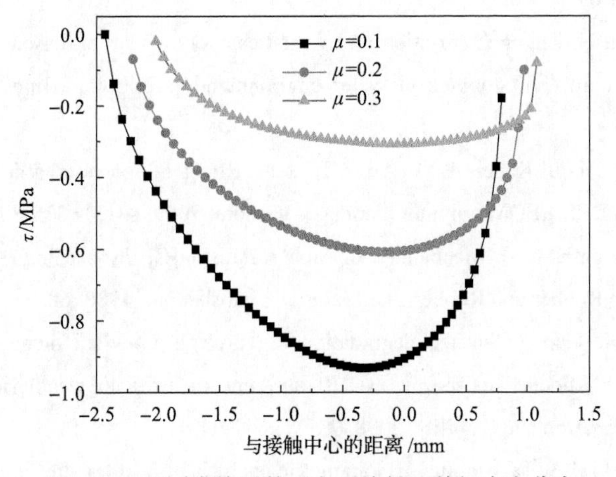

图 2.35　不同摩擦系数下主要接触面剪切应力分布

参 考 文 献

[1] Zhou Z R, Nakazawa K, Zhu M H, et al. Progress in fretting maps[J]. Tribology International, 2006, 39(10): 1068-1073.

[2] Guo Y B, Zhang Z, Wang D G, et al. Fretting wear behavior of rubber against concrete for submarine pipeline laying clamping[J]. Wear, 2019, 432-433(15): 203166.

[3] 刘莹, 陈垚, 高志, 等. 三元乙丙密封材料不同工况下的摩擦性能[J]. 摩擦学学报, 2010, 30(5): 461-465.

[4] Fouvry S, Liskiewicz T, Kapsa P, et al. An energy description of wear mechanisms and its applications to oscillating sliding contacts[J]. Wear, 2003, 255(1-6): 287-298.

[5] Cai Z B, Zhu M H, Zheng J F, et al. Torsional fretting behaviors of LZ50 steel in air and nitrogen[J]. Tribology International, 2009, 42(11-12): 1676-1683.

[6] Sshiwei Z. Tribology of Elastomers[M]. Amsterdam: Elsevier Press, 2004.

[7] Bansal D G, Streator J L. On estimations of maximum and average interfacial temperature rise in sliding elliptical contacts[J]. Wear, 2012, 278-279: 18-27.

[8] Kalin M. Influence of flash temperatures on the tribological behaviour in low-speed sliding: A review[J]. Materials Science and Engineering: A, 2004, 374(1-2): 390-397.

[9] Martínez Z L, Nevshupa R, Felhös D, et al. Influence of friction on the surface characteristics of EPDM elastomers with different carbon black contents[J]. Tribology International, 2011, 44(9): 996-1003.

[10] Degrange J M, Thomine M, Kapsa P, et al. Influence of viscoelasticity on the tribological behaviour of carbon black filled nitrile rubber(NBR) for lip seal application[J]. Wear, 2005, 259(1-6): 684-692.

[11] Wang L, Guan X, Zhang G. Friction and wear behaviors of carbon-based multilayer coatings sliding against different rubbers in water environment[J]. Tribology International, 2013, 64: 69-77.

[12] Rizk R A M, Abdul-Kader A M, Ali Z I, et al. Effect of ion bombardment on the optical properties of LDPE/EPDM polymer blends[J]. Vacuum, 2009, 83(5): 805-808.

[13] Muhr A H, Thomas A G. Mechanism of rubber abrasion[C]. Proceedings of the International Conference on Rubber and Rubber-like Materials, Jamshedpur, 1986: 68.

[14] Zhao Q, Li X, Gao J. Surface degradation of ethylene-propylene-diene monomer(EPDM) containing 5-ethylidene-2-norbornene(ENB) as diene in artificial weathering environment[J]. Polymer Degradation and Stability, 2008, 93(3): 692-699.

[15] Blasiak S, Laski P A, Takosoglu J E. Parametric analysis of heat transfer in non-contacting face seals[J]. International Journal of Heat and Mass Transfer, 2013, 57(1): 22-31.

[16] Fribourg D, Audrain A, Cougnon L. The performance of mechanical seals used in a high vibration environment[J]. Sealing Technology, 2010, 2: 7-11.

[17] 陈志, 高钰, 董蓉, 等. 机械密封橡胶 O 形圈密封性能的有限元分析[J]. 四川大学学报(工程科学版), 2011, 43(5): 234-239.

[18] Nam J H, Hawong J S, Shin D C, et al. A study on the behaviors and stresses of O-ring under uniform squeeze rates and internal pressure by transparent type photoelastic experiment[J]. Journal of Mechanical Science and Technology, 2011, 25(9): 2427-2438.

[19] 吴琼, 索双富, 刘向锋, 等. 丁腈橡胶O形圈的静密封及微动密封特性[J]. 润滑与密封, 2012, 37(11): 5-11.

[20] Tasora A, Prati E, Marin T. A method for the characterization of static elastomeric lip seal deformation[J]. Tribology International, 2013, 60: 119-126.

第 3 章　润滑工况下橡胶/粗糙配副表面两体摩擦学行为

通过优化摩擦配副达到减摩、抗磨、降耗是流体动密封的关键技术之一。本章重点考察乏油和富油工况下不同配副金属表面粗糙度对橡胶/金属配副的摩擦学行为影响，涉及摩擦系数时变行为、油润滑的减摩程度对比分析、润滑状况对表面损伤的影响等相关研究，获得了橡胶/金属配副的最佳粗糙度推荐值；此外，开展织构表面(textured surface, TS)接枝聚合物刷的减摩性能研究，为聚合物刷的减摩延寿提供了一种新的技术途径。相关研究旨在寻求表面形貌与润滑减摩的最佳匹配，以期为密封副硬表面的金属侧合理粗糙度优化和表面改性提供理论指导。

3.1　乏油润滑工况下表面粗糙度对橡胶摩擦学性能的影响

磨粒磨损现象因其发生率高以及严重的危害性受到国内外学者的广泛关注[1-5]。目前大多数学者[6,7]研究橡胶材料的摩擦学特性是以光滑的金属或涂层平面作为对偶件，忽视了对摩副表面粗糙度对橡胶的影响。另外，在很多工程实际中，橡胶密封摩擦副往往不能实现全膜润滑而处于乏油状态[8]。例如，往复密封在回程初期，接触区的入口间隙不能被润滑介质完全充满，导致压力的形成常接近于赫兹接触区，润滑油膜厚度小于全膜润滑状态；再如，当密封件采用脂润滑时，润滑剂往往呈现复杂的流变行为。因此，迫切需要开展乏油工况下橡胶密封材料与不同粗糙配副表面间的摩擦磨损行为研究。

为考察表面粗糙度对橡胶摩擦学行为的影响，试验前将橡胶端面打磨至表面粗糙度 R_a=0.8μm，选取 6 种不同目数规格的 SiC 砂纸(表 3.1)，将其作为粗糙控

表 3.1　配副砂纸表面粗糙度参数对照表

试样参数	SiC 砂纸型号	配副表面粗糙度		
		R_a/μm	R_q/μm	R_z/μm
1#	P80	22.96	26.48	106.97
2#	P180	18.00	21.82	87.33
3#	P400	7.28	9.05	40.25

续表

试样参数	SiC 砂纸型号	配副表面粗糙度		
		R_a/μm	R_q/μm	R_z/μm
4#	P800	5.00	6.28	30.80
5#	P2000	3.68	4.72	24.27
6#	P5000	2.96	3.58	18.83

制变量，粘贴在抛光的金属平板上。试验开始前，每次在砂纸表面涂抹足量的润滑油，并用橡胶片刮除多余润滑剂，试验过程中不再供给润滑剂，人为制造乏油的环境。试验用两种润滑剂分别为美孚 NLGI2 润滑脂和美孚黑霸王 SAE 15W-40 润滑油(乏油专指乏润滑油、乏脂专指乏润滑脂)。

3.1.1　摩擦系数时变性

图 3.1 为不同润滑条件(乏油、乏脂和干态)下丁腈橡胶与 6 种不同目数砂纸配副的摩擦系数时变曲线。由图可知，在无润滑条件(干态)下，丁腈橡胶与不同对摩副配副的摩擦系数在磨损初期就保持较高的值，随后迅速进入稳定阶段；但在油润滑或脂润滑(乏油、乏脂)工况下，由于润滑剂的润滑减摩作用，在若干循环周次前摩擦系数均会表现出一段较低的值，随后摩擦系数快速升高并与无润滑条件下保持相近的变化趋势，表明此时润滑剂的润滑作用几乎完全丧失，对摩副间的摩擦状态已转变为干摩擦。润滑剂的减摩作用能够维持的时间长短与润滑剂和对摩副的表面粗糙度密切相关。若将润滑剂减摩作用的时间长短(摩擦系数接近无润滑时的往复运动周次)利用减摩持久性来表征，则对比乏油和乏脂两种试验工况可以发现，油润滑工况下减摩持久性明显高于脂润滑工况。更为重要的是，对摩副的表面粗糙度不同，润滑剂的减摩持久性和减摩能力也完全不同。例如，图 3.1(d)中乏油工况下摩擦系数在经历波动阶段后最小值在 0.71 左右，而乏脂工况下摩擦系数的最小值更低，仅约 0.43。

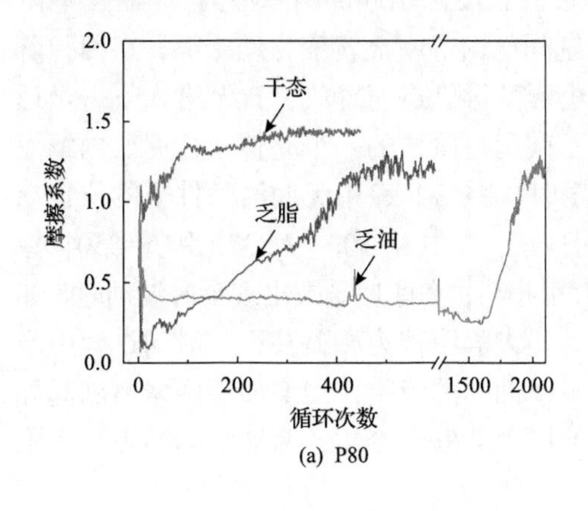

(a) P80

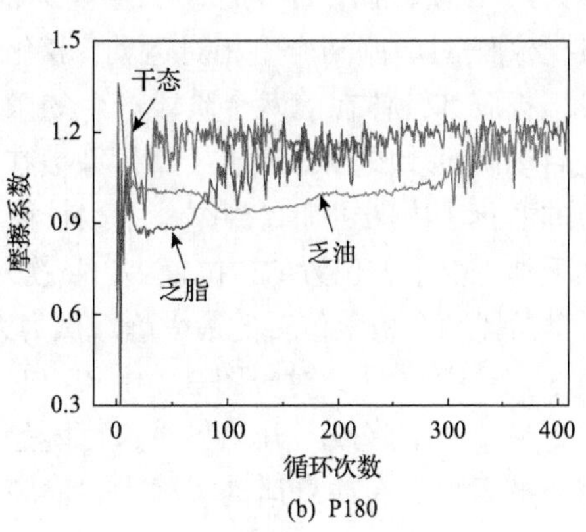

(b) P180

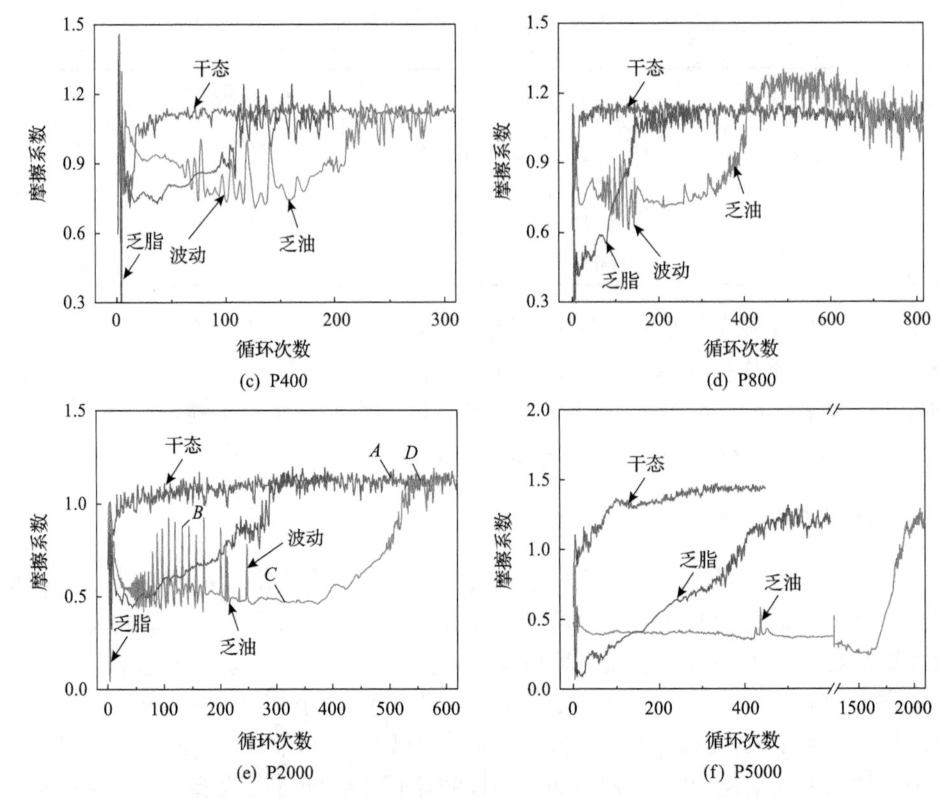

(c) P400　(d) P800　(e) P2000　(f) P5000

图 3.1　不同润滑条件下丁腈橡胶与 6 种不同目数砂纸配副的摩擦系数时变曲线

值得注意的是，当配副表面粗糙度为中等(对于砂纸型号 P400、P800 和 P2000)规格时，乏油润滑工况下摩擦系数会呈现出较为剧烈的波动特征，如图 3.1(c)～(e)所示。根据往复运动状态分析可知，一个完整的运行周次可分为启动—滑动—回弹—启动—滑动—回弹 6 个阶段，如图 3.2 所示(位置 *A*、*B*、*C* 和 *D* 对应图 3.1(e))。在启动阶段，橡胶所受摩擦力随位移幅值逐渐增大直至达到启动摩擦力(最大静摩擦力)，该阶段所产生的摩擦力主要为橡胶弹性变形引起的内摩擦力[9]。在滑动阶段，橡胶/对摩副间产生相对运动，接触副间已由静摩擦转变为动摩擦；在回弹阶段，橡胶弹性体在前两个阶段产生的微小形变得到迅速释放，直至进入下一个返程启动阶段。图 3.2 示出了摩擦系数在不同运行阶段的一个完整运行周次内摩擦力的变化。由图可知，当摩擦系数较稳定时，图 3.1(e)中无润滑条件下的位置 *A* 和乏油工况下的位置 *C*、位置 *D*，依次对应图 3.2 中 N=500、N=320 和 N=550，在滑动阶段两个极限位置的最大静摩擦力大小相当；在摩擦系数出现瞬时波动时，如图 3.1(e)中 *B* 处，对应图 3.2 中 N=130，最大静摩擦力相差甚远，滑动过程中摩擦力呈单调下降或上升趋势。这可能是由于油膜的吸附作用增加了两摩擦副间黏滞摩擦阻力。在往复运动过程中，油膜的厚度会发生变化，而油膜的润滑和吸附作用是一个相互竞争的过程，若某个周次油膜厚度达到一定值时润滑作用减弱而吸附力迅速上升，则表现为摩擦阻力瞬时提高，直接表现为图 3.1 (c)～(e) 中摩擦系数瞬时的剧烈波动，而在下一个循环周次油膜被驱赶到另一侧，吸附力减弱，摩擦系数恢复稳定。

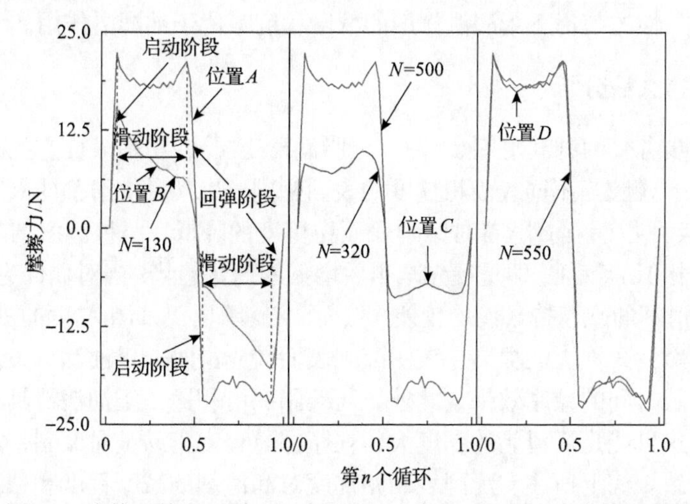

图 3.2　摩擦系数在不同运行阶段的一个完整运行周次内摩擦力变化

3.1.2　减摩程度对比分析

为便于描述，本节引入摩擦系数的比值 $K=f_{无润滑}/f_{润滑}$，该值一定程度上可以表征乏润滑剂工况下润滑剂相对于无润滑条件下降低摩擦剪切力的效果，即 K 值越大，说明润滑工况下摩擦副降低摩擦系数的能力(或称为“减摩程度”)越强。图 3.3

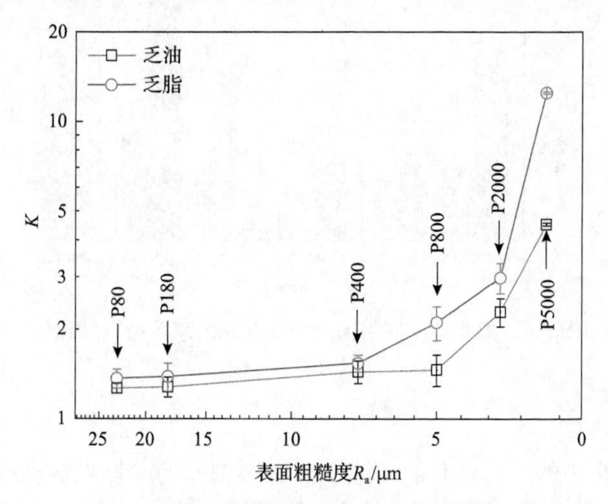

图 3.3　不同表面粗糙度配副下两种润滑剂减摩程度对比曲线

为 K 值随对摩副不同表面粗糙度的变化规律。由图可以看出，随着对偶件表面粗糙度的降低，K 值呈先缓慢上升后迅速增加的变化趋势。这表明对摩副的表面越光滑，润滑剂对摩擦副的减摩程度越强，而粗糙的表面上微凸体的高度远高于油膜厚度，因此减摩能力较差；另外，乏脂润滑的 K 值均大于乏油润滑，表明在不考虑减摩持久性的前提下脂润滑作用的减摩程度略优于油润滑作用。

3.1.3 减摩持久性分析

为进一步考察两种润滑剂(乏油、乏脂润滑工况)在粗糙表面上的减摩性能，图 3.4 给出了橡胶与不同表面粗糙度的表面配副时，两种润滑剂的减摩持久性变化。由图 3.4 可以看出，随着对摩副表面粗糙度的降低，两种润滑剂的减摩时间变化表现出相似的特征，即呈现先减小后增大的变化趋势；当对偶件为 P400 附近时，两种润滑剂的减摩持久性均较差。然而，随着配副表面粗糙度的进一步降低，润滑剂的减摩持久性大大提高，表明配副表面较光滑时，乏油润滑条件下润滑剂能够维持较长时间的减摩效果。此外，与乏脂润滑相比，乏油润滑具有更佳的减摩持久性。这可能是润滑脂的黏度大，在摩擦过程中脂易被对摩副带走或随磨屑一起排出所致。综上所述，配副表面粗糙度对润滑剂的减摩程度和减摩持久性有重要影响，为了提高橡胶密封材料的使用寿命，工程上在乏润滑剂条件下应尽量避免橡胶密封材料与粗糙表面形成摩擦配副。

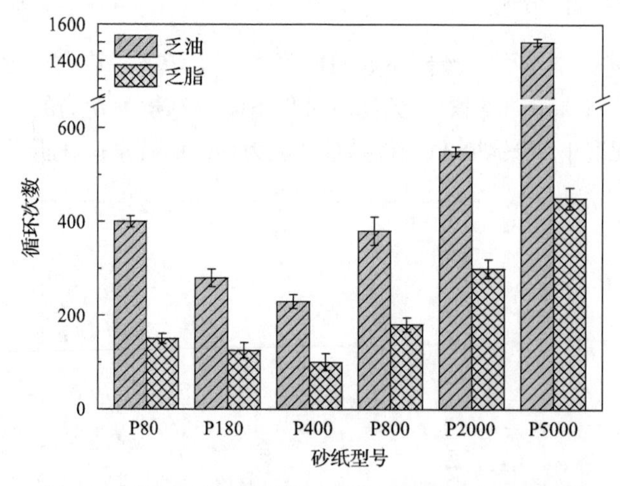

图 3.4 橡胶与不同粗糙度表面配副的减摩持久性比较

3.1.4 磨损机理

由上述分析可知，乏润滑剂环境下，摩擦副间的摩擦系数会保持一段时间的较低值，运行一定周期后润滑失效且摩擦系数接近于无润滑工况。事实上，磨损后期的表面磨损形貌也会表现出与无润滑相似的损伤特征。图 3.5～图 3.8 分别为橡胶与不同型号砂纸(P180、P400、P2000 和 P5000)对偶件在不同润滑条件下且摩擦系数相对稳定时的橡胶表面磨损形貌。如图 3.5 所示，当对摩副较粗糙(P180 砂纸)时，橡胶磨损表面具有明显的平行于滑动方向的犁沟，表现出磨粒磨损典型的损伤机制。不同的是，在润滑条件下，微凸体的剪切作用减弱，橡胶表面犁沟较浅，因此磨损表面的粗糙度相对于干态较小；在乏油和无润滑条件下，磨损表面没有磨屑堆积，而乏脂环境下局部有蜷曲状磨屑分布于磨损表面，说明润滑剂不同会造成磨屑行为和磨损形貌的显著差异。

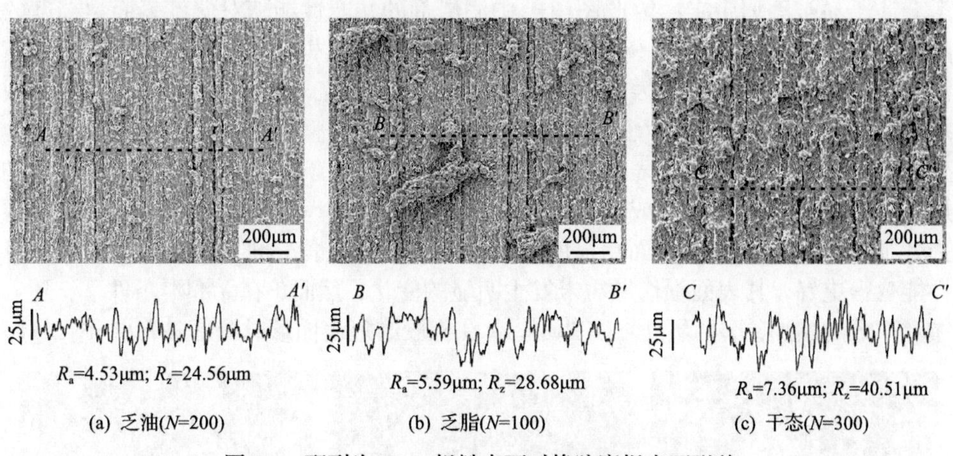

(a) 乏油(N=200)　(b) 乏脂(N=100)　(c) 干态(N=300)

图 3.5　配副为 P180 粗糙表面时橡胶磨损表面形貌

当摩擦对偶件为 P400 粗糙表面时，三种不同润滑状态下仍表现为磨粒磨损特征，但与图 3.5 相比，对偶件表面微凸体对橡胶的犁削效应减弱，表面犁沟深度明显变浅，如图 3.6 所示。在润滑剂参与磨损的过程中，润滑介质可以进入犁沟并改善摩擦副间的边界润滑(boundary lubrication, BL)状况，然而犁沟较浅时摩擦副间

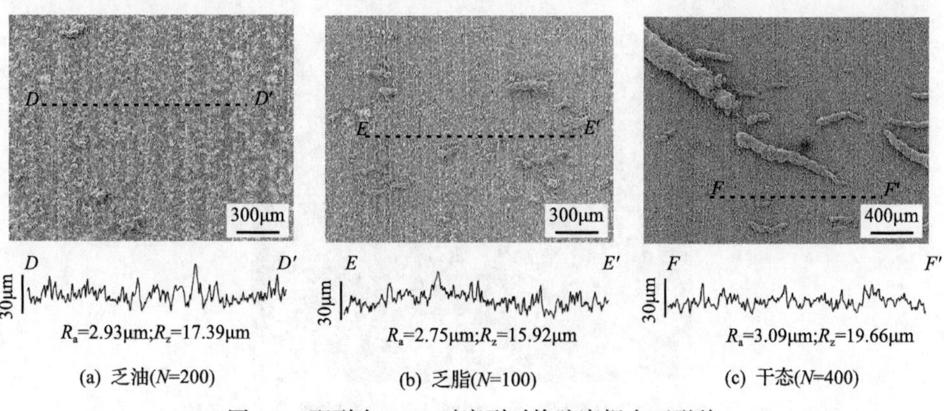

(a) 乏油(N=200)　(b) 乏脂(N=100)　(c) 干态(N=400)

图 3.6　配副为 P400 对摩副时橡胶磨损表面形貌

不能保持足够的润滑介质，此润滑工况下的减摩持久性大大降低，如图 3.4 所示。另外，无润滑条件下磨损所致的小的磨屑颗粒也会积聚成条状的蜷曲磨屑，使得摩擦副间的磨损形式由两体磨粒磨损转变为两体磨损与局部的三体滚动磨损并存。因此，无润滑条件下对偶件为 P400 对摩副时的摩擦系数均低于其他对摩副的对偶配副。在上述两方面原因的共同作用下，对偶件为 P400 对摩副时乏润滑剂环境下的减摩程度不高，因此图 3.3 中 K 仍保持较小的值。

随着对偶件表面粗糙度的降低，橡胶材料的磨损率逐渐减小，表面犁沟几乎消失，磨粒磨损特征也相应减弱，如图 3.7 所示。摩擦副间形成的磨屑较少，润滑介质不易被磨屑带走，因此图 3.4 中润滑剂的减摩性能随对偶件表面粗糙度的降低逐渐升高。图 3.7 中，对比不同的润滑工况可以发现，在乏油条件下橡胶表面出现颗粒状磨屑，研究表明，摩擦副间的这种“第三体”磨屑的存在有利于减缓表面磨损[10]；在乏脂环境中，整个磨损表面较为平整，摩擦副间可能形成连续且较薄的油膜，降低摩擦表面的剪切应力；在干摩擦条件下，较高的剪切应力作用下，橡胶磨损表面易形成具有垂直于滑动方向的锯齿状突起形貌的典型花纹磨损特征[11]。随着对偶件表面粗糙度的进一步降低，乏润滑剂工况下润滑剂的减摩性能变得更好，其表面损伤形貌未发生明显的变化；然而，在无润滑条件下，随着循环次数的增加，磨屑不断增多并团聚，在橡胶磨痕表面形成局部黏着层(图 3.8)，

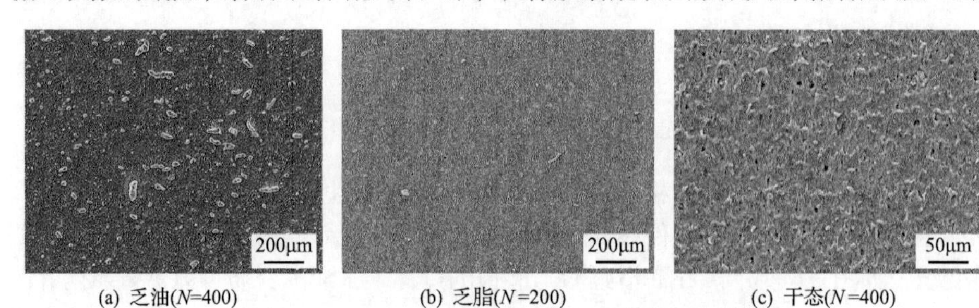

(a) 乏油(N=400)　(b) 乏脂(N=200)　(c) 干态(N=400)

图 3.7　配副为 P2000 粗糙表面时橡胶磨损表面形貌

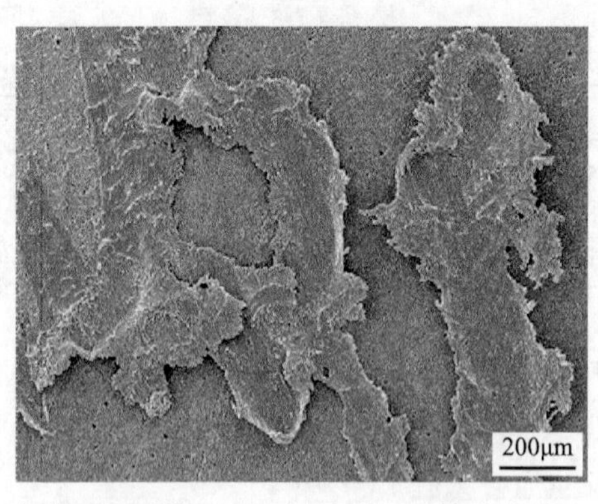

图 3.8　无润滑条件下配副为 P5000 粗糙表面时橡胶磨损表面形貌(N=400)

并且这种黏着层会转移到对偶件表面，从而提高两摩擦副间的黏滞摩擦阻力。因此，图 3.1(f)中当对偶件为 P5000 粗糙表面时摩擦系数已接近 1.5。

总之，对摩副表面越光滑，乏润滑剂环境下的减摩、降磨性能越好，相比之下，乏油工况下的减摩持久性优于乏脂工况。乏润滑剂环境下橡胶材料的表面由伴随明显犁沟特征的严重磨粒磨损逐渐转变为损伤轻微的磨粒磨损。在无润滑条件下，橡胶由典型的磨粒磨损机制转变为典型的磨损花纹形貌，最后又向黏着磨损机制转变。因此，橡胶密封圈服役过程中，应该及时补偿润滑油/脂类，或及时清除磨损颗粒以避免后续发生严重的磨粒磨损。

3.2　富油润滑工况下表面粗糙度对橡胶摩擦学性能的影响

迄今为止，表面粗糙度和摩擦学行为之间的关系还不完全为人所知或尚未明确定义。Persson 等[12-14]为随机粗糙表面提出了一种创新的接触力学理论，以说明表面粗糙度的作用。根据该理论，不仅可以推断出接触面积和压力分布，还可以知道许多其他参数，如附着力、界面分离、泄漏和接触几何形状的统计特性[15-17]。Pastewka 等[18]考虑了非黏性的赫兹接触并在其中增加了小尺度粗糙度，还研究了负载如何在不存在黏性的情况下影响真实接触面积。另外，许多研究者已经尝试研究表面粗糙度对摩擦的影响[19-21]。表面粗糙度参数(如 R_a 和 R_q 等)可用于研究表面粗糙度与摩擦学行为之间的相关性。Myers[22]指出了 R_q 在预测摩擦力方面的可行性。Rasp 等[23]研究了使用不同类型表面的形貌特征对摩擦阻力的影响。结果表明，常规表面粗糙度 R_a 和润滑方式对摩擦阻力的影响大于表面形貌取向的影响。相反，Menezes 等[24,25]指出，摩擦和转移层的形成主要取决于磨痕的方向性，而较少取决于硬质配副表面粗糙度。

3.2.1　表面粗糙度参数获取

根据测得的配副表面高度波动，可以计算出表面粗糙度参数 R_a、R_q、R_{dq} 等以及表面粗糙度能谱 $C_{(q)}$。表 3.2 列出了不同纹理表面的主要粗糙度参数(如 R_a、R_q、R_{dq} 等)。其中，无量纲的 R_{dq} 是评估测得的粗糙度轮廓的可用量，此外，还可以量化表面粗糙度能谱 $C_{(q)}$ 以更好地理解表面粗糙度特性[26]。图 3.9 给出了表面粗糙度的一维能谱，可以看出在不同研磨介质下打磨表面粗糙度彼此间隔均匀分布。

表 3.2　不同纹理表面粗糙度

序号	砂纸目数	平均摩擦系数	不锈钢表面粗糙度							
			R_a/μm	R_q/μm	R_{sk}	R_{ku}	R_z/μm	R_p/μm	R_{dq}	R_t/μm
T01	60	0.499	0.536	0.682	0.047	2.776	2.7216	1.3067	15.06	3.950
T02	180	0.306	0.448	0.562	0.334	2.827	2.448	1.352	14.11	3.060

续表

序号	砂纸目数	平均摩擦系数	不锈钢表面粗糙度							
			R_a/μm	R_q/μm	R_{sk}	R_{ku}	R_z/μm	R_p/μm	R_{dq}	R_t/μm
T03	220	0.213	0.321	0.412	0.343	3.879	2.004	1.001	13.05	2.558
T04	280	0.151	0.222	0.300	0.71	2.781	1.2696	0.47	11.79	1.309
T05	320	0.104	0.168	0.244	1.528	5.565	1.239	0.364	9.96	1.313
T06	400	0.069	0.118	0.164	1.019	4.741	0.909	0.3667	7.82	1.043
T07	600	0.064	0.097	0.122	0.763	3.025	0.609	0.225	6.76	0.610
T08	1000	0.057	0.076	0.094	0.018	3.883	0.553	0.281	5.49	0.829
T09	1500	0.057	0.042	0.051	0.174	2.841	0.279	0.1498	4.52	0.351
T10	3000	0.061	0.016	0.021	0.081	4.560	0.151	0.078	1.71	0.167
T11	5000	0.064	0.008	0.010	0.427	3.311	0.056	0.024	0.99	0.067
T12	抛光面	0.073	0.003	0.003	0.078	2.671	0.021	0.009	0.72	0.022

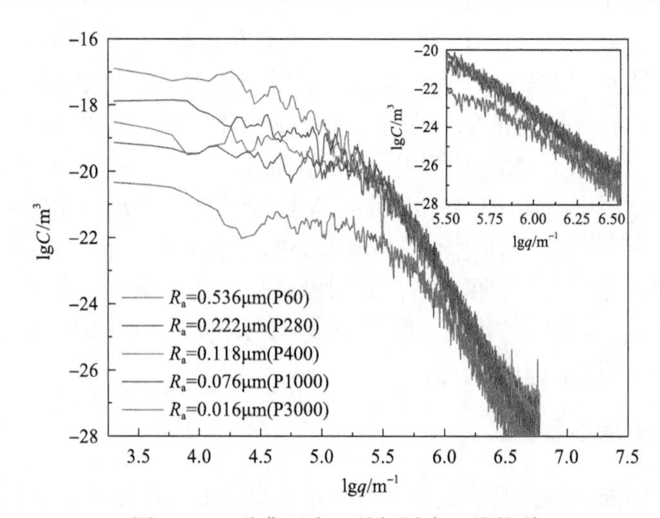

图 3.9　五种典型表面的粗糙度一维能谱

3.2.2　摩擦系数演变分析

图 3.10 为丁腈橡胶在不同的纹理钢表面上滑动时，摩擦系数随循环次数的演变曲线。可以看出，在初始阶段出现瞬时峰值后，摩擦系数逐渐下降到稳定值，这是因为橡胶/钢摩擦副从静摩擦变为动摩擦，且所有摩擦系数历经数百个往复循环后迅速进入稳态阶段，随后摩擦系数保持不变。不同之处在于，当配副表面粗糙度 R_a 为 0.536μm 时，稳定阶段的摩擦系数接近 0.5，而当利用 P1000 对摩副(R_a=0.076μm)打磨后的配副表面与丁腈橡胶弹性体滑动时，摩擦系数仅为 0.05 左右。

这表明配副表面粗糙度 R_a 越大，摩擦系数也越大。但并不意味着金属配副表面越光滑，摩擦系数就越低。试验结果表明，丁腈橡胶在 P1000 对摩副打磨后的配副钢上滑动时，摩擦副间的摩擦系数最低，而不是抛光表面（R_a=0.003μm），如图 3.10 所示。总之，橡胶在金属表面上滑动时，配副钢表面粗糙度对滑动过程中的摩擦系数有重要影响。此外，对该纹理钢表面而言，若服役橡胶表面具有合适的粗糙度，则可以实现较低的摩擦系数。

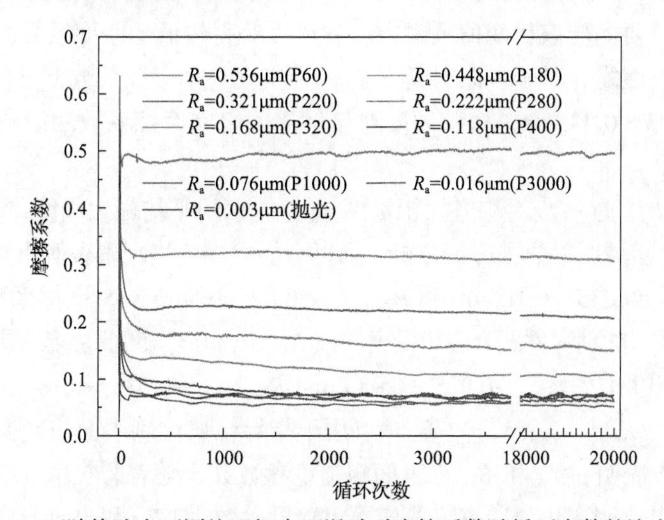

图 3.10　丁腈橡胶在不同纹理钢表面滑动时摩擦系数随循环次数的演变曲线

众所周知，轮廓算术平均偏差 R_a 是常见的表面粗糙度参数之一，它可以很好地描述机械零部件表面高度变化和表面加工精度。图 3.11 显示了当丁腈橡胶在不

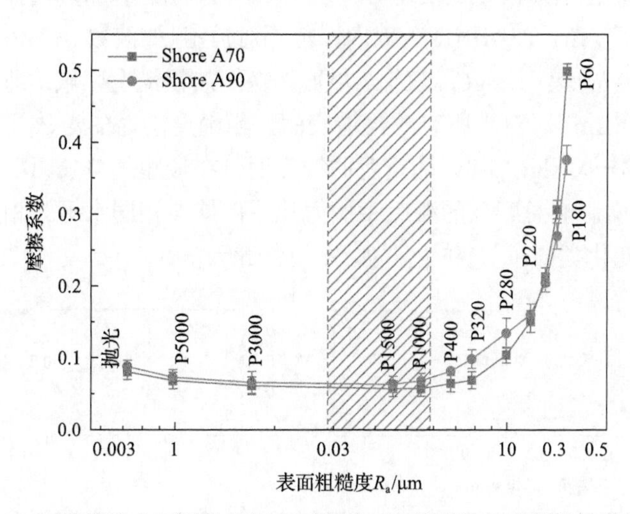

图 3.11　丁腈橡胶在不同纹理钢表面滑动时摩擦系数与表面粗糙度的关系

同纹理钢表面上滑动时，两种不同肖氏硬度橡胶的摩擦系数与表面粗糙度 R_a 之间的对应关系。可以看出，两种不同肖氏硬度橡胶的摩擦系数随其配副表面粗糙度的变化趋势极为相似。具体而言，随着表面粗糙度 R_a 的增加，摩擦系数先缓慢下降后急剧增加，存在最小值。当表面粗糙度在两个阈值之间时，两个阈值所对应范围内的摩擦系数相应较小。以 O 形密封圈橡胶动态往复密封为例，上述阈值的工程意义在于：可以为加工与 O 形密封圈配对的金属轴提供表面粗糙度 R_a 的最佳值。此外，只要最佳值在阈值范围内，就可以获得较低的摩擦系数，从而提高密封产品的服役性能。对于表面粗糙度 R_a，为实现最小摩擦系数，最佳值 $R_{a\text{-optimum}}$ 的范围为 0.03～0.085μm。橡胶硬度对接触界面之间摩擦系数的影响在以下各节中详细讨论。

类似于 R_a，进一步对均方根粗糙度 R_q、轮廓的平均最大高度 R_z 和均方根斜率 R_{dq} 等表面粗糙度参数进行了分析，通过分析发现，当配副表面粗糙度参数分别落于 $R_{q\text{-optimum}}$=0.035～0.105μm 和 $R_{z\text{-optimum}}$=0.22～0.6μm 时，摩擦系数相对较小。这些结果表明，配副零件的表面粗糙度参数 R_a、R_q 和 R_z 与摩擦系数及其相应的最佳值范围密切相关（$R_{a\text{-optimum}}$=0.025～0.085μm，$R_{q\text{-optimum}}$=0.035～0.105μm，$R_{z\text{-optimum}}$=0.22～0.6μm，$R_{dq\text{-optimum}}$=3.2～6.0），可用于指导金属配副表面与摩擦副的匹配参数。但表 3.2 表明，R_{sk} 和 R_{ku} 等表面粗糙度参数并未随着磨粒尺寸或摩擦系数的变化而表现出单调变化。这意味着表面粗糙度参数（如 R_{sk} 和 R_{ku}）与摩擦系数没有明显的内在联系。

需要注意的是，R_q（和 R_a）主要取决于长波粗糙度组分，而 R_{dq} 主要取决于所有粗糙度组分，包括短波粗糙度组分[27-29]。如图 3.9 所示，对于给出的粗糙表面，粗糙度能谱 $\lg C_{(q)}$ 在长波粗糙度区域内保持相对恒定（如波数 $q<1.0\times10^5\text{m}^{-1}$），且表面粗糙度（如 R_a）较小，$\lg C_{(q)}$ 较小。然而，在短波粗糙度区域，即波数 $q>1.6\times10^5\text{m}^{-1}$、$\lg q>5.2\text{m}^{-1}$，对于所有的粗糙表面，粗糙度能谱的对数几乎随波数对数的增加而线性减小。$\lg C_{(q)}$-$\lg q$ 的重叠曲线表明，在较短的波长粗糙度区域内，对于所有粗糙表面影响总摩擦的滞后摩擦力几乎保持在相同水平，相应地导致摩擦系数随 R_{dq} 的变化类似于 R_a 和 R_q，如图 3.12 所示。

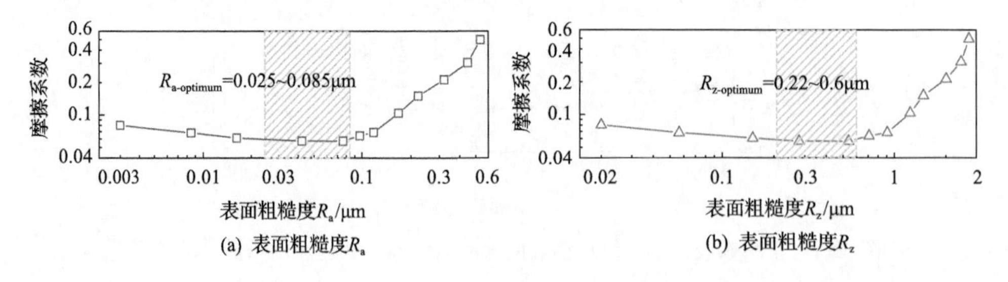

(a) 表面粗糙度R_a　　(b) 表面粗糙度R_z

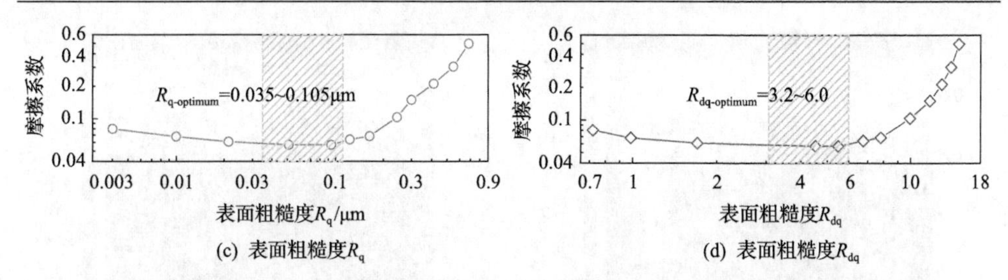

(c) 表面粗糙度R_q　　(d) 表面粗糙度R_{dq}

图 3.12　对数关系下摩擦系数随表面粗糙度参数 R_a、R_q、R_z 和 R_{dq} 的演变趋势

3.2.3　磨损表面分析

图 3.13 为配副金属表面经 P60、P180、P320 和 P400 对摩副打磨处理，丁腈橡胶与之滑动磨损后的表面形貌。可以看出，整个丁腈橡胶磨损表面沿滑动方向均存在较深沟槽和犁沟，摩擦磨损试验完全改变了原始的橡胶形貌，如图 3.13 和图 3.14 所示。需要指出的是，图 3.13(a)中的实线双箭头表示摩擦对的滑动方向。由图可以看出，丁腈橡胶的主要磨损机理是磨粒磨损，且局部磨损是由粗糙表面

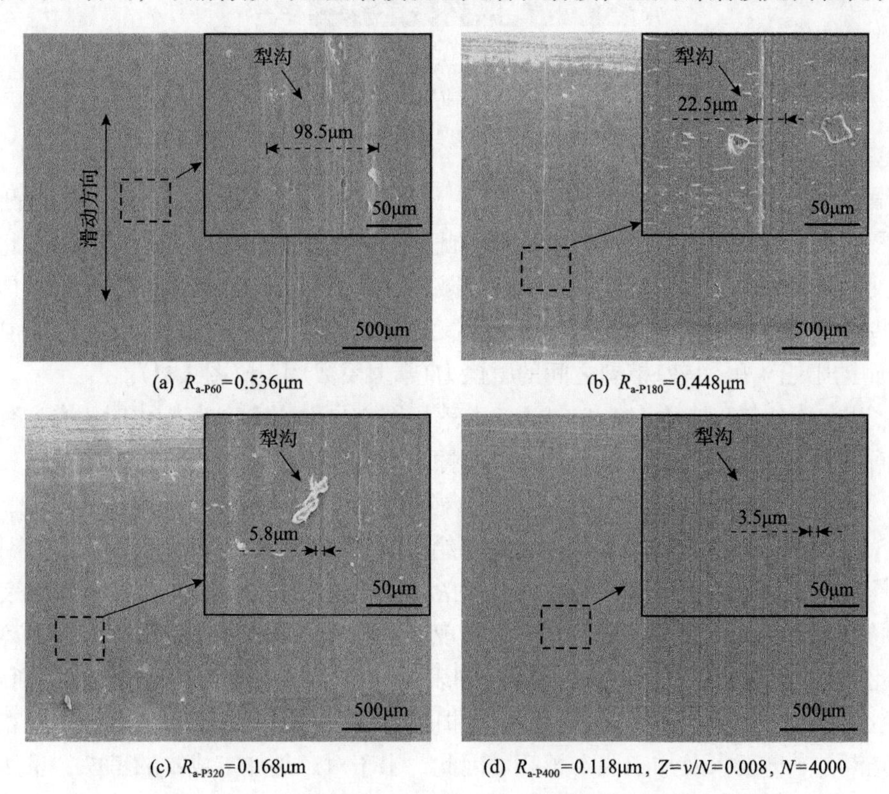

(a) $R_{a\text{-P60}}$=0.536μm　　(b) $R_{a\text{-P180}}$=0.448μm

(c) $R_{a\text{-P320}}$=0.168μm　　(d) $R_{a\text{-P400}}$=0.118μm, $Z=v/N$=0.008, N=4000

图 3.13　丁腈橡胶在不同纹理表面磨损后的表面形貌

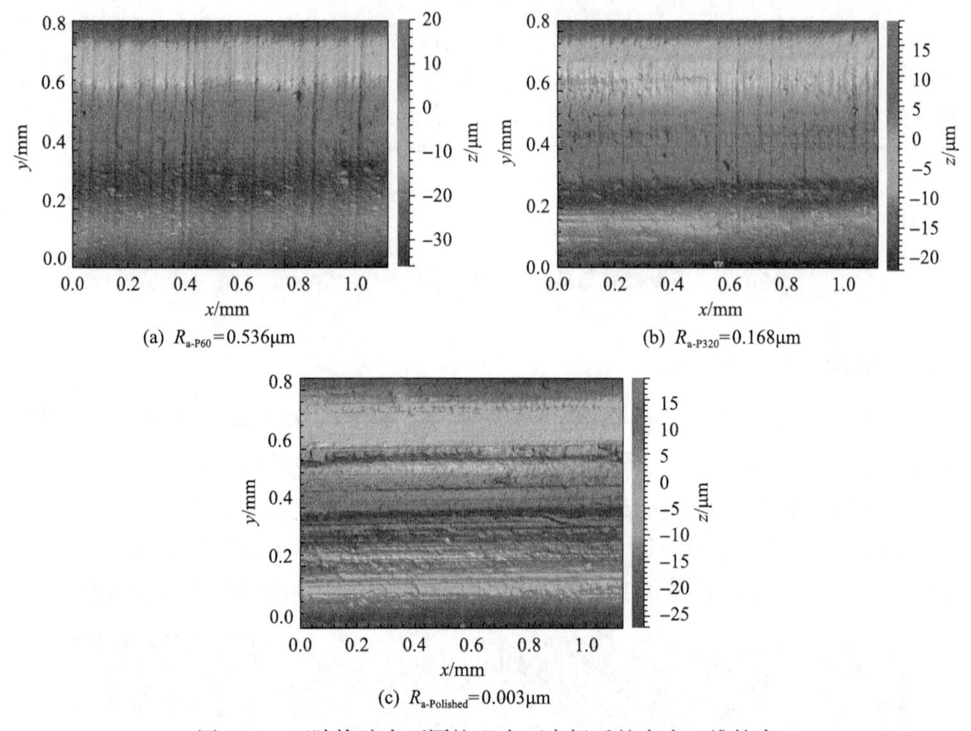

(a) $R_{a\text{-}P60}$=0.536μm　(b) $R_{a\text{-}P320}$=0.168μm

(c) $R_{a\text{-}Polished}$=0.003μm

图 3.14　丁腈橡胶在不同纹理表面磨损后的磨痕三维轮廓

的微凸体产生剧烈的犁削作用所导致的。另外，随着表面粗糙度的减小，微凸体的尺寸也相应减小，且由这些粗糙的微凸体引起的犁削作用也不断减弱。因此，橡胶磨损表面上的沟槽宽度和深度逐渐减小(图 3.13)。简而言之，当橡胶在具有一些尖锐粗糙的硬质表面上滑动时，会发生磨粒磨损，从而导致在弹性体的滑动表面上出现沟槽，且摩擦副之间的摩擦力(摩擦系数)上升(图 3.11)。

当表面粗糙度参数(如 R_a、R_q、R_{dq})落于图 3.11 中的最佳范围内时，橡胶磨损表面仅出现隐约可见的沿滑动方向的摩擦痕迹，且磨损表面没有明显的沟槽和犁沟，原始表面上由加工成型引起的突脊(橡胶表面垂直于滑动方向的原始形貌，如图 3.14(c)和图 3.15 所示)仍清晰可见。结果表明，对于单向纹理表面，若配副金属具备适宜的表面粗糙度(如 R_a、R_q 和 R_{dq})，可以将部分润滑油储存在粗糙表面的局部微凹坑或沟槽中。这将有利于实现局部润滑效果乃至摩擦副的完全隔离。因此，在油润滑条件下，橡胶在中等纹理表面(如 R_a=0.076μm，P1000 砂纸磨削后)上滑动时，摩擦系数较小，橡胶表面磨损也较小(图 3.16)。值得注意的是，表面越光滑，工艺要求及加工成本越高。因此，出于对产品加工成本的考虑，虽然可以在零部件的平滑表面上实现更好的摩擦学性能，但若现有的加工产品可以满足使用需求，则没有必要盲目追求产品的加工精度。

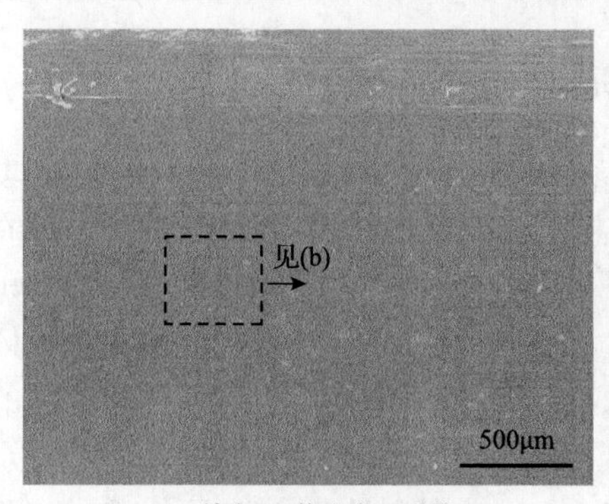

(a) 放大120倍的表面形貌

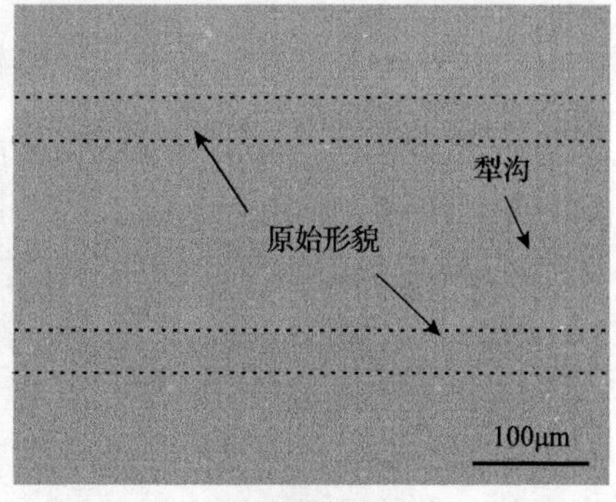

(b) 局部放大图

图 3.15　丁腈橡胶在中等纹理表面磨损后的表面形貌
（$R_{a\text{-}P1000}$=0.076μm，N=20000, Z=v/N=0.008）

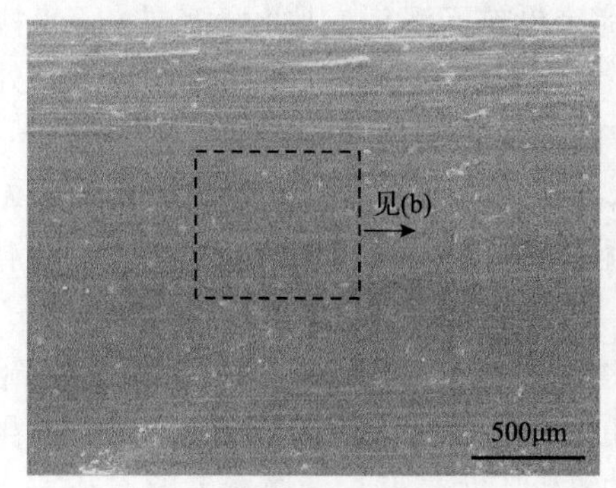

(a) 放大120倍的表面形貌

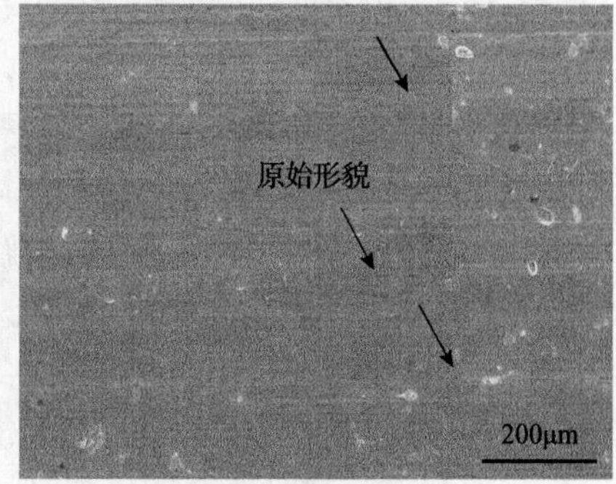

(b) 局部放大图

图 3.16　丁腈橡胶在抛光配副钢表面上磨损后的表面形貌
（$R_{a\text{-}P1000}$=0.003μm，N=20000, Z=v/N=0.008）

先前的研究表明[27]，干燥条件下橡胶在抛光的钢表面上滑动时，整个橡胶磨损表面上会出现 Schallamach 型磨损花纹。在油润滑条件下，橡胶磨损表面几乎与原始表面形貌相同，如图 3.14(c)所示，即在油润滑工况下，橡胶在抛光的钢表面摩擦时，橡胶表面几乎没有损伤。即便如此，橡胶与抛光钢表面之间的摩擦系数仍高于橡胶与中等纹理表面之间的摩擦系数(图 3.11)，其主要原因是，作为构成摩擦力的两个分量之一的黏附摩擦力会随着表面粗糙度的降低而增加。虽然摩擦力的滞后分量表现出相反的趋势，但软弹性体的黏附分量通常远大于滞后分量[28,29]。另外，对于抛光的钢表面，由于欠缺表面纹理处理，流体动力效应会大大减弱，弹流润滑膜变薄且润滑性能变差。因此，抛光配副钢摩擦环境下的摩擦系数相对高于中等纹理表面的摩擦系数。综上所述，摩擦副表面形貌能够有效改变橡胶与钢之间的润滑状态，进而影响摩擦副的摩擦学特性。

3.2.4　基于 Stribeck 曲线的润滑状态分析

一般而言，往复式橡胶密封件常在边界润滑(BL)和混合润滑(mixed lubrication, ML)状态下工作[30]。利用 Stribeck 曲线可以有效识别不同润滑条件下的运行状况。Stribeck 曲线可以描述摩擦系数的宏观演变趋势，且摩擦系数被视为存在与 Hersey 参数($v\eta/P$)相关的函数关系，其中 v 为滑动速度，P 为平均接触压力，η 为流体黏度[31]。油的黏度被认为是恒定的，因此 Stribeck 曲线的横坐标可以不考虑油的黏度 η。引入参数 $Z=v/N$ 绘制不同粗糙度调控下的 Stribeck 曲线，如图 3.17 所示，实线为橡胶在各种纹理表面上滑动的 Stribeck 主曲线。由图 3.17 可以看出，所有 Stribeck 曲线都呈现出与典型 Stribeck 曲线相似的演变趋势，且具有转折明显的摩擦系数最小值。因此，可以通过每条曲线轻松区分三种润滑状态：

(1)当 $Z=v/N$ 很小时，接触区域几乎完全没有润滑剂，因此摩擦副表面直接接触，称为边界润滑。在边界润滑状态下，由于润滑剂被应力排出接触区域之外，橡胶/钢摩擦界面的黏附力占据主导，摩擦系数能达到一个较高的值。

(2)随着 $Z=v/N$ 的增大，更多的流体被带入接触区域，从而导致摩擦副表面的微凸体接触减少，因此可以通过在接触界面引入润滑剂来降低摩擦，称为混合润滑。

(3)随着 $Z=v/N$ 的增大，液膜厚度也逐渐增加；然后，在接触界面处形成完整的流体润滑膜，接触处于流体动力润滑(hydrodynamic lubrication, HL)状态。在这种情况下，增加速度和黏度会增加液膜的黏性阻力，并导致摩擦系数上升。

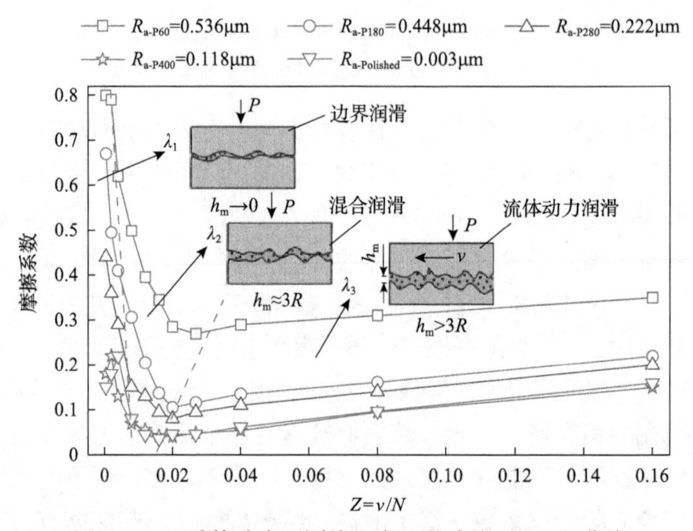

图 3.17　丁腈橡胶在不同纹理表面滑动的 Stribeck 曲线

值得注意的是，图 3.17 中每条曲线的最低摩擦系数点为界面由混合润滑到流体动力润滑的过渡点[32]。然而，对于各条曲线，临界过渡点出现在参数 $Z=v/N$ 的不同值处，即随着表面粗糙度的增加，临界过渡点趋于右移。与此相反，边界润滑和混合润滑之间的临界过渡点具有向左移动的趋势。毫无疑问，这种偏移的变化可能与配副表面粗糙度相关。更具体地说，由图 3.17 可以看出，当 Hersey 参数较大时，增加配副金属的表面粗糙度可以促使界面润滑由流体动力润滑状态过渡到混合润滑状态。在较小的 Hersey 参数下，提升表面粗糙度可以促进边界润滑状态过渡到混合润滑状态，并致使混合润滑状态的分布区域扩大。表明在相同的 Hersey 参数下，摩擦副表面越粗糙，摩擦就越容易进入混合润滑状态。

然而，目前尚未利用基本参数描述整个 Stribeck 曲线的理论模型。在硬质接触情况下，基于雷诺方程的试验和理论模型，通过回归分析手段分别建立中心膜厚 (h_c) 和最小膜厚 (h_m) 与关键运行参数（速度、施加负载、黏度、材料性能）之间的经验关系[33]。然而，对于低弹性模量的软材料，相关的试验数据很少，这种关系也较为少见。应用最广泛的最小膜厚 (h_m) 方程是由 Hamrock 等[34]和 Fowell 等[35]提出的，其数值推导公式（Hamrock-Dowson 膜厚公式）如下：

$$h_{\mathrm{m}} = 7.43 \times \left(1 - 0.85\mathrm{e}^{-0.31k}\right) \overline{U}^{0.65} \overline{W}^{-0.21} R'_x \tag{3.1}$$

式中，k 为椭圆度参数；$\overline{U}$ 和 $\overline{W}$ 分别为速度和载荷的无量纲数，其定义式为

$$\overline{U} = \frac{v\eta}{E' R'_x} \tag{3.2}$$

$$\overline{W} = \frac{P}{E' \left(R'_x\right)^2} \tag{3.3}$$

式中，v 为圆柱销与平面线接触的夹带速度；P 为施加的载荷；η 为润滑油的动力黏度；R'_x 为夹带方向上的当量曲率半径；E' 为材料复合弹性模量。

利用油膜厚度与配副金属的综合粗糙高度之间的比值关系可以确定界面的润滑状态。其比值关系定义为

$$\lambda = h_{\mathrm{m}} / R_{\mathrm{q}}^* \tag{3.4}$$

式中，R_{q}^* 为两个接触表面的均方根粗糙度，表达式为

$$R_{\mathrm{q}}^* = \left(R_{\mathrm{q1}}^2 + R_{\mathrm{q2}}^2\right)^{1/2} \tag{3.5}$$

式中，R_{q1} 和 R_{q2} 分别为橡胶圆柱销和不锈钢平面的均方根表面粗糙度。

一般而言，当最小膜厚与表面粗糙度的比值 $\lambda<1$ 时，以边界润滑为主；当 $1\leqslant\lambda\leqslant3$ 时，界面处于混合润滑；当 $\lambda>3$ 时，达到流体动力条件且接触副表面完全分离。

在试验中，将式(3.2)和式(3.3)中相应的变量值分别代入不同的载荷、速度和表面粗糙度，λ 的值介于 0.038～2.84。由此可以推断出图 3.17 所示的试验是在三种不同润滑状态下进行的。其中，采用的配副金属表面粗糙度为 R_a=0.222μm，代入图 3.17 中所标记的 λ_1、λ_2 和 λ_3 分别为 0.11、1.12 和 7.5。因此，图 3.11 和图 3.12 中所记录的摩擦系数表明摩擦副滑动的运行工况处于混合润滑状态。

3.2.5　润滑状况对表面损伤的影响

通过对橡胶磨损表面的 SEM 图像观察，发现不同润滑状态下橡胶表面的损伤特征不同。在边界润滑状态下，硬质配副钢表面的微凸体在法向应力作用下能够磨损贯穿整个橡胶基体表面，由于微凸体的犁削作用，橡胶表面留下了较深的犁沟，如图 3.18(a)所示。显然，橡胶基体越硬，配副金属表面的微凸体犁削橡胶基体的贯穿沟槽就越浅。因此，在粗糙表面上滑动时，硬橡胶的摩擦系数远小

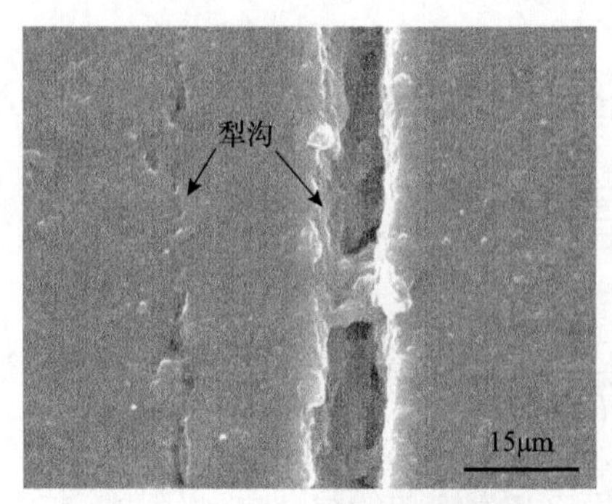

(a) $R_{a\text{-}P60}$=0.536μm，放大5000倍形貌

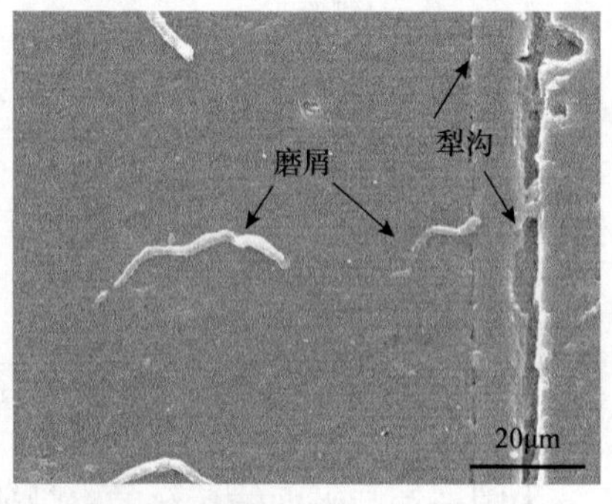

(b) $R_{a\text{-}P60}$=0.536μm，放大2400倍形貌

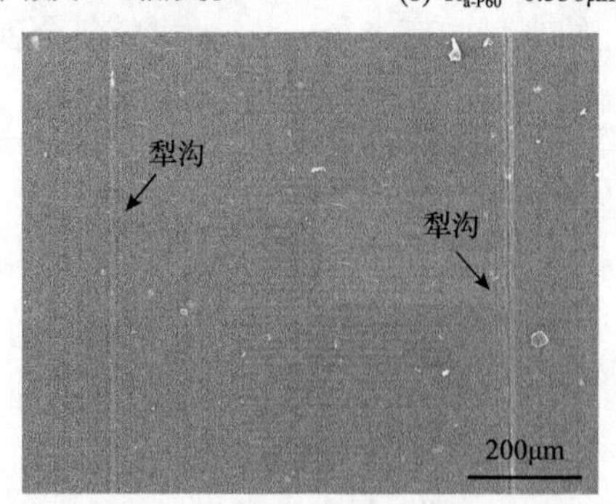

(c) $R_{a\text{-}P400}$=0.118μm

图 3.18　边界润滑状态下($Z=v/N$=0.0002, N=2000)丁腈橡胶在不同纹理表面磨损后的表面形貌

于软橡胶的摩擦系数(图 3.11)。如前所述，若接触区几乎没有润滑剂调节，则摩擦氛围接近于干摩擦状态，橡胶磨损表面有滚动的磨屑，与干摩擦下出现的碎屑相似[36]。一些理论和试验研究表明，具有粗糙表面橡胶的摩擦与其黏弹性范围密切相关。以往的研究表明，橡胶的硬度越高，弹性模量越大[37]。进一步，根据赫兹接触理论，橡胶硬度越高，接触范围越小，接触中心的接触应力越大。因此，润滑剂更容易从接触区挤出。这可能是硬橡胶在相对光滑的表面上滑动时摩擦系数高于软橡胶的主要原因(图 3.11)。

对比图 3.18 和图 3.13(a)可以发现，即使橡胶与表面粗糙度较低的配副金属发生相对滑动，边界润滑状态下橡胶表面所呈现的磨粒磨损特征比混合润滑状态下更严重。在流体动力润滑状态下，由于两个摩擦副完全被润滑膜隔开，该润滑状态下橡胶磨损表面几乎没有明显损伤(图 3.19)。除此之外，当对摩副具有较高的表面粗糙度时，橡胶磨损表面出现轻微划痕(图 3.18(c))。目前，该研究主要面向由曲轴-连杆构件产生的往复滑动摩擦。因此，摩擦副的相对滑动速度呈正弦分布，即使在较高的 Hersey 参数下，当摩擦接触中心到达两个极限位置时，摩擦副之间的润滑状态也会变为边界润滑和混合润滑。正因如此，整个摩擦过程包含三种润滑状态。这可能也是在高 Hersey 参数下，橡胶在各种纹理表面滑动时，摩擦系数不能趋于均匀的主要原因，如图 3.17 所示。

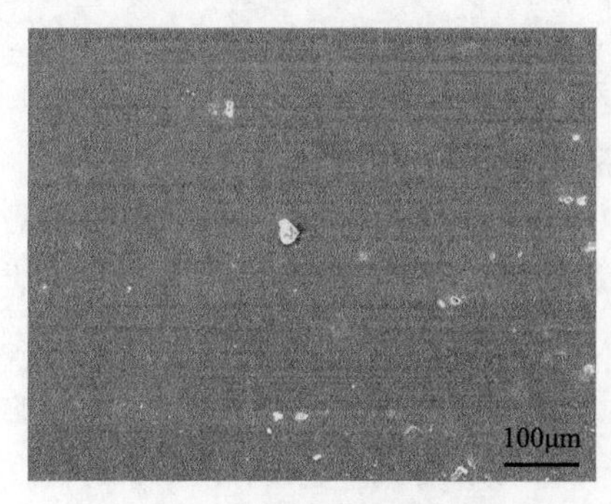

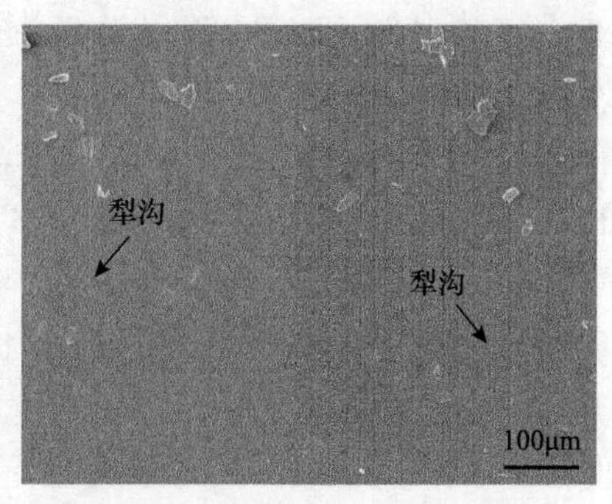

图 3.19　流体动力润滑状态下($Z=v/N=0.24$, $N=30000$)丁腈橡胶在不同纹理表面磨损后的表面形貌($R_{a\text{-}P280}=0.222\mu m$)

进一步分析摩擦副表面粗糙度和界面润滑状态对摩擦行为的影响，获取三种不同润滑状态下摩擦系数随 R_a 的演变规律，如图 3.20 所示。需要指出的是，此时对于同一组绘制数据，Hersey 参数相同。Hersey 参数为 0.002、0.008、0.16(图 3.17)，分别对应于边界、混合和流体动力三种润滑状态。然后，利用二次多项式拟合的方法将这三组数据拟合成曲线和二次函数方程，如 $y=ax^2+bx+c$，如图 3.20 所示。

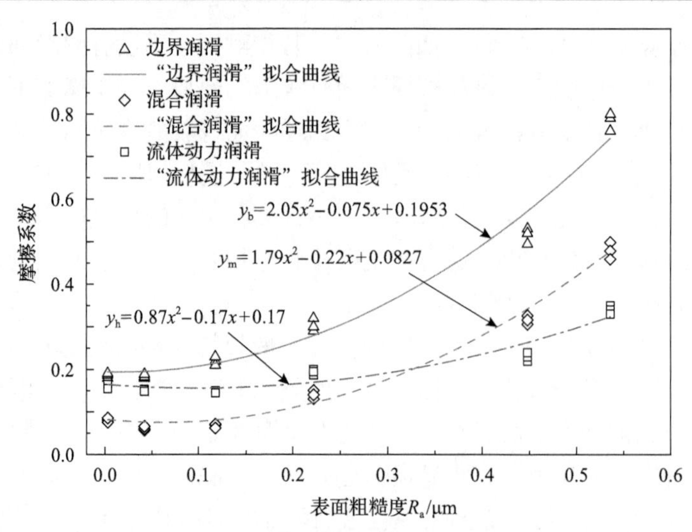

图 3.20　三种不同润滑状态下摩擦系数随 R_a 的演变规律

三个函数方程分别为：

(1) $y_b=2.05x^2-0.075x+0.1953$ ($Z=v/N=0.002$)；

(2) $y_m=1.79x^2-0.22x+0.0827$ ($Z=v/N=0.008$)；

(3) $y_h=0.87x^2-0.17x+0.17$ ($Z=v/N=0.16$)。

当 Hersey 参数为 0.002、0.008 和 0.16 时，二次函数方程 ($y=ax^2+bx+c$) 中的参数 a 分别为 $a_{b1}=2.05$、$a_{m1}=1.79$ 和 $a_{h1}=0.87$，参数 b 分别为 $b_{b1}=-0.075$、$b_{m1}=-0.22$ 和 $b_{h1}=-0.17$，参数 c 分别为 $c_{b1}=0.1953$、$c_{m1}=0.0827$ 和 $c_{h1}=0.17$。

根据二次函数方程的图形特征，可以利用参数 a 的大小来描述摩擦系数对配副表面粗糙度的依赖关系。由于 $a_{b1}>a_{m1}>a_{h1}>0$，表明在边界润滑状态下表面粗糙度对摩擦系数的影响最大，混合润滑状态下影响较小，流体动力润滑状态下表面粗糙度对摩擦系数的影响最小。这是因为边界润滑状态下摩擦副之间的润滑膜厚度接近于零，而软橡胶与金属粗糙表面滑动时的摩擦条件实际上接近于干摩擦下的两体磨粒磨损。因此，摩擦系数主要取决于粗糙表面的微凸体高度。实际上，在流体动力润滑状态下，代入 Hersey 参数 $Z=v/N=0.16$，根据式 (3.1) 可以得出最小油膜厚度为 2.84μm。可以看出，对比 P60 对摩副打磨后的粗糙表面参数 (R_z=2.7216μm，如表 3.2 所示)，油膜的厚度明显大于该粗糙表面的微凸体高度。由于摩擦副之间是由润滑液膜隔开的，摩擦系数受摩擦副表面粗糙度 (包括微凸体) 的影响较小。此外，三个方程中的系数 b 均小于零，说明三种润滑 (BL、ML 和 HL) 状态下表面粗糙度 R_a 均存在最优值，即 $R_a=-b/(2a)$，其对应的摩擦系数最小。

3.3　配副织构纹理表面接枝聚合物刷的摩擦学行为

聚合物刷的高效润滑效果归因于高分子链在良性溶剂中溶解，分子链内产生的渗透排斥力和施加的载荷方向相反，进而表现出高度拉伸的构象。因此，摩擦界面之间较易形成流动的润滑水化层，在界面剪切时表现出超低的摩擦系数[38-40]。而对于不同的润滑条件，如水、油、盐溶液、酸溶液和高温润滑工况，可使用不同单体的刷子来解决润滑问题[41-43]。

为了延长聚合物刷接枝表面的服役寿命，本节提出一种激光微织构表面嫁接聚合物刷的协同方法，综合考虑表面织构和聚合物刷的减摩润滑作用，创新性地讨论其摩擦学性能，以确定其协同效应。对比分析接枝聚合物刷在光滑和微织构表面的润湿性和摩擦学性能，可为延长聚合物刷接枝表面的磨损寿命提供新的见解和参考[44]。

3.3.1　PSVBA 聚合物刷的表面成分和形貌分析

通过表面引发原子转移自由基聚合(surface initiated atom transfer radical polymerization, SI-ATRP)法合成双离子聚合物刷，其制备工艺流程如图3.21所示。取SVBA(N-4-乙烯基苯基-N, N-二甲胺, N-(4-vinylbenzyl)-N, N-dialkylamine)单体(1.96mmol)和Me6TREN(三(2-二甲氨基乙基)胺)(0.14mmol)溶于水(2.5mL)中，将混合溶液抽真空后通入20min氮气，2,2,2-三氟乙醇也以同样的方式处理。然后

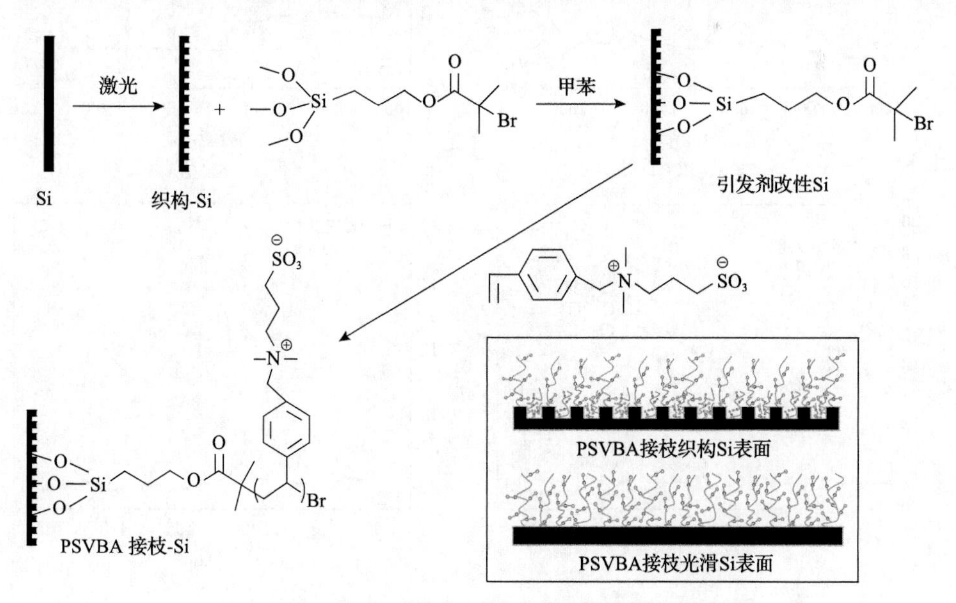

图3.21　SI-ATRP接枝PSVBA到硅片表面的工艺流程

将 CuBr(15.7mg, 0.11mmol)与引发剂包覆的带织构硅表面放置在同一试管中，立即进行抽真空处理，并充入氮气，往复三次以去除试管中的氧气。在氮气保护下，用注射器将脱气的 2,2,2-三氟乙醇(2.5mL)和含有单体的混合溶液加入反应管中，然后对反应管进行两次抽真空与冲氮气循环，封闭试管口，室温下进行 SI-ATRP 反应。在达到设定反应时间(20h 和 48h)后，将溶液暴露于空气中终止反应。收集已接枝的试样，用 2,2,2-三氟乙醇和饱和 NaCl 溶液洗涤，去除表面吸附的游离聚合物，用氮气干燥表面。样品可在室温空气中储存，直到进行表面分析或摩擦试验。

采用 X 射线光电子能谱分析仪对引发剂改性表面和聚合物刷接枝表面的组成进行分析和比较。如图 3.22 所示，在结合能为 69.8eV 附近有一个 Br_{3d} 特征峰，在结合能为 284.5eV 附近有一个 C_{1s} 峰(图 3.22(a))，说明引发剂成功嫁接至硅表面，因为原始表面只含硅，溴是 2-溴-2-甲基丙酸(3-三甲氧基硅基)丙酯引发剂的特有组分。对于聚合后的样品(图 3.22(b))，C/O 比显著增加，说明表面碳链长度显著增加。此外，PSVBA 接枝样本表面的高解析度 C_{1s} 峰可分解为两个峰，即

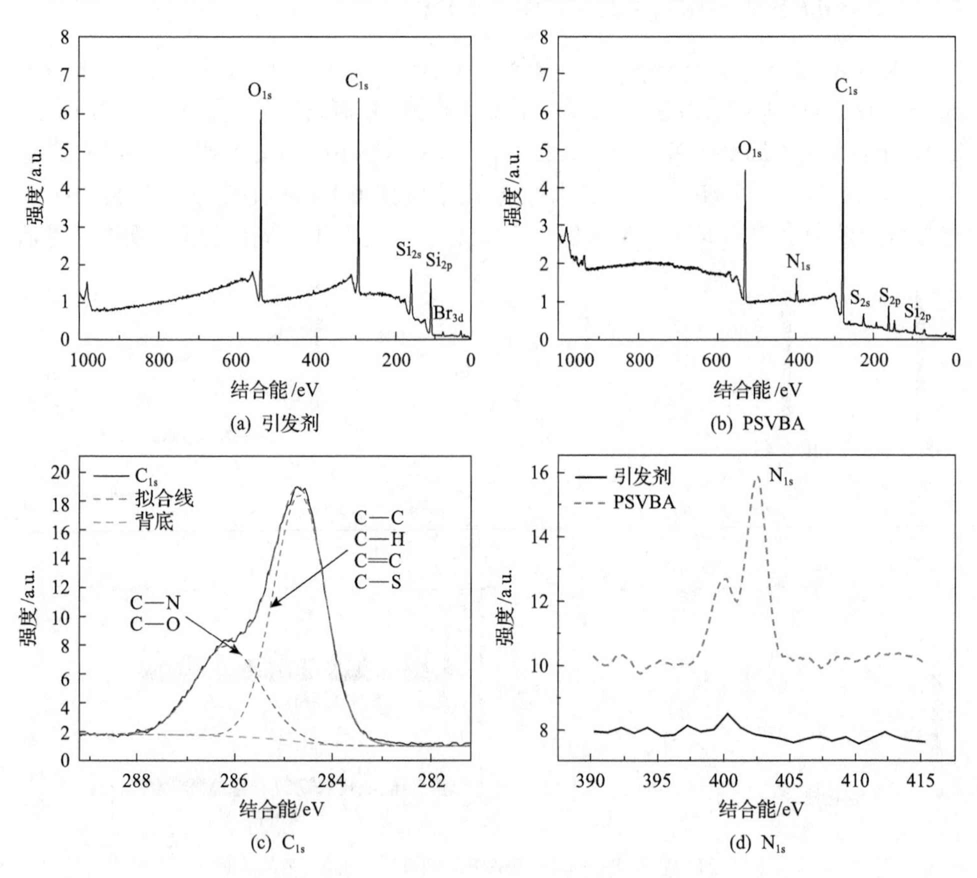

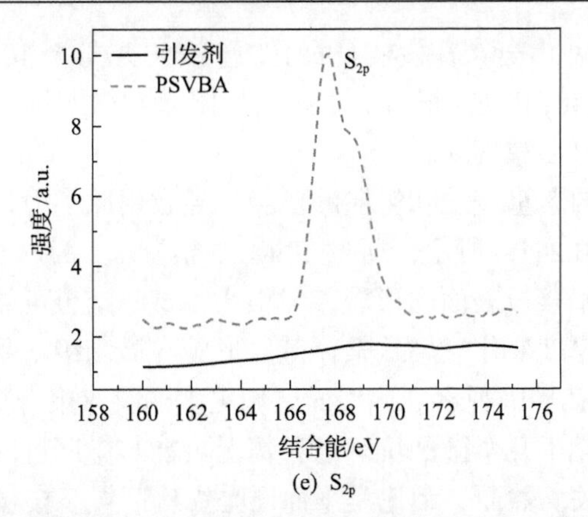

(e) S_{2p}

图 3.22　硅表面接枝引发剂和接枝 PSVBA 聚合物刷的 X 射线光电子能谱以及 C_{1s}、N_{1s}、S_{2p} 的分峰谱图

284.5eV 和 286.1eV 处的特征峰(图 3.22(c))，对应于 C—C、C—H、C—S、C═C 和 C—N、C—O，这与 PSVBA 聚合物刷上的苄基和磺基三甲胺乙内酯相关。N_{1s} 峰在 400.1eV 和 402.3eV 处可分解为两个特征峰(图 3.22(d))，分别对应于 N—C 和—$N^+(CH_3)_2$—。特别是在 167.9eV 处，接枝表面出现磺酸基的 S_{2p} 特征峰，如图 3.22(e)所示。关于氮和硫的分析证实表面存在 SVBA，结果与文献[45]和[46]一致。因此，这表明 PSVBA 聚合物刷成功接枝到试样表面。

通过原子力显微镜(atomic force microscope, AFM)观察 PSVBA 刷接枝平面硅晶片的形貌，如图 3.23 所示。聚合反应 20h 后，PSVBA 聚合物刷表面光滑，均方根粗糙度(RMS)约为 6.05nm，如图 3.23(a)所示。当接枝时间增加到 48h 时，表面变得较为粗糙，相当于大的粒子峰(由于在干燥条件下附着的聚合物链塌陷

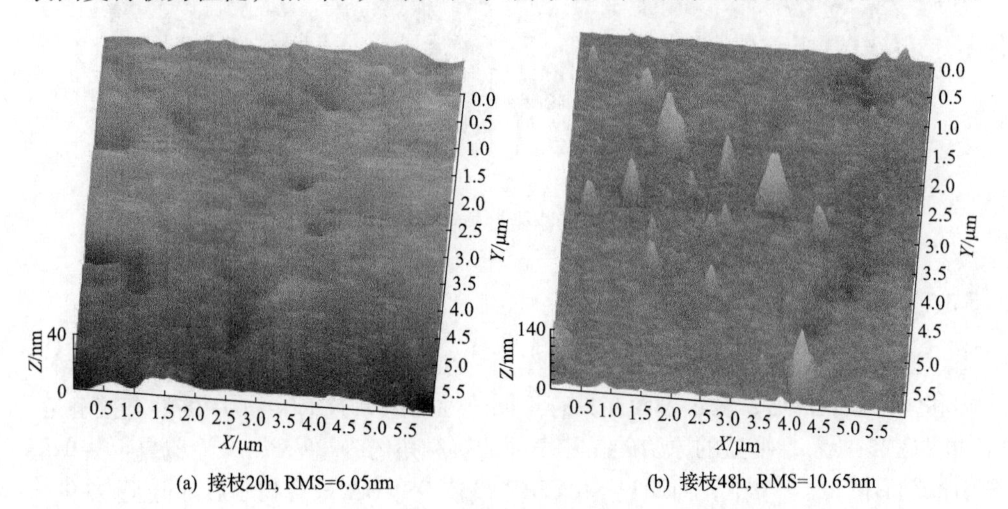

(a) 接枝20h, RMS=6.05nm　　(b) 接枝48h, RMS=10.65nm

图 3.23　PSVBA 聚合物刷接枝硅平面的原子力显微形貌

而形成的颗粒状形貌[47])分布在接枝表面上，且 RMS 增加至 10.65nm(图 3.23(b))，类似的结果在文献[48]中也曾报道。上述特性除了在微凹坑可以观察到，在平面和织构表面也同样可以观察到。

激光加工产生的严重烧蚀和粗糙的形貌，导致用原子力显微形貌图无法准确表征微韧窝。如图 3.24(a)所示，通过 SEM 观察显示，接枝 20h 后的表面(记为 TS-PSVBA-20h)和未接枝表面的形貌差异很小，这一结果可能是接枝处理的聚合物表面仅有纳米级厚度变化，导致整体基质形貌在微米级不受影响。当反应时间增加到48h时，在圆孔周围观察到比平面区域更多的胶体聚合物聚集(图 3.24(c))，并且这些聚合物填充了几个微凹坑。这种情况可能与微凹坑的物理吸附聚合物层的清洗难度过大相关。然而，无论是平面还是织构区域，接枝 48h 的表面聚合物层均比接枝 20h 的聚合物层厚。

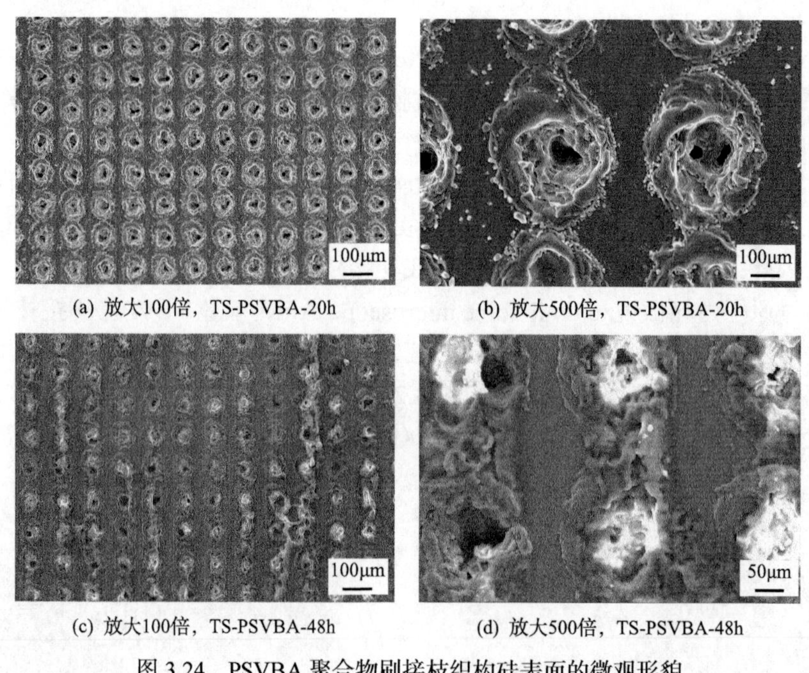

(a) 放大100倍，TS-PSVBA-20h　(b) 放大500倍，TS-PSVBA-20h

(c) 放大100倍，TS-PSVBA-48h　(d) 放大500倍，TS-PSVBA-48h

图 3.24　PSVBA 聚合物刷接枝织构硅表面的微观形貌

3.3.2　表面润湿行为分析

润湿行为在表面润滑中起着重要作用。在将 PSVBA 聚合物刷成功接枝到平坦和织构硅表面后，测量表面在具有不同改性的饱和 NaCl 溶液中的静态接触角。如图 3.25 所示，平整的原始硅晶片表面的接触角约为 88.5°，在涂覆自组装单层引发剂后降低至 76.4°，而通过 SI-ATRP 接枝 PSVBA 聚合物刷后降低至 37.9°，表明 PSVBA 聚合物刷在 NaCl 溶液中高度水合。聚合物发挥“抗聚电解质效应”，具有类似于 PSVBA 聚合物刷的盐响应行为，其中静电链间/链内偶极-偶极相互作用在高浓度盐溶液下被破坏，链-链相互作用减少，促进了界面上聚合物-水的相互作用，这导致表面接触角较小[49,50]，证实了聚合物由塌陷至扩展的构象变化[51,52]。对于织构处理的硅晶片表面，接触角从 109.1°降低至 100°和 39.0°。尽管原始织构表面的接触角明显高于平整硅表面，但 PSVBA 接枝织构表面的接触角接近于接枝平整表面(flat surface, FS)。结果表明，接枝 PSVBA 聚合物刷能有效提高平整硅表面和织构硅表面的润湿性，且其润湿效果相当。

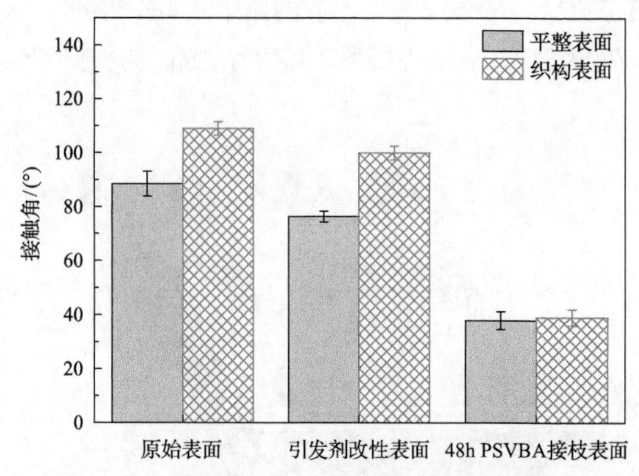

图 3.25　不同改性的硅表面在饱和 NaCl 溶液中的静态接触角

Wenzel 模型和 Cassie-Baxter 模型通常用于分析粗糙表面的润湿行为[53]。Wenzel 模型认为液滴完全润湿所有接触表面，使亲水表面变得更亲水，疏水表面变得更疏水[54]。然而，Cassie-Baxter 模型认为织构孔中的气体会支撑液滴并使表面更加疏水[55]。

Wenzel 模型的表达式如下：

$$\cos\theta_{\mathrm{W}} = f_1 \cdot \cos\theta_{\mathrm{flat}}$$

式中，θ_{W} 为织构表面的 Wenzel 接触角；θ_{flat} 为光滑表面的实际接触角；f_1 为粗糙度因子，即模型中认为的固液接触面积与投影表面积之比。

如图 3.26 所示，上述粗糙度因子 f_1 可定义为

$$f_1 = \frac{c^2 - \pi r^2 + \pi r g\sqrt{h^2 + r^2}}{c^2} \tag{3.6}$$

Cassie-Baxter 模型的表达式如下：

$$\cos\theta_{\text{C-B}} = f_2 \cdot \left(\cos\theta_{\mathrm{flat}} + 1\right) - 1$$

式中，$\theta_{C\text{-}B}$为织构表面的 Cassie-Baxter 接触角；θ_{flat}为光滑表面的实际接触角；f_2为固液接触面积与投影表面积之比，可定义如下：

$$f_2 = \frac{c^2 - \pi r^2}{c^2} \tag{3.7}$$

根据式(3.6)和式(3.7)，可以计算出各个模型的理论值(包括平整的原始硅表面θ_{flat})。为了深入分析不同改性表面的润湿行为，表 3.3 将两种理论模型的预测值与实验值进行了比较。表中，θ_{flat}为平整的原始硅实验测量值；$\theta_{textured}$为织构表面实验测量值；θ_W为根据 Wenzel 模型计算所得；$\theta_{C\text{-}B}$为根据 Cassie-Baxter 模型计算所得。

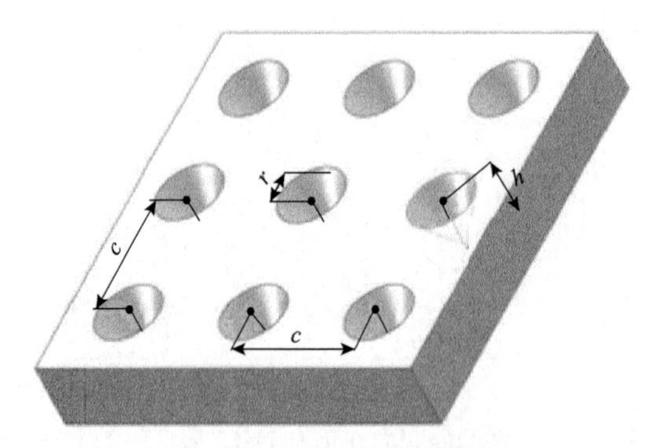

图 3.26 织构表面示意图

表 3.3 不同类型表面的接触角

表面类型	接触角/(°)			
	θ_{flat}	θ_W	$\theta_{C\text{-}B}$	$\theta_{textured}$
原始表面	88.5	88.3	100.1	109.1
引发剂改性表面	76.4	74.4	90.41	100.0
48h PSVBA 接枝表面	37.9	25.8	64.0	39.0

对于初始表面，织构化处理的表面润湿行为显然符合 Cassie-Baxter 模型。微凹坑内的空气对支撑表面的液滴起着重要的作用。当引发剂层接枝在表面上时，尽管表面的接触角减小并且润湿性提高，但是可以发现表面润湿状态仍然属于 Cassie-Baxter 状态。当 PSVBA 聚合物刷接枝在织构表面时，接触角 $\theta_W < \theta_{textured} < \theta_{C\text{-}B}$。显然，在这种情况下，表面的润湿状态发生了变化。

为了详细分析表面润湿行为，测量 PSVBA 聚合物刷接枝在织构表面随时间增加的接触角(图 3.27)。图 3.27(a)为液滴滴下 10s 后在表面上的形状。织构孔中的气体支撑着液滴，并在液滴内部形成一条明暗条纹，接触角约为 66.6°，接近

Cassie-Baxter 模型的理论计算结果，表明表面润湿状态为 Cassie-Baxter 状态。液滴逐渐填充织构基底的微凹坑，又由于 PSVBA 聚合物刷对饱和 NaCl 溶液具有强吸附作用，表观接触角逐渐减小。液滴中的气泡逐渐向上移动(图 3.27(a)～(c))，织构孔中的气体对表面润湿行为的影响逐渐减弱，润湿行为从 Cassie-Baxter 状态变为 Wenzel 状态，如图 3.27(d)和表 3.3 所示。这种情况类似于当球形液滴受到物理挤压或能量障碍被外力克服时，固体/液体接触模式从 Cassie-Baxter 状态到 Wenzel 状态的变化[56,57]。总之，织构处理可以使得硅表面更疏水。然而，在表面接枝聚合物刷的方法是改变表面润湿性的有效方法，并且受基材表面形貌的影响较小。

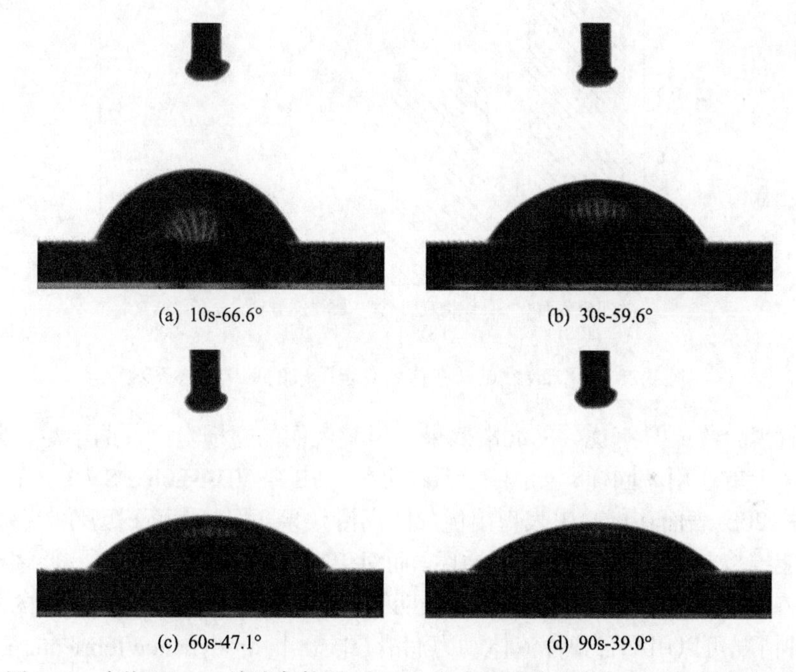

图 3.27　在饱和 NaCl 溶液条件下 PSVBA 聚合物刷接枝织构表面在不同时间的静态接触角及其随时间的变化

3.3.3　摩擦系数和耐磨性分析

图 3.28 为不同改性试样在初始稳定阶段的平均摩擦系数。可以看出，PSVBA 聚合物刷接枝的摩擦系数小于 0.03，约为原始平整硅表面的 1/50。同时，织构表面的摩擦系数达到 0.964，比原始平整硅表面减小 32%。已有报道证实，表面织构处理可有效抗摩擦损伤[58]。这种得益于表面的微织构坑，可以减小摩擦副的接触面积，有效提高表面的流体承载能力，从而减少表面润滑状态下的摩擦和磨损。此外，接枝 PSVBA 聚合物刷可以极大地降低织构表面的摩擦系数，并且与原始

平整的硅表面相比，摩擦降低效果更为显著。许多研究者同样也指出，聚合物刷接枝表面具有显著的减摩效果[47,59]。研究表明，PSVBA 聚合物刷出色的润滑性能归因于其在高浓度盐溶液下的水化能力(图 3.24)。上述现象也会导致界面处聚合物链的高度拉伸构象，以及产生与施加载荷相反的聚合物链渗透压排斥力，可以有效提高表面的承载能力，促进形成较薄的流体润滑膜，呈现较低的表面摩擦系数。

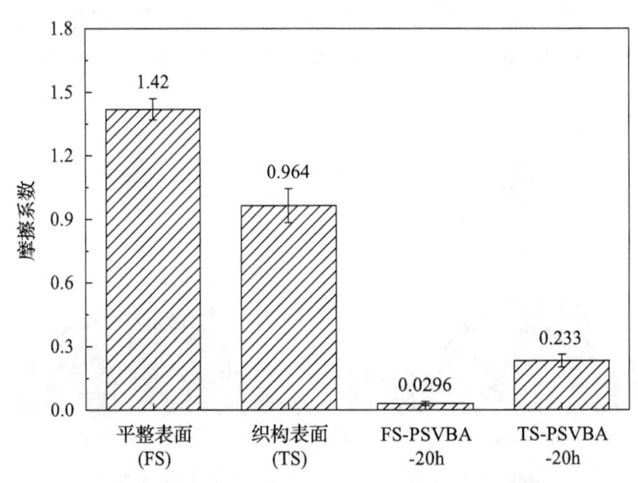

图 3.28　不同改性试样在初始稳定阶段的平均摩擦系数

尽管聚合物刷具有优异的润滑效果，但其表面的磨损寿命普遍不足，限制了其在工业上的应用。同样，如图 3.29(a)所示，FS-PSVBA-20h(PSVBA 在平整表面上接枝 20h)表面在试验中表现出优异的润滑效果，但其表面耐磨性较差，磨损寿命只能维持 2000～3000 次摩擦循环。而对于表面存在织构微凹坑，低摩擦系数可以保持在大约 5000 次摩擦循环，表明微凹坑可以有效延长聚合物刷的磨损寿命。这种情况可以用耦合弹性流体动力润滑(elasto-hydrodynamic lubrication, EHL)理论来解释。EHL 理论指出承载能力与 L/h 成正比，摩擦力与 L/h 也成正比，其中 L 为轴承长度，h 为最小油膜厚度。这表明当聚合物刷接枝表面可以建立 EHL 状态时，流体液膜的动态承压能力与聚合物刷链的渗透压排斥力之和能够抵消外部负载。值得一提的是，FS-PSVBA-20h 试样能够在初始阶段达到 EHL 状态。然而，聚合物链的持续磨损导致渗透压排斥力下降，随着摩擦试验的进行，流体膜无法保持足够的支撑力。因此，液膜厚度减小，摩擦副逐渐收缩，聚合物刷的高度拉伸构象不能沿载荷方向充分伸展，溶液的剪切阻力增加，导致摩擦力增大，聚合物分子链断裂，表面损伤失效。对于 TS-PSVBA-20h(PSVBA 在织构表面上接枝 20h)表面，虽然聚合物刷可以在良性溶剂中产生拉伸构象，但与具有 20～30μm 深度的微凹坑相比，它们仍然较短。因此，微凹痕底部的聚合物链并不会影响表面的润滑行为，摩擦副之间保留较小的接触距离，进而呈现较大的摩擦系数。在具有减摩效果的聚合物链完全磨损后，摩擦系数再次急剧上升。

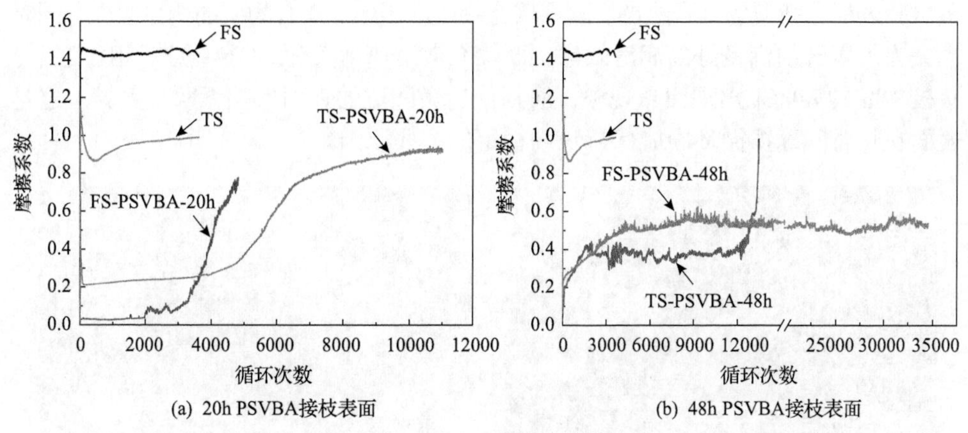

(a) 20h PSVBA接枝表面　　(b) 48h PSVBA接枝表面

图 3.29　不同接枝时间下原始表面和改性表面的摩擦系数时变曲线

需要指出的是，TS-PSVBA-20h 表面的抗磨效果不适用于工业应用。在此基础上，将反应时间延长至 48h，以提高 PSVBA 聚合物刷的附着厚度。如文献[50]和[60]中所述，随着接枝层厚度的增加，表面变得粗糙，摩擦系数增加。这是因为高厚度的聚合物刷导致流体膜的承载能力显著降低，而摩擦副之间势必相互靠近，从而导致聚合物链沿载荷方向难以完全延伸，磨损严重，且导致摩擦试验时摩擦系数偏高，如图 3.29(b)所示。PS-PSVBA-48h 表面的摩擦系数在摩擦循环 12000 次后迅速增加，这表明接枝层失去了减摩功能。尽管将接枝 48h 织构表面的摩擦系数提高到 0.5(是原始平整硅表面的 1/3)，但由于在织构凹坑中形成减摩作用的聚合物链，摩擦系数时变曲线可以稳定运行约 35000 个循环周次且并未出现明显的波动。由于凹坑中聚合物减摩层的存在避免了摩擦副间的直接接触，可长期提供有效的表面润滑效果。结果表明，织构化处理表面可以显著提高聚合物刷的耐磨性，接枝层的厚度应与织构深度相适应或匹配。

3.3.4　磨损机理分析

图 3.30 为不同改性表面的磨损形貌。由图可以看出，聚合物刷接枝 20h 的磨损表面较为光滑，几乎无法区别聚合物刷的接枝痕迹和磨损痕迹(图 3.30(a))。X 射线光电子能谱分析仪检测可知，此时磨损表面的 C/O 比明显低于非磨损表面(与图 3.22(b)和图 3.30(a)相比)，表明接枝聚合物链严重断裂，间接证实接枝层的磨损是引起摩擦系数上升的主要原因。聚合物刷接枝 48h 的磨损表面可以很容易地区分磨损与非磨损区域，且聚合物刷减摩层经过长时间摩擦后完全磨损(图 3.30(b))。然而，织构表面的磨损形貌随着接枝时间的不同而发生巨大变化。

尽管接枝 20h 的聚合物刷的表面摩擦系数小于接枝 48h，但随着摩擦循环的增加，生成大量磨屑且逐渐积聚在磨痕的两侧(图 3.30(d))。这些磨屑主要来自于往复摩擦试验过程中断裂的聚合物链。随着聚合物链的团聚，聚合物刷的构象丢失，同时也失去了聚合物刷良好的润滑效果，摩擦系数迅速增大(图 3.29(a))。相比之下，接枝 48h 的表面未出现团聚现象，磨损前后微凹坑的表面形貌无明显差异。这是表面在长时间摩擦循环中能保持长期稳定的主要原因。

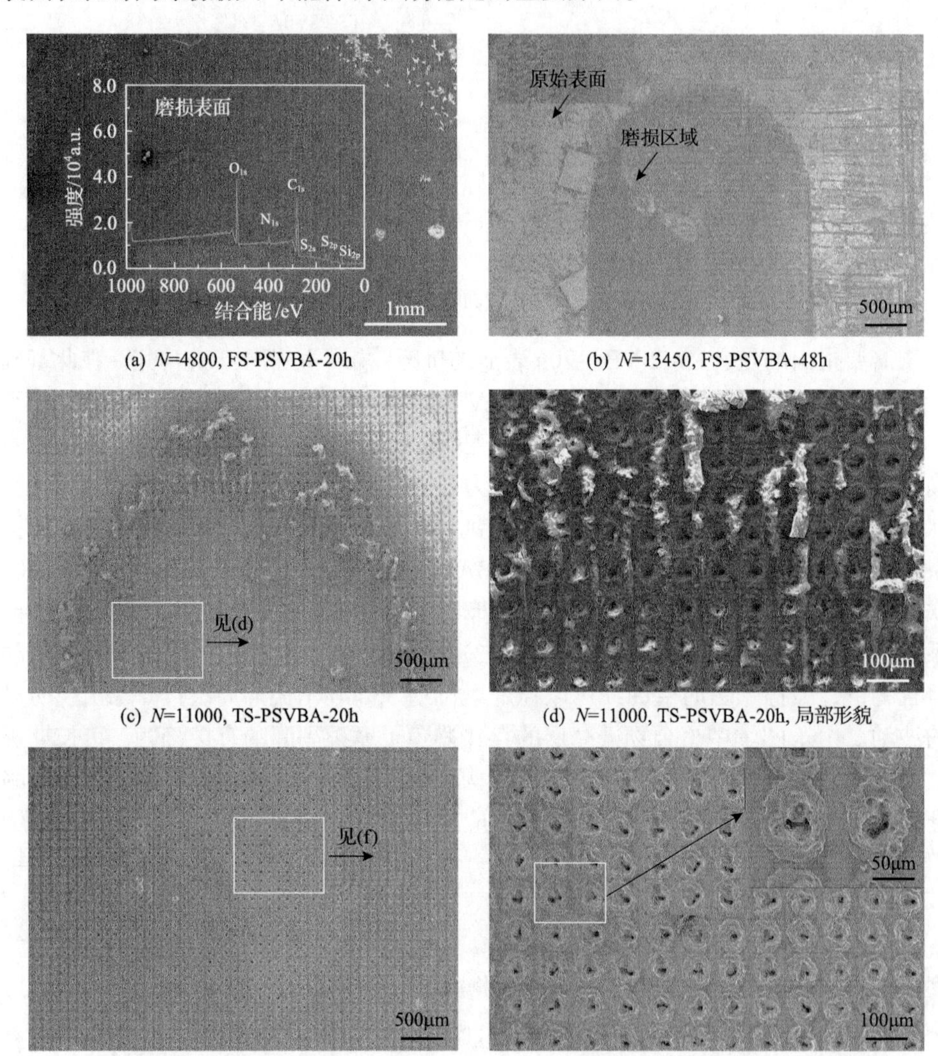

(a) N=4800, FS-PSVBA-20h　(b) N=13450, FS-PSVBA-48h

(c) N=11000, TS-PSVBA-20h　(d) N=11000, TS-PSVBA-20h, 局部形貌

(e) N=35000, TS-PSVBA-48h　(f) N=35000, TS-PSVBA-48h, 局部形貌

图 3.30　接枝 PSVBA 聚合物刷在平整原始硅表面和织构硅表面的磨损形貌

为了进一步分析聚合物刷接枝表面的微结构在磨损过程中的失效机制，测

定接枝 PSVBA 聚合物刷 48h 硅片在不同磨损阶段的原子力表面形貌，如图 3.31 所示。聚合物刷表面的磨损可分为四个阶段。在初始磨损阶段（N=1000），聚合物刷表面布满许多微小沟槽（图 3.31（a）），这可能是由 PDMS（聚二甲基硅氧烷，polydimethylsiloxane）对摩副的犁削作用引发的，磨损机制主要是两体磨粒磨损。在波动阶段（N=4000），接枝表面的微槽明显加深，局部区域呈现明显的“磨损恶化”形貌（图 3.31（b）），这可能是两体磨粒磨损对磨损区域内的局部聚合物链的牵引作用，导致该区域聚合物链的高度增加。因此，在此阶段摩擦系数显著波动，表面粗糙度急剧增加（RMS=23.35nm）。然后，摩擦副进入稳定磨损阶段（N=8000），如图 3.31（c）所示，随着摩擦循环的继续推进，摩擦系数维持较为稳定的数值，整体的磨损形貌较为平坦，局部的“磨损恶化”形貌消失，而在磨损表面局部位置可清晰观察到聚合物链断裂的特征。接枝表面的聚合物链逐渐被切断，磨损机制

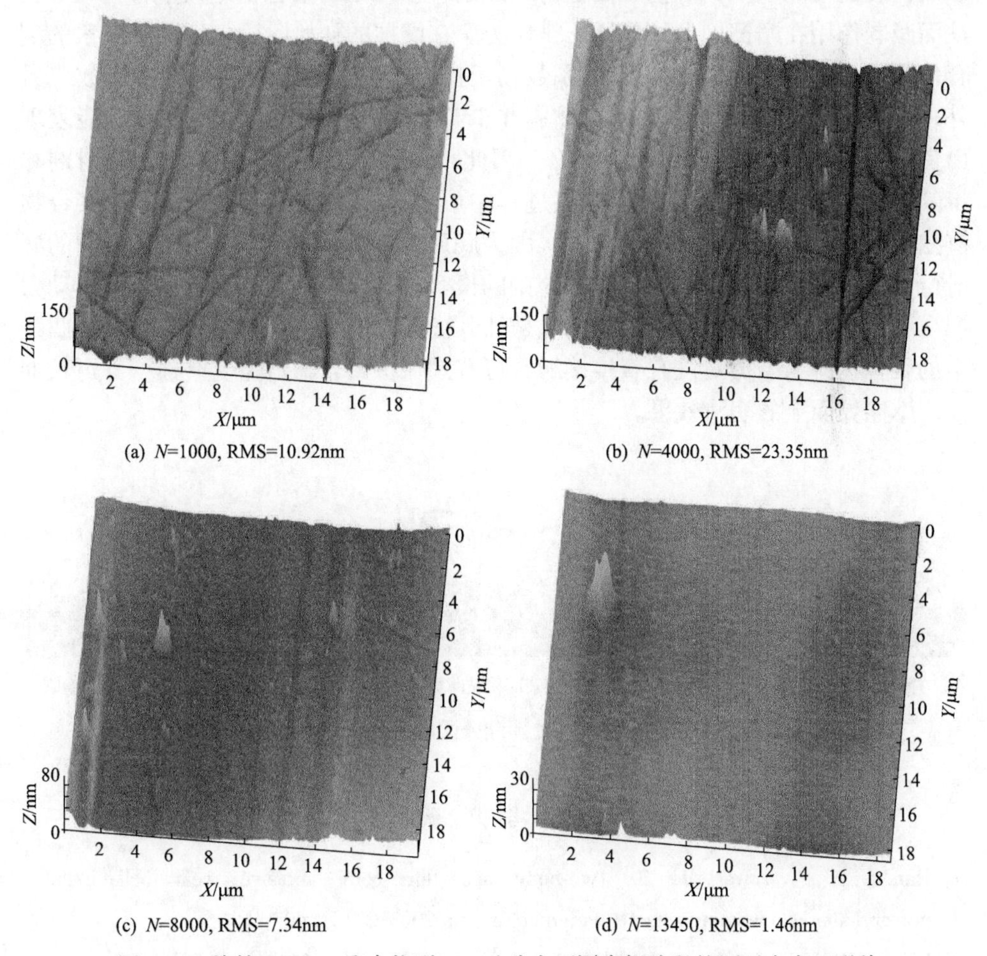

(a) N=1000, RMS=10.92nm

(b) N=4000, RMS=23.35nm

(c) N=8000, RMS=7.34nm

(d) N=13450, RMS=1.46nm

图 3.31　接枝 PSVBA 聚合物刷 48h 硅片在不同磨损阶段的原子力表面形貌

转变为疲劳磨损。最后，如图 3.31(d)所示，摩擦磨损进入失效阶段(N=13450)，聚合物链连续断裂，接枝层厚度逐渐减小，基体表面开始暴露，微槽几乎消失，摩擦系数急剧上升，磨损表面粗糙度接近原基质表面。摩擦循环 13450 次后，接枝聚合物刷减摩层几乎完全磨损。相应地，聚合物刷的减摩润滑效果也完全失效。

图 3.32 为不同改性处理硅表面的摩擦机制示意图。将聚合物刷接枝在平整的原始硅表面，聚合物链沿高度方向均匀拉伸且同向排列，逐渐形成均匀的水化层，从而在接枝表面上实现低摩擦效果。然而，因其仅有极薄的水化层将摩擦界面分开并承受法向载荷，在交变剪切作用下聚合物链很容易被破坏。因此，表面的磨损寿命普遍不足。聚合物刷接枝在织构表面时，聚合物链在良溶剂中的拉伸与接枝平整原始硅表面的拉伸构象不同，即聚合物链的排列随着基材曲率的变化而改变[61]，导致与平整的基质表面相比，织构表面上的水化层流动性较差。此外，由于织构表面孔隙众多，织构表面上与摩擦副直接接触的聚合物链数量将会减少，从而减弱作用在摩擦副上的渗透压排斥力。在摩擦的初始阶段，这两个因素的耦合作用导致接枝织构表面的摩擦系数高于接枝平整原始硅表面的摩擦系数。另外，即使微凹坑中的大多数聚合物刷并未与摩擦副直接接触，但它们仍能表现出良好的润湿性(图 3.25 和图 3.27)。因此，聚合物刷可以有效地锁定润滑剂并将其储存在微凹坑中，从而在摩擦过程中形成流体动力润滑膜。然而，聚合物链拉伸高度应当大于微凹坑的深度，因为底部的短聚合物链并不会影响表面的润滑行为(图 3.27(b)和(c))。一旦凹坑中的聚合物链影响表面润滑效果，流体动力润滑膜的形成就可以防止非织构区域(微凹坑外)的聚合物链断裂。此外，微凹坑中的聚合物链与摩擦对没有直接接触，可有效保护聚合物链免受磨损，并可长期保持摩擦界面上的润滑效果。

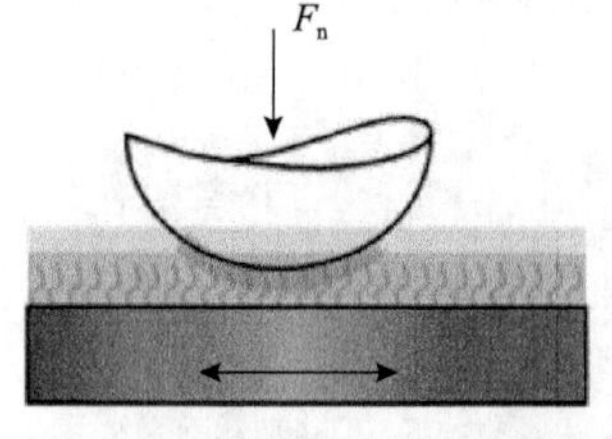

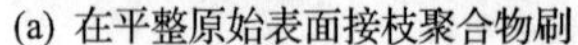

(a) 在平整原始表面接枝聚合物刷

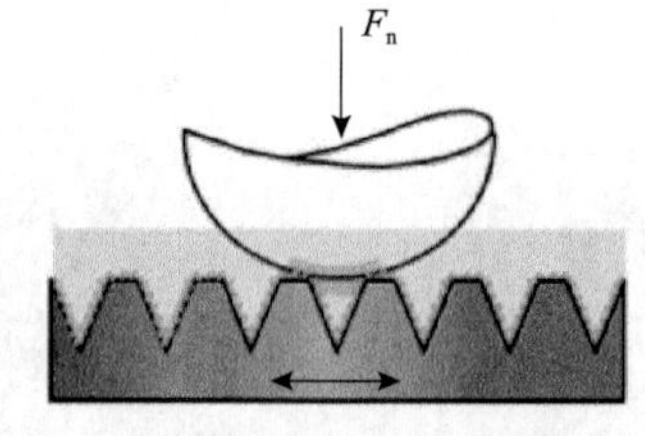

(b) 在织构表面接枝薄聚合物刷

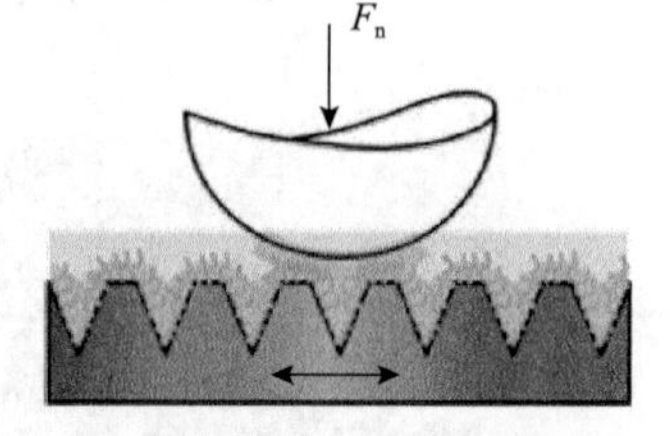

(c) 在织构表面接枝厚聚合物刷

图 3.32 不同改性处理硅表面的摩擦机制示意图

参考文献

[1] Harsha A P, Tewari U S. Two-body and three-body abrasive wear behaviour of polyaryletherketone composites[J]. Polymer Testing, 2003, 22(4): 403-418.

[2] Molnar W, Varga M, Braun P, et al. Correlation of rubber based conveyor belt properties and

abrasive wear rates under 2-and 3-body conditions[J]. Wear, 2014, 320: 1-6.

[3] Tian W, Wang Y, Yang Y. Three body abrasive wear characteristics of plasma sprayed conventional and nanostructured Al_2O_3-13%TiO_2 coatings[J]. Tribology International, 2010, 43(5-6): 876-881.

[4] Dong C L, Yuan C Q, Bai X Q, et al. Study on wear behaviours for NBR/stainless steel under sand water-lubricated conditions[J]. Wear, 2015, 332-333: 1012-1020.

[5] Padenko E, Berki P, Wetzel B, et al. Mechanical and abrasion wear properties of hydrogenated nitrile butadiene rubber of identical hardness filled with carbon black and silica[J]. Journal of Reinforced Plastics and Composites, 2015, 35(1): 81-91.

[6] Wang L, Guan X, Zhang G. Friction and wear behaviors of carbon-based multilayer coatings sliding against different rubbers in water environment[J]. Tribology International, 2013, 64: 69-77.

[7] Karger-Kocsis J, Felhös D, Xu D, et al. Unlubricated sliding and rolling wear of thermoplastic dynamic vulcanizates (Santoprenes®) against steel[J]. Wear, 2008, 265(3-4): 292-300.

[8] Wedeven L D, Evans D, Cameron A. Optical analysis of ball bearing starvation[J]. Journal of Lubrication Technology, 1971, 93(3): 349-363.

[9] 马春红，白少先，康盼．氟橡胶 O 形圈低压气体密封黏滞摩擦特性试验[J]．摩擦学学报，2014, 34(2): 160-164.

[10] Mofidi M, Prakash B. The influence of lubrication on two-body abrasive wear of sealing elastomers under reciprocating sliding conditions[J]. Journal of Elastomers and Plastics, 2011, 43(1):19-31.

[11] Zhang S W. Tribology of Elastomers[M]. Amsterdam: Elsevier, 2004.

[12] Persson B N. Contact mechanics for randomly rough surfaces[J]. Surface Science Reports, 2006, 61(4): 201-227.

[13] Campañá C, Persson B N, Muser M H. Transverse and normal interfacial stiffness of solids with randomly rough surfaces[J]. Journal of Physics: Condensed Matter, 2011, 23(8): 85001-85009.

[14] Scaraggi M, Persson B N. Friction and universal contact area law for randomly rough viscoelastic contacts[J]. Journal of Physics: Condensed Matter, 2015, 27(2): 355-359.

[15] Persson B N, Albohr O, Tartaglino U, et al. On the nature of surface roughness with application to contact mechanics, sealing, rubber friction and adhesion[J]. Journal of Physics: Condensed Matter, 2005, 17(1): 1-62.

[16] Zilberman S, Persson B. Adhesion between elastic bodies with rough surfaces[J]. Solid State Communications, 2002, 123(3-4): 173-177.

[17] Almqvist A, Campañá C, Prodanov N, et al. Interfacial separation between elastic solids with randomly rough surfaces: Comparison between theory and numerical techniques[J]. Journal of

the Mechanics & Physics of Solids, 2011, 59(11): 2355-2369.

[18] Pastewka L, Robbins M O. Contact area of rough spheres: Large scale simulations and simple scaling laws[J]. Applied Physics Letters, 2016, 108(22): 221601.

[19] Menezes P L, Kishore, Kailas S V, et al. Friction and transfer layer formation in polymer-steel tribo-system: Role of surface texture and roughness parameters[J]. Wear, 2011, 271(9-10): 2213-2221.

[20] Bouissou S, Petit J P, Barquins M. Normal load, slip rate and roughness influence on the polymethylmethacrylate dynamics of sliding 1. stable sliding to stick-slip transition[J]. Wear, 1998, 214(2): 156-164.

[21] Yoon E S, Yang S H, Kong H, et al. The effect of topography on water wetting and micro/nano tribological characteristics of polymeric surfaces[J]. Tribology Letters, 2003, 15(2): 145-154.

[22] Myers N O. Characterization of surface roughness[J]. Wear, 1962, 5(3): 182-189.

[23] Rasp W, Wichern C M. Effects of surface-topography directionality and lubrication condition on frictional behaviour during plastic deformation[J]. Journal of Materials Process Technology, 2002, 125-126: 379-386.

[24] Menezes P L, Kailas S V. Effect of roughness parameter and grinding angle on coefficient of friction when sliding of Al-Mg alloy over EN8 steel[J]. Journal of Tribology-Transactions of the American Society of Mechanical Engineers, 2006, 128(4): 10-14.

[25] Menezes P L, Kailas S V. Effect of directionality of unidirectional grinding marks on friction and transfer layer formation of Mg on steel using inclined scratch test[J]. Materials Science & Engineering: A, 2006, 429(1-2): 149-160.

[26] Menezes P L, Kailas S V. Influence of surface texture and roughness parameters on friction and transfer layer formation during sliding of aluminium pin on steel plate[J]. Wear, 2009, 267(9-10): 1534-1549.

[27] Shen M X, Peng X D, Meng X K, et al. Fretting wear behavior of acrylonitrile-butadiene rubber (NBR) for mechanical seal applications[J]. Tribology International, 2016, 93: 419-428.

[28] Adams M J, Briscoe B J, Johnson S A. Friction and lubrication of human skin[J]. Tribology Letters, 2007, 26(3): 239-253.

[29] Derler S, Preiswerk M, Rotaru G M, et al. Friction mechanisms and abrasion of the human finger pad in contact with rough surfaces[J]. Tribology International, 2015, 89: 119-127.

[30] Goda T J. Effect of track roughness generated micro-hysteresis on rubber friction in case of (apparently) smooth surfaces[J]. Tribology International, 2016, 93: 142-150.

[31] Hersey M D. The laws of lubrication of horizontal journal bearings[J]. Journal of Washington Academic Science, 1914, 4(1): 542-552.

[32] Qiu Y, Khonsari M M. Investigation of tribological behaviors of annular rings with spiral

groove[J]. Tribology International, 2011, 44(12): 1610-1619.

[33] Chittenden R J, Dowson D, Dunn J F, et al. A theoretical analysis of the isothermal elastohydrodynamic lubrication of concentrated contacts. I. Direction of lubricant entrainment coincident with the major axis of the Hertzian contact ellipse[J]. Proceeding of the Royal Society A: Mathematical, Physics & Engineering Science, 1985, 397(1813): 245-269.

[34] Hamrock B J, Dowson D. Elastohydrodynamic lubrication of elliptical contacts for materials of low elastic modulus[J]. Journal of Lubrication Technology, 1978, 100: 236-245.

[35] Fowell M T, Myant C, Spikes H A, et al. A study of lubricant film thickness in compliant contacts of elastomeric seal materials using a laser induced fluorescence technique[J]. Tribology International, 2014, 80(1): 76-89.

[36] Shen M X, Dong F, Zhang Z X, et al. Effect of abrasive size on friction and wear characteristics of nitrile butadiene rubber（NBR）in two-body abrasion[J]. Tribology International, 2016, 103: 1-11.

[37] Mostafa A, Abouel-Kasem A, Bayoumi M R, et al. Insight into the effect of CB loading on tension, compression, hardness and abrasion properties of SBR and NBR filled compounds[J]. Materials & Design, 2009, 30(5): 1785-1791.

[38] Raviv U, Giasson S, Kampf N, et al. Lubrication by charged polymers[J]. Nature, 2003, 425: 163-165.

[39] Chen M, Briscoe W H, Armes S P, et al. Lubrication at physiological pressures by polyzwitterionic brushes[J]. Science, 2009, 323(5922): 1698-1701.

[40] Yu J, Jackson N E, Xu X, et al. Multivalent counterions diminish the lubricity of polyelectrolyte brushes[J]. Science, 2018, 360(6396): 1434-1438.

[41] Kobayashi M, Kaido M, Suzuki A, et al. Tribological properties of cross-linked oleophilic polymer brushes on diamond-like carbon films[J]. Polymer, 2016, 89: 128-134.

[42] Xiao S, Ren B, Huang L, et al. Salt-responsive zwitterionic polymer brushes with anti-polyelectrolyte property[J]. Current Opinion in Chemical Engineering, 2018, 19: 86-93.

[43] Wu Y, Wei Q B, Cai M R, et al. Interfacial friction control[J]. Advanced Materials Interfaces, 2015, 2(2): 1400392.

[44] Shen M X, Zhang Z X, Yang J T, et al. Wetting behavior and tribological properties of polymer brushes on laser-textured surface[J]. Polymers, 2019, 11(6): 981-996.

[45] Zhang J, Yuan J, Zang X, et al. Platelet adhesive resistance of segmented polyurethane film surface-grafted with vinyl benzyl sulfo monomer of ammonium zwitterions[J]. Biomaterials, 2003, 24(23): 4223-4231.

[46] Liu P, Chen Q, Li L, et al. Anti-biofouling ability and cytocompatibility of the zwitterionic brushes-modified cellulose membrane[J]. Journal of Materials Chemistry: B, 2014, 2:

7222-7231.

[47] Wei Q B, Pei X W, Hao J Y, et al. Surface modification of diamond-like carbon film with polymer brushes using a bio-inspired catechol anchor for excellent biological lubrication[J]. Advanced Materials Interfaces, 2014, 1 (5) : 1-8.

[48] Sun N, Liu M, Wang J, et al. Chitosan nanofibers for specific capture and nondestructive release of CTCs assisted by pCBMA brushes[J]. Small, 2016, 12 (36) : 5090-5097.

[49] Su Y, Zheng L, Li C, et al. Smart zwitterionic membranes with on/off behavior for protein transport[J]. Journal of Physical Chemistry, 2008, 112 (38) : 11923-11928.

[50] Yang J, Chen H, Xiao S, et al. Salt-responsive zwitterionic polymer brushes with tunable friction and antifouling properties[J]. Langmuir, 2015, 31 (33) : 9125-9133.

[51] Han M, Espinosa-Marzal R M. Strong stretching of poly (ethylene glycol) brushes mediated by ionic liquid solvation[J]. Journal of Physical Chemistry Letters, 2017, 8 (17) : 3954-3960.

[52] Fu Y, Zhang L, Huang L, et al. Salt- and thermo-responsive polyzwitterionic brush prepared via surface-initiated photoiniferter-mediated polymerization[J]. Applied Surface Science, 2018, 450: 130-137.

[53] Ma C, Bai S, Peng X, et al. Improving hydrophobicity of laser textured SiC surface with micro-square convexes[J]. Applied Surface Science, 2013, 266: 51-56.

[54] Wenzel R N. Resistance of solid surfaces to wetting by water[J]. Transactions of the Faraday Society, 1936, 28 (8) : 988-994.

[55] Cassie A B, Baxer S. Wettability of porous surfaces[J]. Transactions of the Faraday Society, 1944, 40: 546-551.

[56] Feng X J, Jiang L. Design and creation of superwetting/antiwetting surfaces[J]. Advanced Materials, 2006, 18 (23) : 3063-3078.

[57] Murakami D, Jinnai H, Takahara A. Wetting transition from the cassie-baxter state to the wenzel state on textured polymer surfaces[J]. Langmuir, 2014, 30 (8) : 2061-2067.

[58] Etsion I. Improving tribological performance of mechanical components by laser surface texturing[J]. Tribology Letters, 2004, 17: 733-737.

[59] Goujon F, Ghoufi A, Malfreyt P, et al. The kinetic friction coefficient of neutral and charged polymer brushes[J]. Soft Matter, 2013, 9 (10) : 2966-2972.

[60] Xiao S, Zhang J, Shen M, et al. Aqueous lubrication of poly (N-hydroxyethyl acrylamide) brushes: A strategy for their enhanced load bearing capacity and wear resistance[J]. RSC Advances, 2016, 6 (26) : 21961-21968.

[61] Ramakrishna S N, Nalam P C, Espinosa-Marzal R M, et al. Adhesion and friction properties of polymer brushes on rough surfaces: A gradient approach[J]. Langmuir, 2013, 29 (49) : 15251-15259.

第 4 章　干态工况下橡塑密封材料磨粒磨损行为

本章重点考察干态工况下橡塑和 PTFE 两种密封材料的两体/三体磨粒磨损特性，以期深入了解不同尺寸颗粒对橡塑密封材料的颗粒尺寸效应及其损伤机制。

4.1　干态工况下磨粒磨损试验简介

4.1.1　试验装置

为了在摩擦副周围营造第三体磨粒介质氛围，采用增设颗粒连续供给系统的多功能摩擦磨损试验机，考察 Al_2O_3 硬质颗粒环境氛围下橡胶/金属配副的摩擦学行为。针对橡塑密封的运动形式，即旋转式密封和往复式密封，通过试验装置和夹具的改造升级，分别采用销-盘接触方式的旋转摩擦磨损试验（图 4.1[1]）和销-平面接触方式的往复摩擦磨损试验（图 4.2[2]）开展模拟试验。图 4.1 中，上试件为施加一定法向载荷 F_n 的 316L 不锈钢球；下试件为丁腈橡胶板，将其固定在匀速旋转的转动盘上。图 4.2 中，上试样销安装在与二维力传感器相连的上夹具中，下试样固定在下夹具上，并由驱动系统提供连续的往复运动。

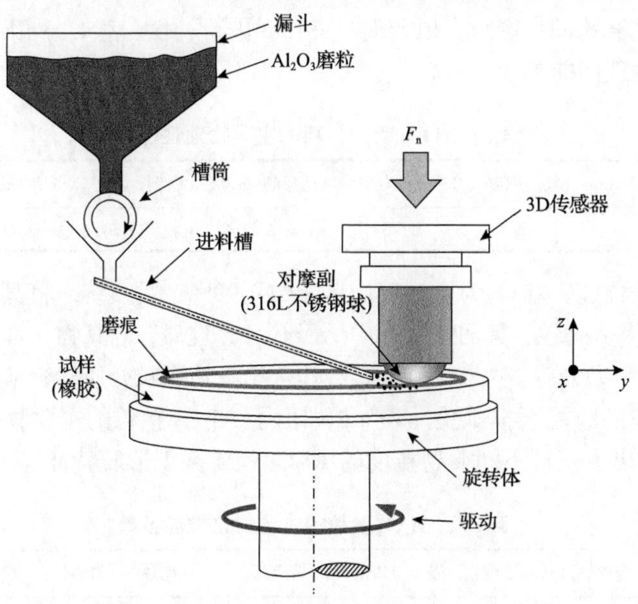

图 4.1　销-盘接触摩擦学试验装置及颗粒进给系统示意图[1]

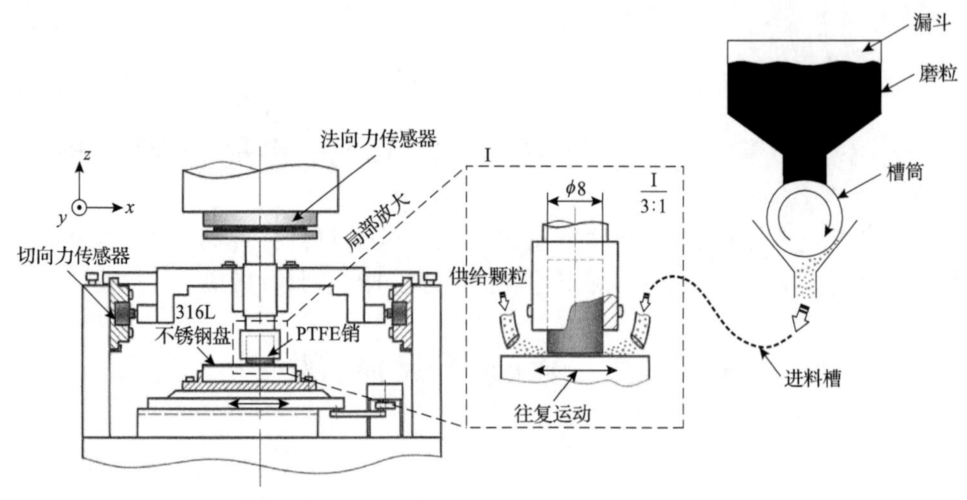

图 4.2　销-平面接触往复滑动摩擦学试验装置及颗粒进给系统示意图[2](单位：mm)

4.1.2　试验材料与参数

丁腈橡胶的耐油性仅次于聚硫橡胶和氟橡胶，同时它具有优良的耐磨性和气密性，在汽车、航空、石油等行业中已成为必不可少的弹性体密封材料。PTFE作为一种有效的固体润滑材料，具有低摩擦系数、高熔点和良好的化学稳定性等多方面优异性能[3,4]。PTFE 常被用作静密封垫片、组合式密封等。例如，斯特封就是由橡胶与 PTFE 组合而成的，外部的橡胶 O 形密封圈为主要施力元件，为密封界面提供足够的耦合密封力以及对 PTFE 圈进行补偿。表 4.1 列出了 PTFE 密封材料的主要物理性能参数。

表 4.1　PTFE 密封材料的主要物理性能参数

材料	弹性模量 E/GPa	密度 ρ/(g/cm^3)	硬度(HB)	屈服强度 σ_s/MPa	伸长率 e/%	抗拉强度 σ_b/MPa	泊松比
PTFE	1.28	2.20	4.54	23	≥450	35.2	0.46

白刚玉颗粒(以 Al_2O_3 为主，其质量分数≥99%，后续统一将其称为 Al_2O_3 颗粒)作为一种人造磨粒，其加工过程中历经筛分、过磁，因其物化性质稳定等优点多适用于研磨、抛光等。选取该硬质颗粒作为第三体颗粒介质，参与干态和后续润滑介质工况下的磨粒磨损试验。表 4.2 列出了 Al_2O_3 颗粒的主要物化性能参数，图 4.3 分别给出了三种不同典型粒度的 Al_2O_3 颗粒微观形貌特征。

表 4.2　Al_2O_3 颗粒的主要物化性能参数

晶形	密度 ρ_v/(g/cm^3)	硬度(HM)	熔点/℃	比热容 C/[Cal/(g · ℃)]	折光率
三方晶系	3.60	9.00	2250	0.26	1.76

(a) 120μm±20μm

(b) 58μm±12μm

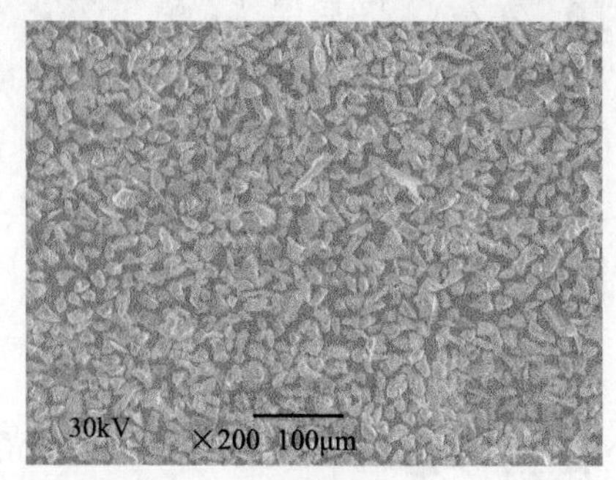

(c) 13μm±2μm

图 4.3　三种具有代表性的 Al_2O_3 颗粒微观形貌

4.2　干态工况下丁腈橡胶三体磨损行为

在销-盘接触式旋转滑动磨损条件下，本节重点考察 Al_2O_3 硬质颗粒对丁腈橡胶及其对摩副(316L 不锈钢)摩擦学特性的影响，并分析 Al_2O_3 硬质颗粒环境条件下两摩擦副的损伤机制。

本节开展干态工况下的三体磨粒磨损试验方案如下：以丁腈橡胶/不锈钢为摩擦副，Al_2O_3 颗粒为第三体磨粒介质，颗粒粒径从大到小依次为 60 目、150 目、240 目和 600 目(相应的颗粒平均尺寸约为 200μm、110μm、60μm 和 25μm)，Al_2O_3 颗粒的平均供给量为 150g/min；一般情况下，对于往复活塞和活塞套筒，O 形密封圈的压缩比接近 15%。法向载荷 F_n=3N、5N、7N(对应的赫兹接触应力分别约为 2MPa、2.4MPa 和 2.7MPa)，分别对应 O 形密封圈的压缩比为 13.2%、16.7%和 18.5%；下试样转速 v=200r/min(摩擦副的滑动速度 v=4m/s)；摩擦磨损周期 T=3min、5min、10min、20min、30min 和 60min；为减小试验误差，每组相同试验参数的试验至少重复 3 次。

4.2.1 摩擦系数时变特性

作为评价材料性能的重要指标，摩擦系数的变化对材料的摩擦学性能有重要影响。图 4.4 为在法向载荷为 5N，无磨粒和不同尺寸 Al_2O_3 颗粒影响下橡胶/金属配副的摩擦系数随磨损时间的变化。由图可以看出，硬质颗粒对摩擦系数有重要的影响。在无磨粒环境下，摩擦系数经历短时间(约前 200s)的迅速爬升后保持缓慢上升趋势，最终其值保持在 0.75 左右；而在有磨粒环境下，摩擦系数均低于无磨粒状态且表现出两种不同的变化趋势。当颗粒粒径为 600 目时，摩擦系数经历快速爬升后基本维持在 0.56 左右；但其余三种较大粒径的颗粒摩擦系数变化相近，即先快速达到最大值(约 0.5 左右)，随后保持缓慢下降最终维持在 0.4 左右波动，但在较小的目数(较大的颗粒尺寸)下摩擦系数的波动相对明显。综上所述，Al_2O_3 颗粒均能不同程度地降低橡胶/金属配副的摩擦系数；从颗粒尺寸来看，一定范围内(如 60～240 目)颗粒对摩擦系数的影响较小，随着颗粒尺寸的进一步减小(如 600 目)，摩擦系数有所升高，且始终保持较稳定的值。

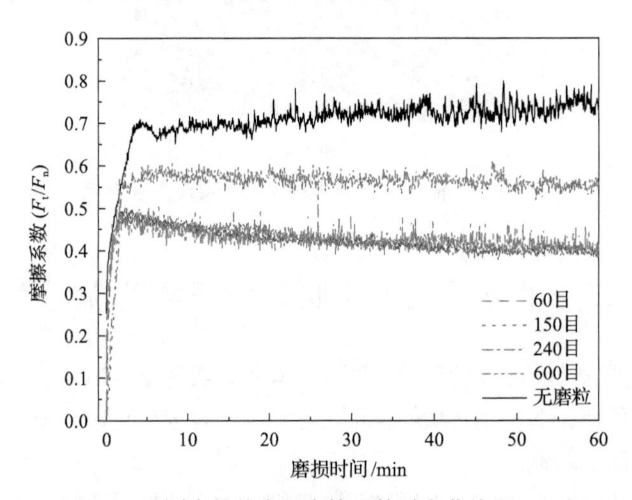

图 4.4 不同磨粒粒度下摩擦系数时变曲线(F_n=5N)

4.2.2 磨损程度对比

图4.5为在无磨粒及不同尺寸 Al_2O_3 颗粒环境下丁腈橡胶的磨损量和磨损率随磨损时间的变化。由图可见，Al_2O_3 颗粒尺寸对橡胶的磨损状况影响显著；相比无磨粒环境，较大颗粒尺寸的 Al_2O_3 能加速橡胶表面的磨损，而当颗粒粒径小于 240 目时能有效减缓橡胶的磨损(图 4.5(a))。另外，颗粒粒径越小，磨损率越低，在粒径较小(如 600 目和 240 目)或无磨粒环境下，不同磨损周期的磨损率基本保持稳定，而在大颗粒(如 60 目和 120 目)环境下磨损率呈快速下降和基本稳定两个

阶段(图 4.5(b))。

更为重要的是，硬质颗粒的存在将引起与橡胶配副的金属材料的快速磨损。与橡胶材料摩擦配副的金属材料为 316L 不锈钢球，316L 不锈钢球磨损后试样的球缺部分可近似认为是钢球的磨损体积。因此，可以利用磨损比 $k=r/R$ 来表征钢球的磨损量，其中 r 为切口部分圆的半径，R 为球半径。图 4.6 为不同颗粒尺寸下配副钢球磨损比 k 随磨损时间的变化。由图可知，随着磨损时间的增加，钢球磨损比 k 均呈先快速上升后逐渐趋于平缓的趋势；另外，颗粒粒径为 60 目、150 目、240 目和 600 目(相应的颗粒平均尺寸约为 200μm、110μm、60μm 和 25μm)60 目和 150 目颗粒环境下 k 值及其变化相近、240 目和 600 目颗粒环境下也相近，且前者 k 值略高于后者。值得指出的是，在无磨粒环境下橡胶对金属的磨损甚微，故 k 值近似为零。因此，颗粒的存在大大加剧了对摩副金属材料的磨损。

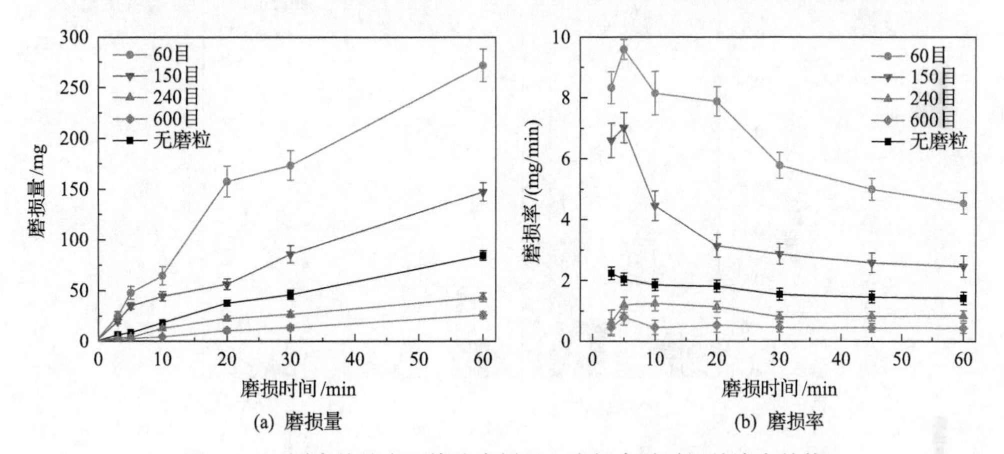

图 4.5　不同磨粒粒度下橡胶磨损量和磨损率随时间的演变趋势

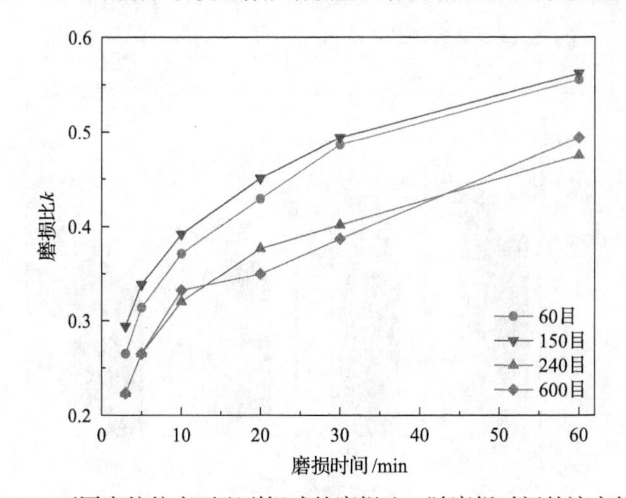

图 4.6　不同磨粒粒度下配副钢球的磨损比 k 随磨损时间的演变趋势

4.2.3　法向载荷影响下的磨损对比

值得注意的是，摩擦副材料的磨损损失与法向载荷之间存在某种演变关系。图 4.7 为不同法向载荷下不含颗粒和含不同尺寸颗粒的丁腈橡胶在 60min 后的磨损率。显而易见，橡胶的磨损量随法向载荷的增加而增加。在无磨粒、颗粒尺寸分别为 200μm 和 110μm(60 目和 150 目)时，法向载荷对丁腈橡胶的磨损量有明显影响。而对于其他两种粒径(60 目和 25μm，240 目和 600 目)，法向载荷对橡胶磨损量的影响较小，即磨损相对较小。因此，小颗粒可以减轻橡胶的磨损。当大颗粒(60μm，240 目)进入橡胶/金属摩擦副界面时，橡胶的磨损量增大。

图 4.8 为不同法向载荷和不同颗粒尺寸下金属球配副 60min 后的磨损比 k。与

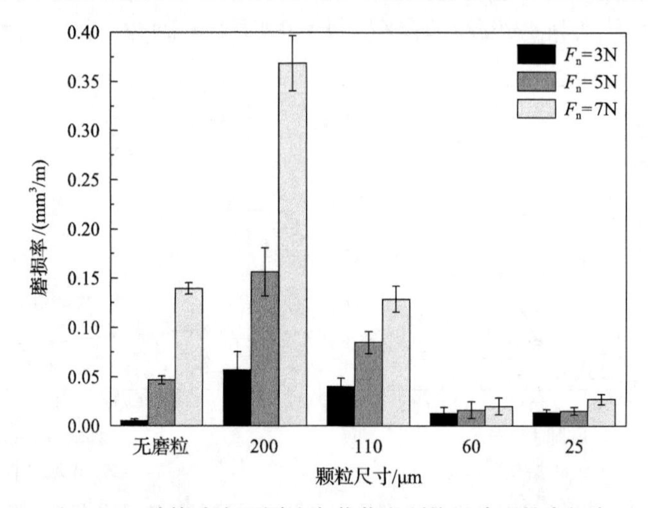

图 4.7　丁腈橡胶在不同法向载荷和颗粒尺寸下的磨损率

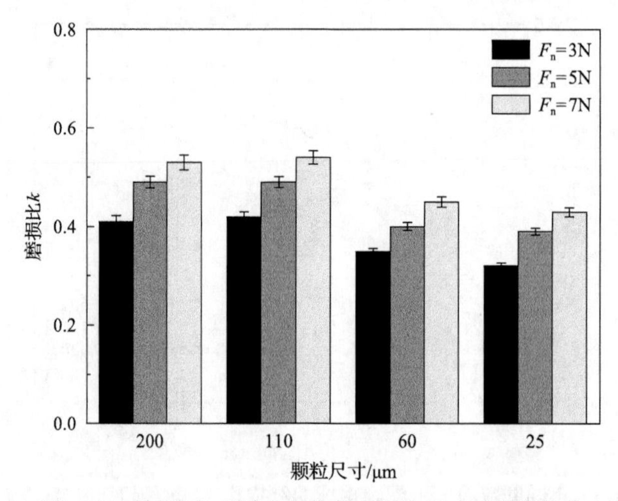

图 4.8　不锈钢在不同法向载荷和颗粒尺寸下的磨损比

法向载荷对橡胶磨损量的影响相比，钢球磨损量仅随法向载荷的增加略有增加，磨粒粒径对钢球磨损量的影响不明显。在不同颗粒尺寸下，磨损比 k 均大于 0.3，但无磨粒条件下几乎没有磨损损伤。因此，对于橡胶/金属摩擦副，金属摩擦副的损伤对颗粒尺寸不敏感。然而，即使小的硬颗粒进入密封界面，也会对金属对摩副表面造成严重的损伤。

4.2.4　磨损机理分析

图 4.9 为无磨粒工况下摩擦副磨损表面微观形貌。由图 4.9(a)可以看出，磨损花纹是垂直于滑动方向且磨痕内磨损花纹的取向并非特别显著。此外，在磨损表面还可以发现一些卷曲的细小磨屑。因此，可以推断，在摩擦过程中，橡胶与金属之间存在局部黏附，然后黏附的橡胶不断被伸长。当伸长率达到一个临界值时，可能会出现裂纹，当裂纹扩展与另一个裂纹相遇时，橡胶颗粒以卷曲碎片的形式从表层剥离。因此，卷曲碎片的形成是黏着磨损和疲劳磨损的结果。对于无磨粒工况，橡胶的磨损表面呈现橡胶磨耗所特有的典型波浪形花纹磨耗(Schallamach 磨损花纹)，上述特征与文献[5]和[6]的研究结果相似，且磨损花纹的形成主要归因于接触区复杂的压缩/拉伸应变循环。实质上，它们是一系列相互平行并垂直于滑动方向的锯齿状凸起部，而与其配副的钢球表面几乎未见损伤(图 4.9(b))。

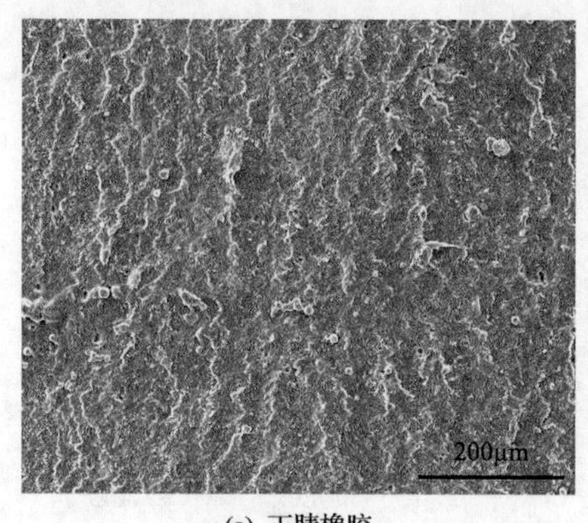

(a) 丁腈橡胶

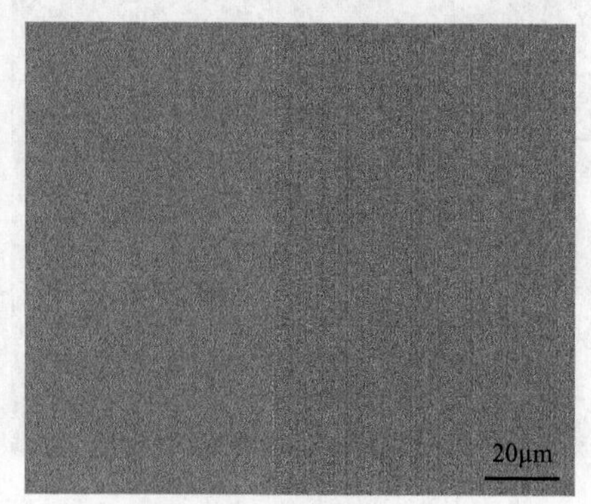

(b) 不锈钢球

图 4.9　无磨粒工况下摩擦副磨损表面微观形貌

图 4.10(a)为 150 目 Al_2O_3 颗粒环境下丁腈橡胶的磨损表面形貌，由图可见磨损表面存在颗粒状的形貌和一些尺寸相近的小孔洞。EDX 元素面扫描结果显示磨损表面有大量的铝元素存在，如图 4.11(a)所示；对上述颗粒状形貌进行 EDX 分析发现，该处仅有铝和氧两种元素存在(图 4.11(b))，这表明图 4.10(a)中颗粒状的形貌即为嵌入橡胶基体的 Al_2O_3 颗粒，而磨损表面的小孔洞是嵌入的颗粒在摩擦过程中脱落后留下的凹坑(图 4.10(a))。这样，硬质颗粒嵌入橡胶后将出现“砂轮效应”，从而导致对摩副上的金属材料快速去除(图 4.6)。图 4.10(b)为钢球磨

损表面的典型形貌，图中磨损表面分布大量较深的犁沟，局部区域存在微切削坑。据此可推断，不锈钢被磨损的主要损伤机制为硬质颗粒第三体层的磨粒磨损及嵌入基体的颗粒对金属表面的微切削。而随着嵌入橡胶基体的颗粒增多，接触副主要由橡胶-颗粒-金属接触逐渐转变为橡胶-颗粒-金属和颗粒-颗粒-金属接触共存，因此整个磨损过程中，摩擦系数呈先下降后逐渐趋于稳定的趋势，如图 4.4 所示。

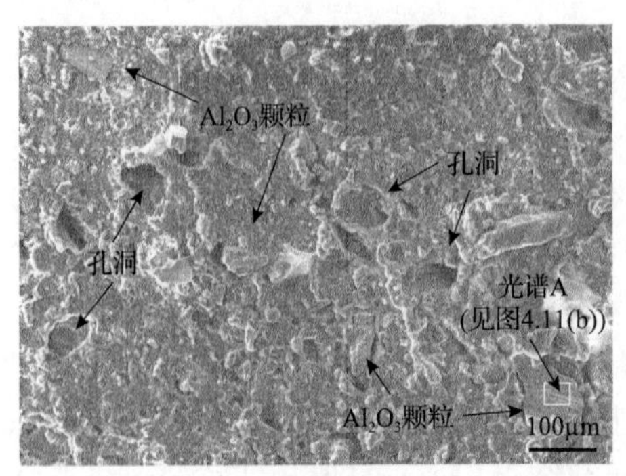

(a) 丁腈橡胶　　(b) 配副钢球

图 4.10　150 目磨粒工况下丁腈橡胶及配副钢球磨损表面形貌

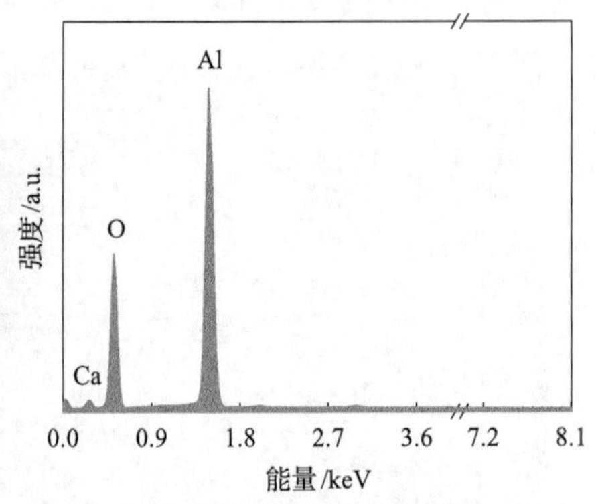

(a) 磨损表面Al元素分布　　(b) 局部磨损区域的EDX能谱

图 4.11　磨损表面 Al 元素分布和局部磨损区域的 EDX 能谱

随着颗粒尺寸的减小(如 240 目和 600 目)，橡胶逐渐表现出花纹磨损的损伤特征，但相比于无磨粒环境下的橡胶磨损形貌，此时锯齿状的突起部呈不规则排布，如图 4.12(a)所示。EDX 面扫描分析并未发现有 Al_2O_3 颗粒嵌入橡胶基体内，表明较小尺寸的硬质颗粒很难嵌入橡胶基体内，在摩擦过程中这些参与磨损的颗粒主要以滚动的第三体层存在。由于缺少嵌入橡胶基体的硬质颗粒的微切削作用，金属材料的表面磨损相对较轻微。因此，钢球磨损表面分布仅有较浅的犁沟，并且这些犁沟平行于滑动方向规则分布(图 4.12(b))，这也是金属磨粒磨损的典型特征。此时，不锈钢的磨损机制主要为可充当第三体层硬质颗粒的磨粒磨损；而橡胶材料由于硬质颗粒充当第三体层参与磨损，磨损机制表现为局部的花纹磨损和磨粒磨损。

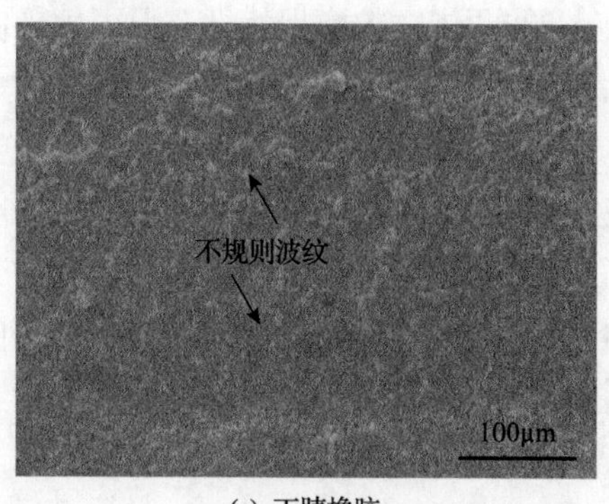

(a) 丁腈橡胶

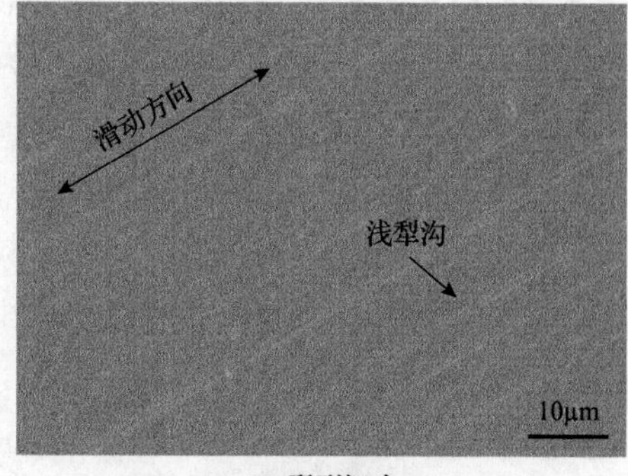

(b) 配副钢球

图 4.12　600 目磨粒工况下丁腈橡胶及配副钢球磨损表面形貌

综上所述，与无磨粒环境对比发现，硬质颗粒参与磨损时能加剧配副材料(316L 不锈钢球)的表面磨损，较大尺寸的颗粒能嵌入橡胶基体内，对金属有微切削效应。对橡胶材料来说，小尺寸的硬质颗粒充当了润滑作用的滚动第三体层，减小了橡胶与金属间的局部黏着，进而有效减缓了橡胶的表面磨损；相反，当颗粒尺寸较大时，硬质颗粒的微观切削作用加剧了橡胶的磨损。因此，无磨粒和不同颗粒尺寸下的磨痕截面形貌表现出如图 4.13 所示的截面形貌。据此，工程上应尽量保持橡胶密封圈周围环境的清洁，尤其要避免硬质颗粒进入橡胶/金属密封界面，以防止金属和橡胶密封面的表面磨损，从而延长其密封寿命。

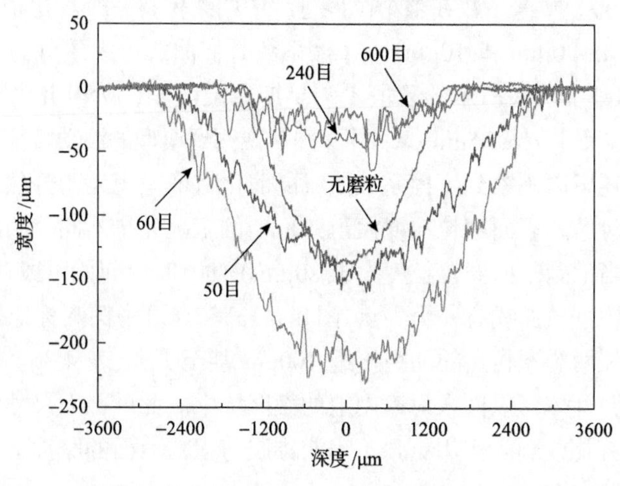

图 4.13　无磨粒和不同粒度工况下丁腈橡胶磨损表面形貌的二维轮廓

4.3　干态工况下丁腈橡胶两体磨粒磨损特性

本节探讨丁腈橡胶在颗粒尺寸效应影响下的两体磨粒磨损特性，以了解橡胶滑动密封界面处的两体磨粒磨损失效行为，重点讨论不同粗糙表面对摩擦系数、磨损率和损伤机理的影响。

本节开展干态工况下两体磨粒磨损试验方案如下：以丁腈橡胶/SiC砂纸为摩擦副，其中SiC砂纸即对摩副，也是磨粒的供给源，且表4.3列出了对摩副的分类号以及对应的平均尺寸(颗粒粒径 d)和粗糙度参数。试验选用了四种不同法向载荷，分别为 F_n=5N、10N、20N、40N，往复位移幅度为 D=20mm，试验滑动频率为 f=2Hz，磨粒磨损试验周期为 T=1250s，滑动线速度为 v=0.08m/s。

表 4.3　SiC 砂纸的分类号及对应的平均尺寸和粗糙度参数

分类号	P80	P180	P400	P800	P1200	P2000	P5000	P7000
d/μm	200±15	80±5	32±2	20±1	15±1	10±0.5	5.0±0.5	2.5±0.3
R_a/μm	22.96	18.00	7.28	5.00	3.84	3.68	2.96	1.79
R_z/μm	106.97	95.6	40.25	30.80	25.89	18.27	10.83	5.35

4.3.1　摩擦系数时变曲线

图4.14为不同粗糙表面工况下摩擦系数(F_t/F_n)随循环次数的演变曲线，发现不同粗糙表面对摩擦系数的时变特性有显著影响。对于大尺寸磨粒条件(d≥32μm，图4.14(a)～(c))，摩擦系数在整个摩擦过程中始终保持一个稳定值。而对于中等尺寸磨粒条件(d=20μm 和 10μm)，摩擦系数时变曲线可大致分为两个阶段，即图 4.14(d)和(e)中箭头所示的阶段Ⅰ为早期稳定阶段，阶段Ⅱ为随后的波动阶段。在较小磨粒尺寸(d≤7.5μm)条件下，并未观察到典型的波动特征，如图4.14(f)所示。此外，还可以观察到摩擦系数曲线的演化特征呈现先爬升然后进入稳定阶段。这与其他对摩副表面磨粒粒度大于10μm的工况完全不同。与其他摩擦副运行工况相比，当配副表面磨粒粒度大于80μm(P180)时，起始阶段存在显著差异。起初阶段的摩擦系数曲线有一个尖点(图4.14(a)和(b))中椭圆标记处)，这是由于配副表面上相邻两个磨粒点的间距接近100μm甚至更大(表4.3)。因此，在加载条件下，局部弹性体可以嵌入对摩副上的微凹坑中。此外，大尺寸的对摩副磨粒对橡胶基体的钉扎或刺入作用更强，表明橡胶与粗糙表面的摩擦运动需要较大的切向力才能得以实现。

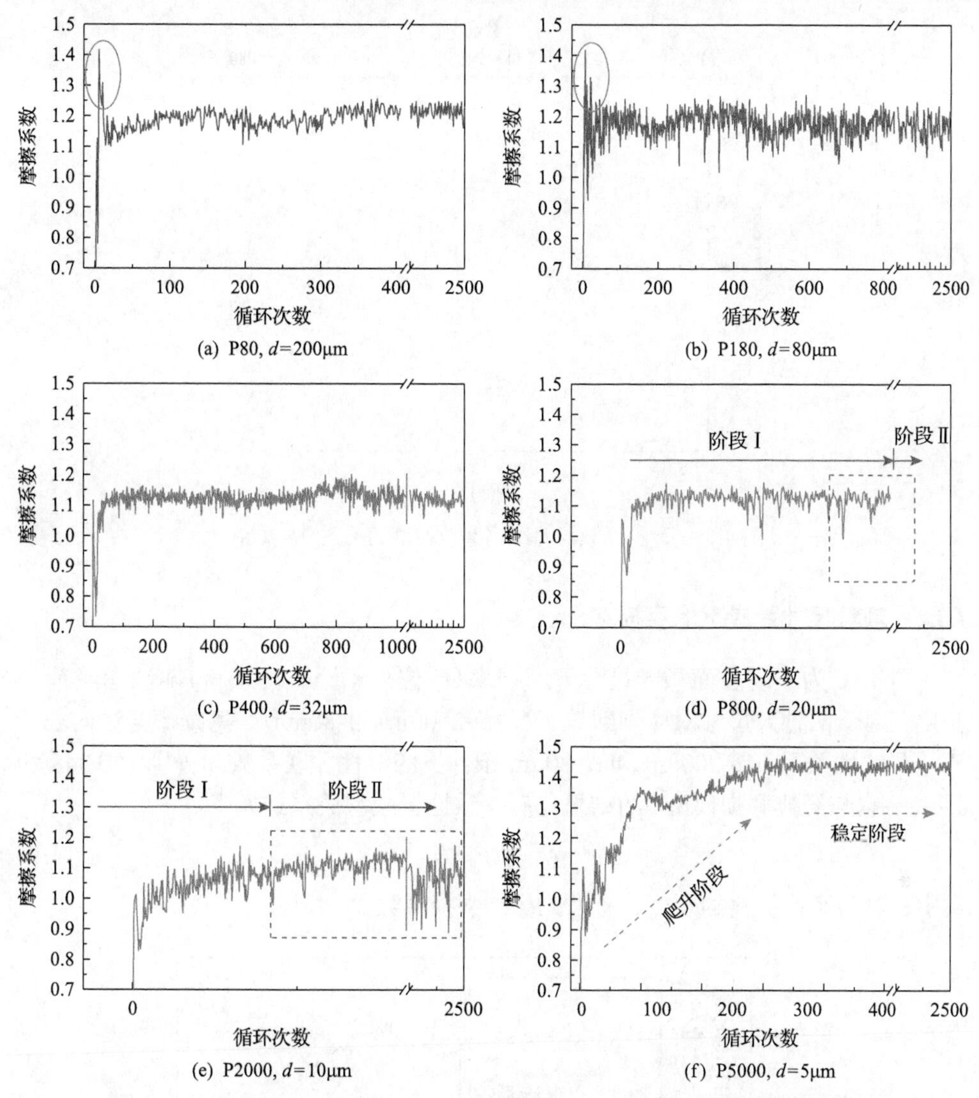

图 4.14　丁腈橡胶与不同磨粒对摩副摩擦时摩擦系数随循环次数的演变趋势

摩擦系数与对摩副磨粒粒度的关系如图 4.15 所示。由图 4.15 可以看出，不同尺寸的磨粒在稳定阶段的摩擦系数有着显著的差异。这种现象可能是由颗粒尺寸效应引起的。大量研究表明[7]，当磨粒粒度大于临界尺寸(100μm 左右)时，摩擦系数与磨料尺寸无关；当磨粒粒度小于临界尺寸时，摩擦系数迅速减小。在当前研究中，摩擦副的摩擦系数随着磨粒粒径的增加呈现先下降(磨粒粒径小于 15μm)再显著上升(从 20μm 增大到 200μm)的演变趋势。如图 4.15 所示，在不同的接触载荷下，摩擦系数的最小值总是出现在中等磨粒粒度的工况下，即 d=20μm。

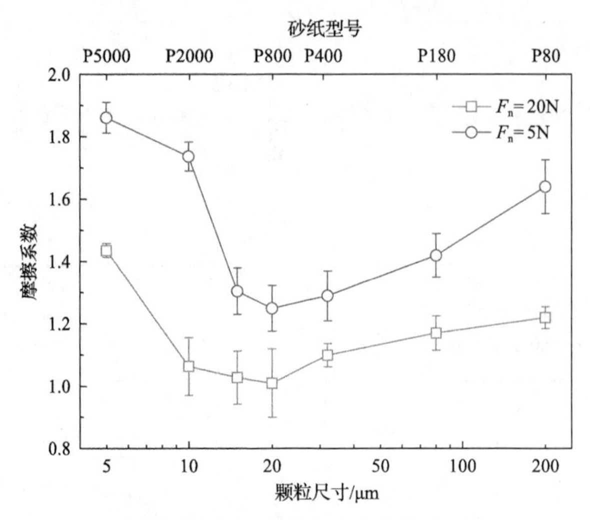

图 4.15 摩擦系数与对摩副磨粒粒度的关系（N=2000）

4.3.2 颗粒尺寸效应下的磨损率

图 4.16 为不同表面颗粒尺寸下磨损率（单位滑动距离磨损量）随法向载荷的变化。对于两种大尺寸对摩副磨粒工况（d=200μm 和 80μm），磨损率与法向载荷 F_n 均呈线性关系，d=200μm 和 d=80μm 条件下的线性关联系数 c 分别为 0.348 和 0.262。它与经典磨损模型[8]的结果具有一致性，模型关系式如下：

$$Q = KF_n / H \tag{4.1}$$

式中，H 为摩擦材料的硬度；K 为无量纲磨损系数。

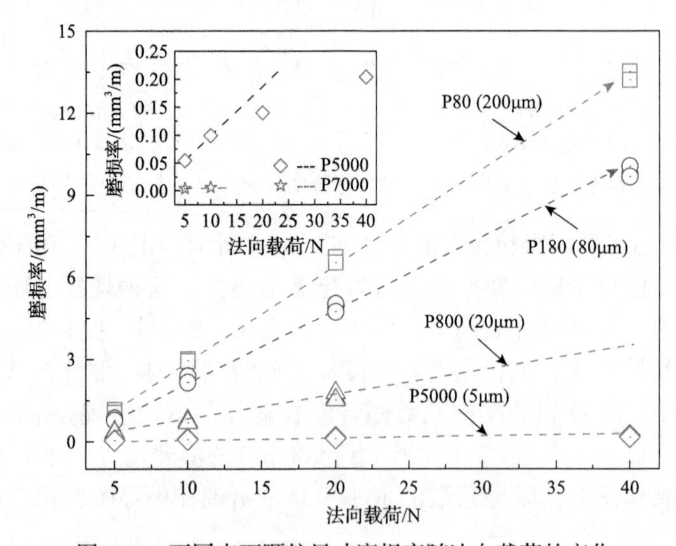

图 4.16 不同表面颗粒尺寸磨损率随法向载荷的变化

一般地，关联系数 c 对于不同的磨粒粒度是不相等的，因为 K 取决于磨粒粒度。因此，橡胶材料的质量损失响应更多地取决于表面形貌(磨料尺寸)，而不是法向载荷，事实上在其他文献[9]中也得到类似的特征。

不同工况下磨损率的变化与法向载荷的函数不存在线性关系。对于小颗粒磨粒(d=20μm、5μm 和 2.5μm)，结果显示出特定的非线性关系。这意味着磨损率与法向载荷无关，特别是在小尺寸磨粒以及高载荷工况下。

为了进一步了解颗粒尺寸效应及其原因，图 4.17(a)绘出了磨损率随颗粒尺寸的演变趋势。总的来说，颗粒尺寸的增加导致磨损率上升。进一步地，磨损率的变化可以近似拟合为 A、B、C 三个斜率不同的演变分段曲线。此外，磨损率与

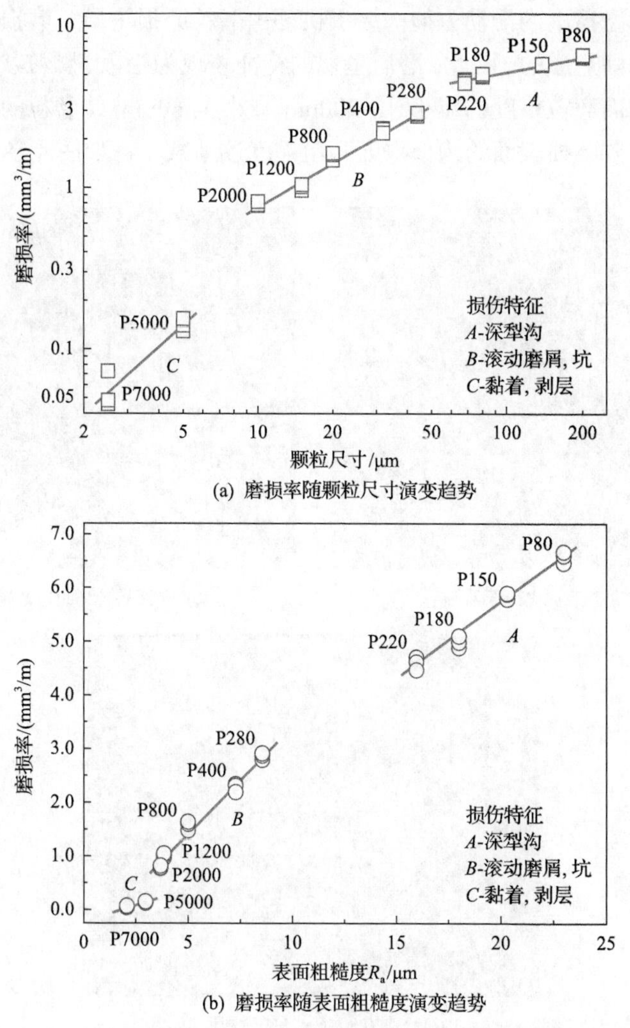

(a) 磨损率随颗粒尺寸演变趋势

(b) 磨损率随表面粗糙度演变趋势

图 4.17　磨损率随颗粒尺寸和表面粗糙度 R_a 的演变趋势(F_n=20N)

表面粗糙度 R_a 之间也存在类似的关系，如图 4.17(b)所示。

4.3.3　损伤失效机理分析

通过对橡胶磨痕表面的观察，证实磨损机理的差异。如图 4.18 所示，随着磨粒粒度的减小，对应于图 4.17 中 *A*、*B*、*C* 三个演变分段，根据橡胶磨损表面可以归纳出三种损伤特征。需要指出的是，摩擦系数和磨损率的变化与摩擦副的磨损机理密切相关[10]。

当对摩副磨粒粒径大于 70μm(对应于图 4.17 的线段 *A*)时，可以看到整个橡胶磨损表面布满深的沟槽和划痕，如图 4.18(a)、(b)和图 4.19(a)所示。图 4.18(a)中的箭头表示摩擦副的滑动方向。磨损机理由磨粒磨损主导，磨损表面的失效主要是由磨粒犁削造成的。因此，磨屑呈现的特征表现为松散、颗粒状(图 4.18(c))。随着对摩副表面磨粒粒度的减小(由 200μm 减小至 60μm)，磨粒的犁削效应逐渐减弱，因此橡胶磨损表面的沟槽深度和粗糙度逐渐减小，如图 4.18(d)所示。

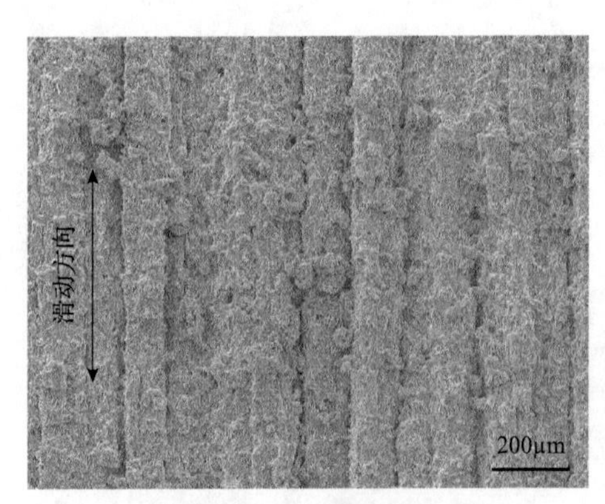

(a) 橡胶磨损表面(P80)微观形貌

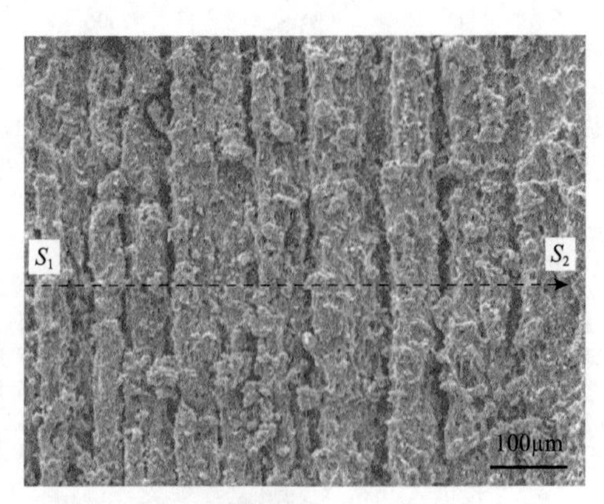

(b) 橡胶磨损表面(P150)微观形貌

(c) 磨屑(P80, F_n=20N)微观形貌

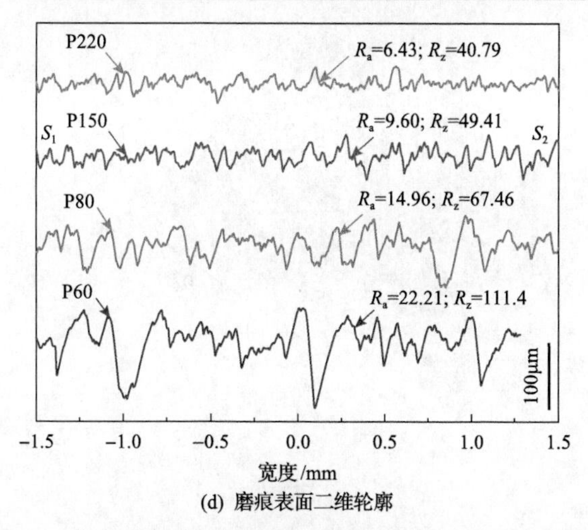

(d) 磨痕表面二维轮廓

图 4.18　橡胶磨损表面、磨屑微观形貌和磨痕表面二维轮廓

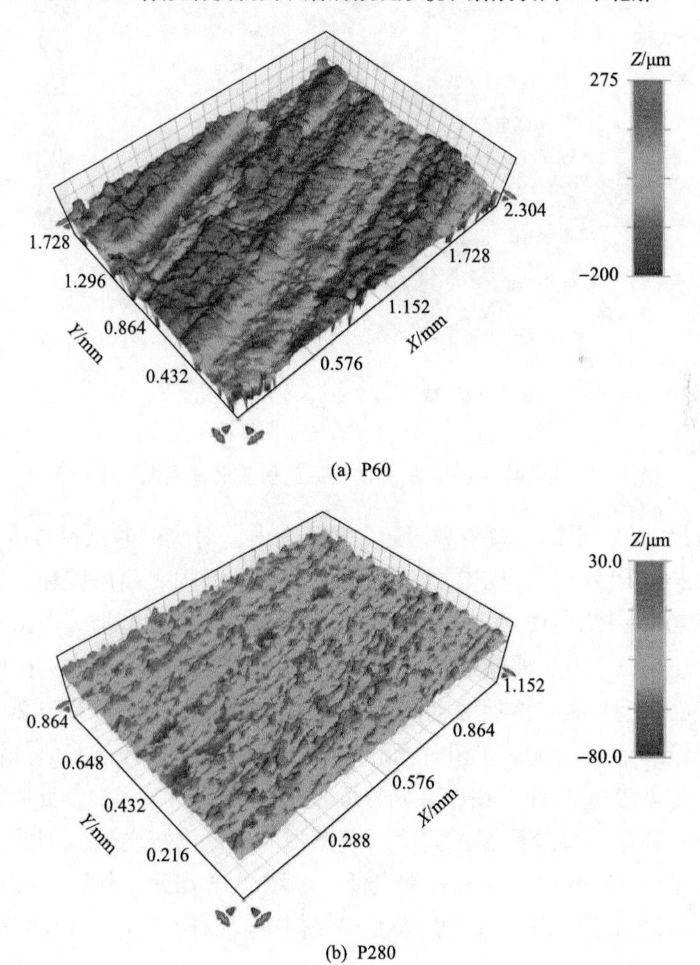

(a) P60

(b) P280

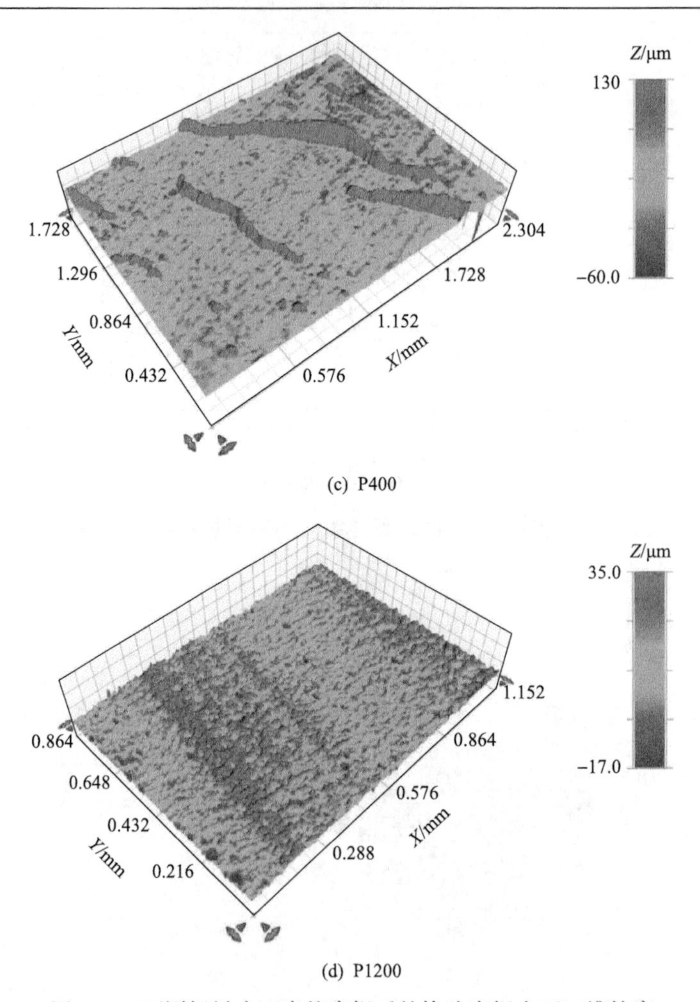

(c) P400

(d) P1200

图 4.19　不同粗糙表面磨粒磨损后的橡胶磨损表面三维轮廓

若颗粒尺寸处于图 4.17 的拟合线段 *B* 范围内，对应的砂纸目数为 280～2000 目，由图 4.20 可以发现，稳定阶段和波动阶段中的磨损表面形貌和磨屑呈现显著差异。图 4.20 中，图(a)、(c)、(e)、(g)、(i)为丁腈橡胶磨损表面形貌，图(b)、(d)、(f)、(h)、(j)为磨屑微观形貌。对于橡胶磨损的表面形貌，在稳定阶段，橡胶磨损表面出现长条状磨屑滚动体和数量众多的小磨屑颗粒(图 4.20(a)、(c)和(e))。三维轮廓结果也显示在相对光滑的磨损橡胶表面上分布着部分长条滚动状的磨屑，如图 4.19(c)所示。在摩擦副界面发生相对运动过程中，类似滚动状的磨屑可作为第三体层，促使磨损模式由滑动磨损向滚动磨损转变。因此，当对摩副磨粒粒径为 10～30μm 时，摩擦系数最低，如图 4.15 所示。然而，在波动阶段中橡胶磨损表面沿垂直于滑动方向并未发现任何突起的橡胶花纹脊(滚动磨屑)，如

图 4.20(g)、(i)和图 4.19(d)所示。已有研究表明[10,11]，这种磨损形貌是橡胶舌状物根部裂纹扩展和疲劳断裂的结果。

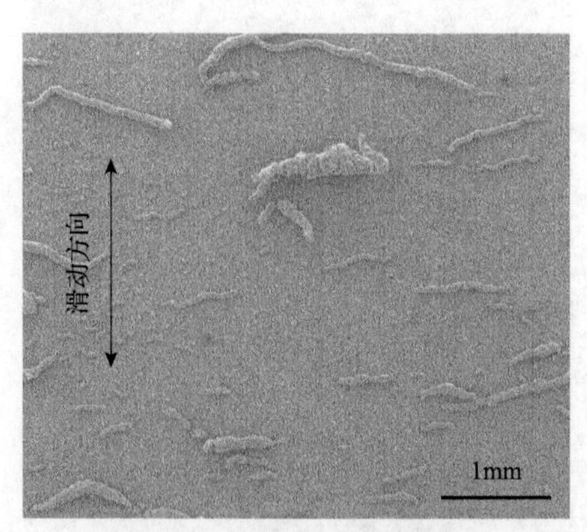

(a) N=1000, P400 16#, 稳定阶段

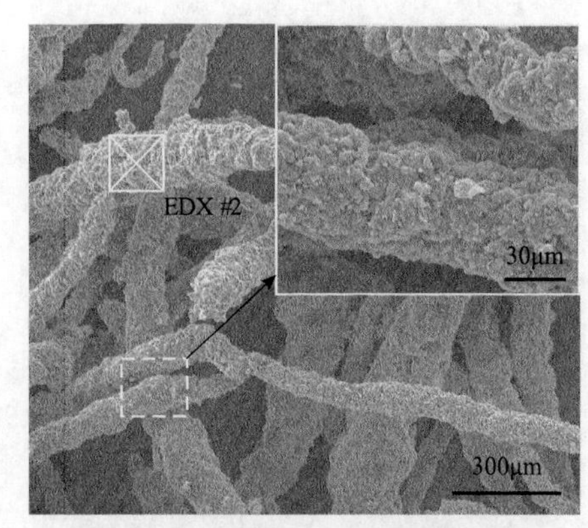

(b) N=1000, P400 16#, 稳定阶段

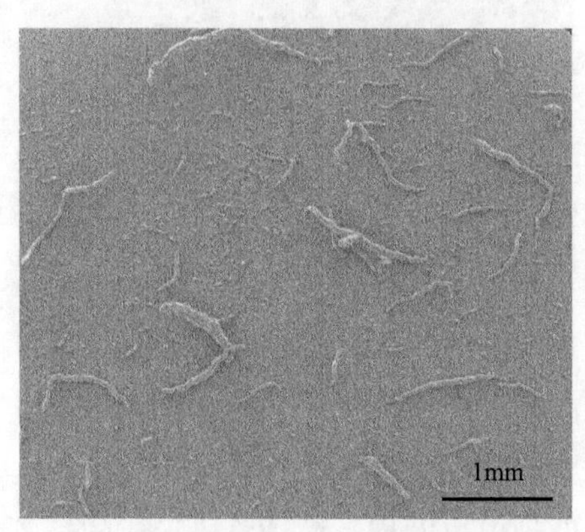

(c) N=800, P800 05#, 稳定阶段

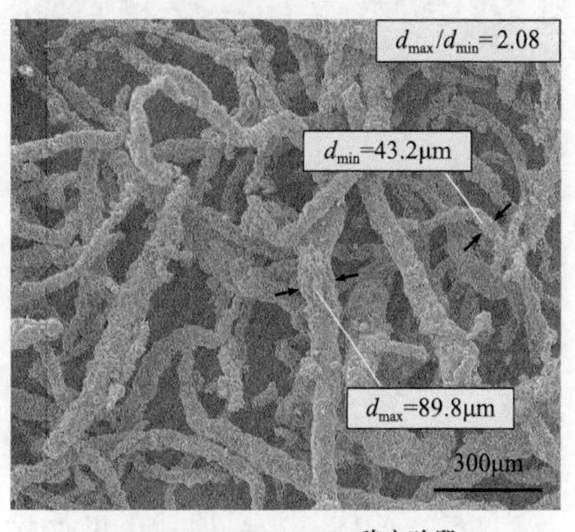

(d) N=800, P800 05#, 稳定阶段

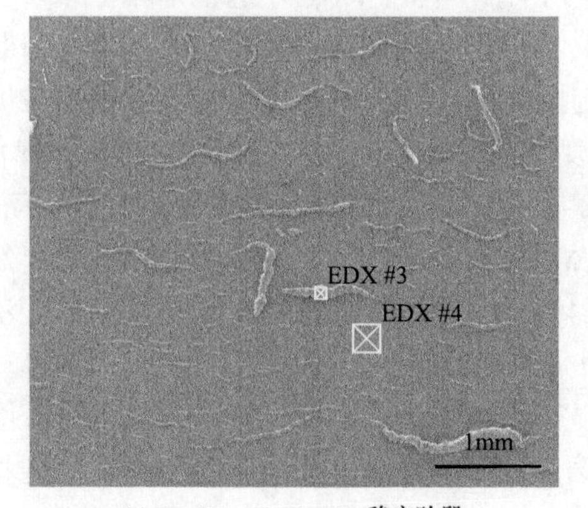

(e) N=800, P2000 09#, 稳定阶段

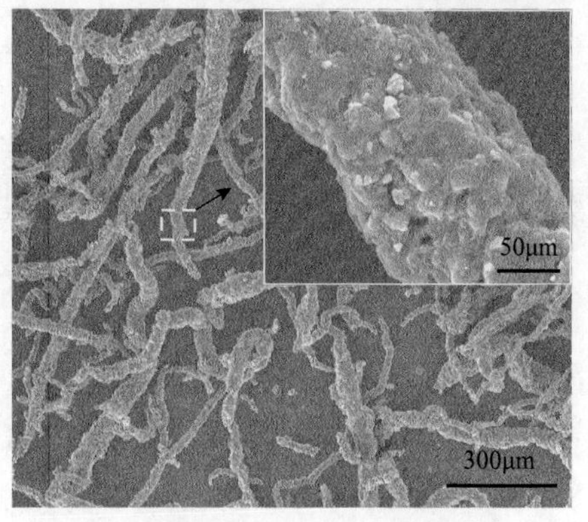

(f) N=800, P2000 09#, 稳定阶段

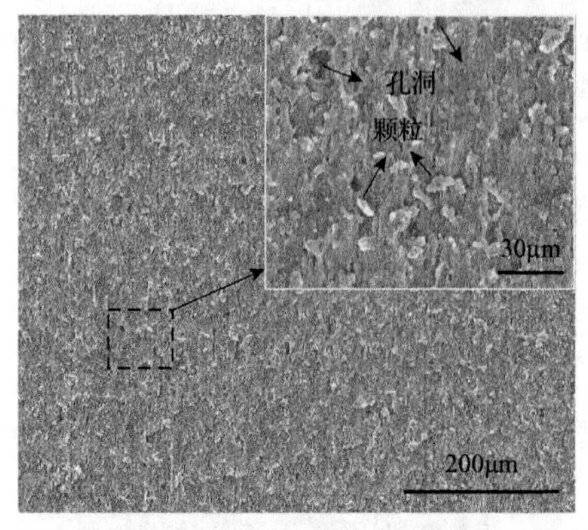

(g) N=2200, P800 05#, 波动阶段

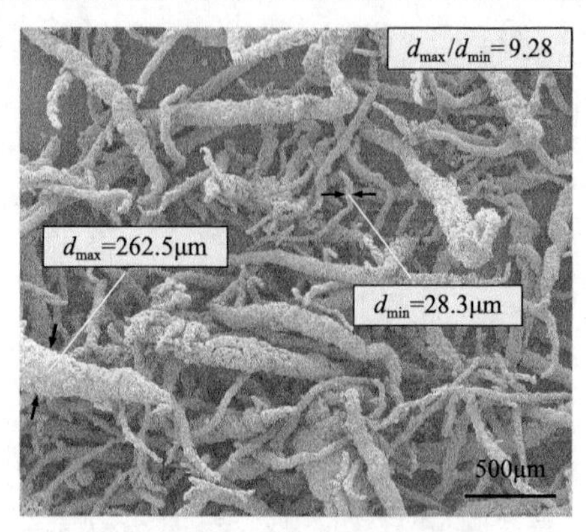

(h) N=2200, P800 05#, 波动阶段

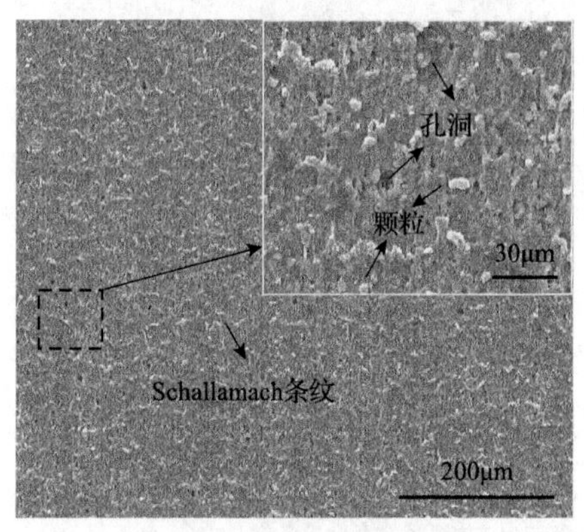

(i) N=2200, P2000 09#, 波动阶段

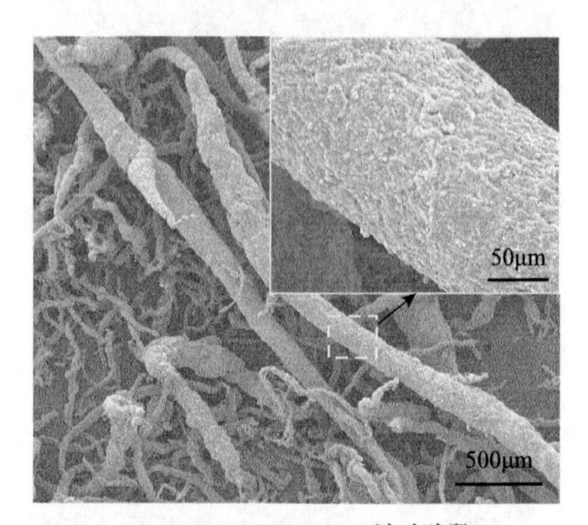

(j) N=2200, P2000 09#, 波动阶段

图 4.20 不同循环次数的丁腈橡胶磨损表面及磨屑微观形貌

对比稳定阶段和波动阶段的磨屑微观形貌可以发现，波动阶段形成的长条状磨屑比稳定阶段的磨屑在大小上更不均匀(图 4.20(h)和(j))，这也是摩擦系数在波动阶段剧烈波动的直接原因。与此相反，当相同尺寸的磨屑作为第三体参与磨损时，摩擦系数保持在相对稳定的值。与图 4.14(d)和(e)相比，对摩副磨粒粒度越小，摩擦系数由稳定阶段向波动阶段过渡的周期越长。例如，受 P400 对摩副较大的磨粒粒度影响，即使循环次数超过 2500 次，也未能观察到摩擦系数的剧烈波动。

当对摩副磨粒粒度小于 5μm 时，摩擦系数在数百次循环后呈现上升趋势，然后达到并保持在一个较高的稳定值(图 4.14(f))。摩擦系数的演变趋势可为三个演变阶段，即爬升前阶段、爬升阶段和爬升后的稳定阶段。图 4.21 给出了不同循环次数下对摩副上磨屑的微观形貌，在磨损初期，对摩副上存在少量零散的橡胶磨屑(图 4.21(a))，随着循环次数的增加，磨屑不断积累，磨屑暂时滞留在对摩副相邻磨粒之间的凹坑中，逐渐形成堵塞(图 4.21(b))。当摩擦系数进入稳定阶段时，对摩副表面出现了一层较厚且具有分层特征的黏着层。然而，在其他较大磨粒粒度的对摩副上并未观察到类似的现象。Avient 等[12]研究指出，这种堵塞现象的主要成因是颗粒尺寸效应。磨粒之间堵塞的形成，可促进磨屑团聚和形成后续的黏着层[9]。图 4.22 为 P5000 对摩副工况下的橡胶磨损表面微观形貌。可以发现，橡胶磨损表面覆盖有较厚的黏着层(图 4.22(a))，黏着层表面呈现明显的片状分层以

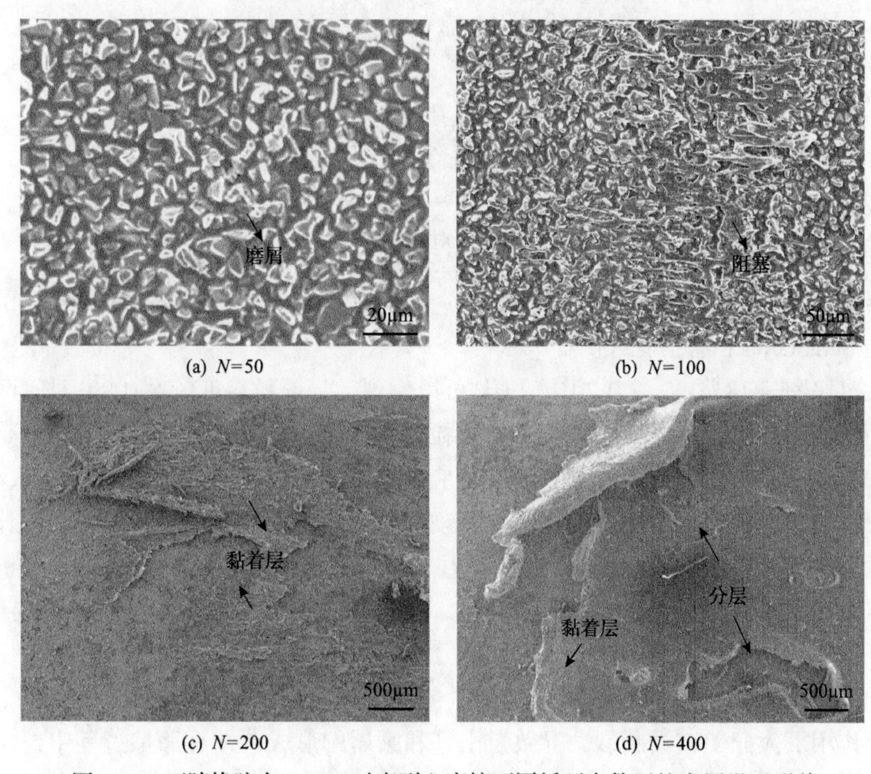

(a) N=50　(b) N=100　(c) N=200　(d) N=400

图 4.21　丁腈橡胶在 P5000 对摩副上摩擦不同循环次数下的磨屑微观形貌

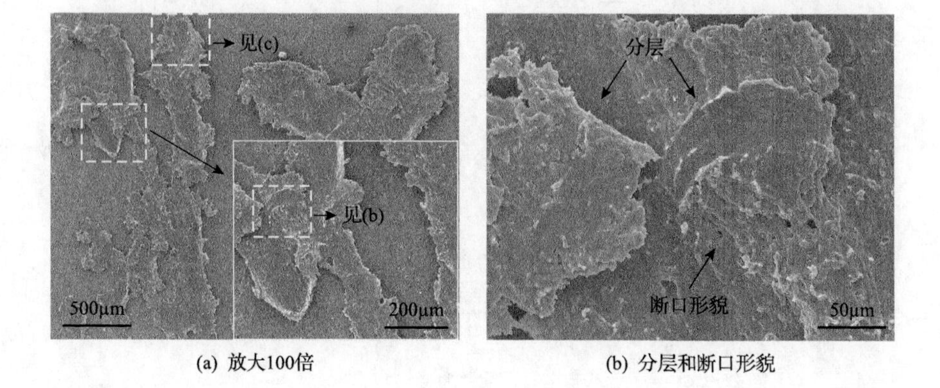

(a) 放大100倍　(b) 分层和断口形貌

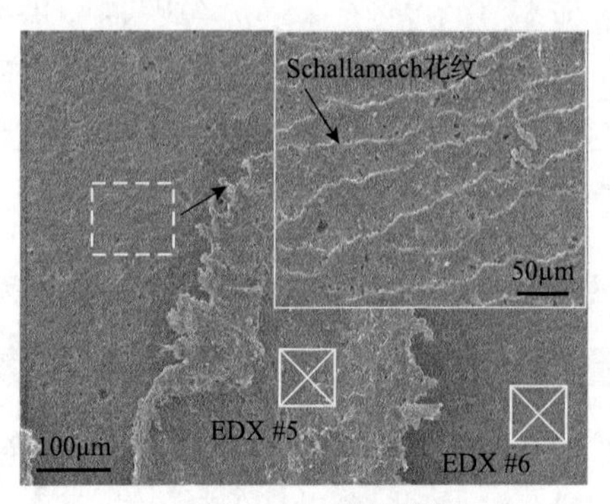

(c) Schallamach花纹形貌

图 4.22 丁腈橡胶在 P5000 对摩副上的磨损表面微观形貌

及层状剥离的断裂形貌特征(图 4.22(b))。此外，在黏着层外的磨损表面形成了典型的 Schallamach 磨损花纹。

对比图 4.18(c)、图 4.20(b)和(j)可以发现，当磨粒粒度较大(P80)时，磨屑表面较为粗糙且磨屑短而细。随着磨粒粒径的减小，磨屑逐渐变得致密。这是由于大粒度的磨粒切削产生的磨屑，在剪应力的作用下被迅速清除出接触界面，而橡胶在小粒度磨粒对摩副上摩擦时，滚动的磨屑在摩擦过程中不断团聚、生长，最后形成棒状长条磨屑。通常，后者往往伴随严重的摩擦氧化现象。EDX 分析表明，前者磨损表面氧含量明显小于后者，如图 4.23 所示。图 4.20 为长条状磨屑，图 4.22 为片状磨屑，二者的氧含量均高于其他磨损区。这表明摩擦副之间发生了氧化磨损现象。其中，片状磨屑的含氮量高于长条状磨屑。这是由于在机械力-化学作用下大分子链会断裂，导致自由基和磨屑的形成[10]。在摩擦过程中，含碳

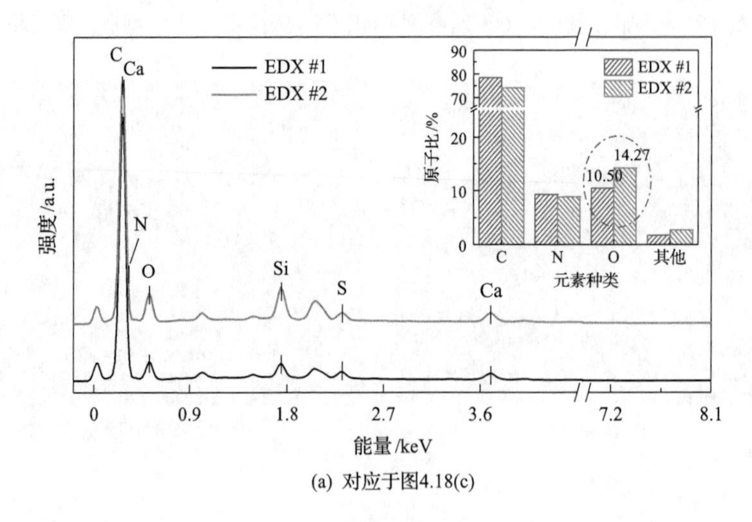

(a) 对应于图4.18(c)

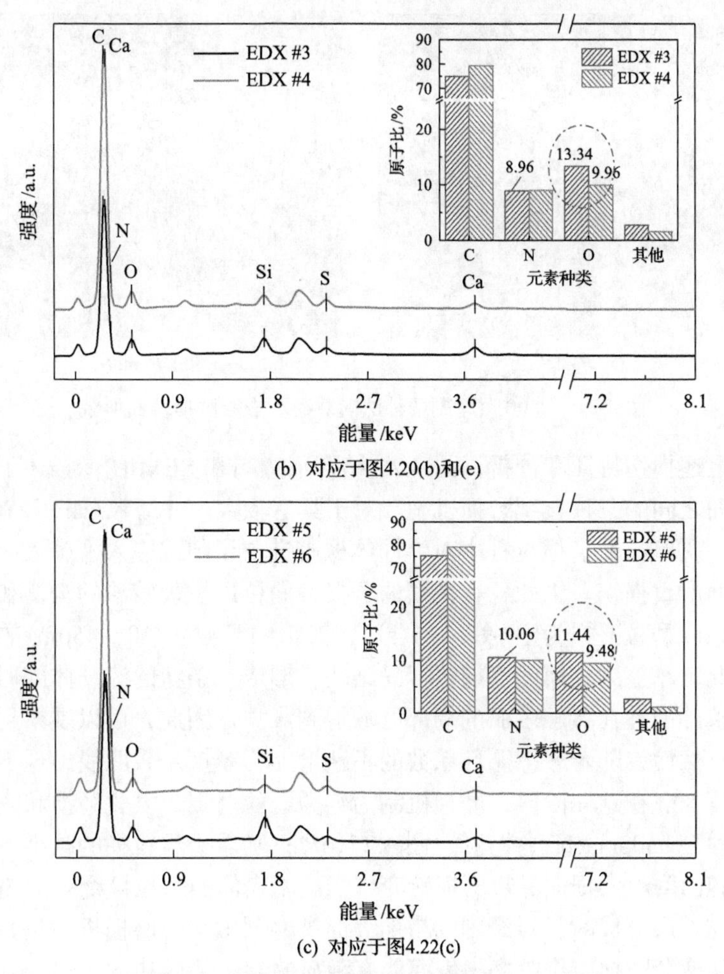

(b) 对应于图4.20(b)和(e)

(c) 对应于图4.22(c)

图 4.23 不同磨屑和橡胶磨损表面的 EDX 能谱

基的橡胶能与空气中的氮气发生反应，黏着层表面产生一些新的碳交联键，因此 C_{1s} 光谱侦测到新的化合物信息，如碳氮化合物，除了 C—C 和 C—H，相关结论也在其他文献中被报道[13]。

综上所述，橡胶在不同磨粒粒度的粗糙表面上摩擦时，磨损后的橡胶表面形貌呈现出明显不同的损伤特征，即出现颗粒尺寸效应。由图 4.16 可以看出，当对摩副为 P80、P180 时，橡胶的磨损机制主要为磨粒磨损，因此橡胶的磨损率与法向载荷呈逐渐增大的线性关系。但随着磨粒粒度的减小，磨损机制会发生改变。此外，即使是相同的对摩副，在不同法向载荷下，磨损机理也不尽相同，如图 4.24 所示。因此，当磨粒粒径为 20μm (P800) 及以下时，磨损率与法向载荷并不存在线性相关关系，如图 4.16 所示。

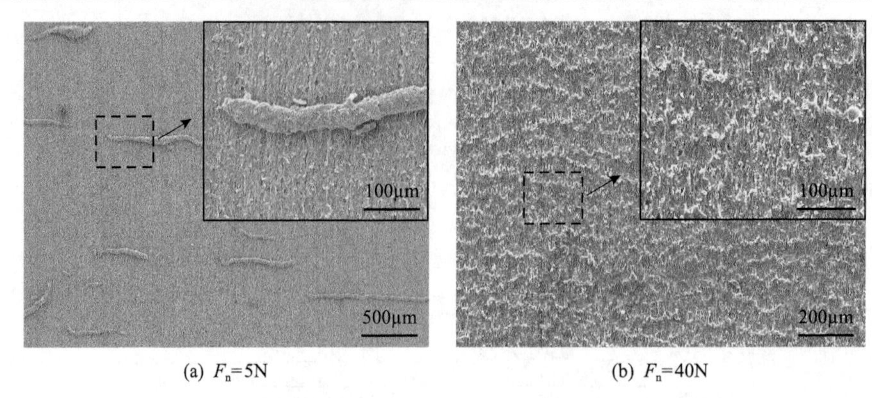

(a) $F_n=5N$　　(b) $F_n=40N$

图 4.24　P800 对摩副两种法向载荷下橡胶磨损表面形貌

根据上述损伤特征和分析，图 4.25 结合示意图和 SEM 图像描述了橡胶与不同粗糙表面之间的三种典型磨损机制。对于具有较大尺寸磨粒(如 $d \geqslant 70\mu m$)的配副表面，硬质磨粒在磨损过程中对弹性体橡胶进行犁削或嵌入橡胶表面，进而导致磨损表面严重损伤。因此，在橡胶的磨损表面可以发现较深的沟槽和划痕，磨损机制单纯以磨粒磨损为主(图 4.25(a))；对于中等粒度(10～45μm)的对摩副磨粒运行工况，摩擦副之间的磨屑很容易结块，形成长条状的滚动体磨屑，这使得滚动摩擦条件能够在接触表面的局部区域得到成立。因此，可以观察到摩擦系数显著下降。然而，随着摩擦循环系数的不断增加，摩擦系数曲线出现不同程度的急剧波动特征。在这一阶段，磨损机制为轻微磨粒磨损、氧化磨损和疲劳磨损，出现典型的 Schallamach 磨损花纹(图 4.25(b))；随着磨粒粒径的减小，橡胶的摩擦磨损机制由磨粒磨损向黏着磨损转变。当配副表面的磨粒粒度小于 5μm，磨损表面局部黏着层形成时，对摩副的粗糙表面被磨屑填平，磨损机制是黏着磨损、氧化磨损和疲劳磨损，橡胶磨损表面伴有明显的剥层特征和 Schallamach 磨损花纹(图 4.25(c))。

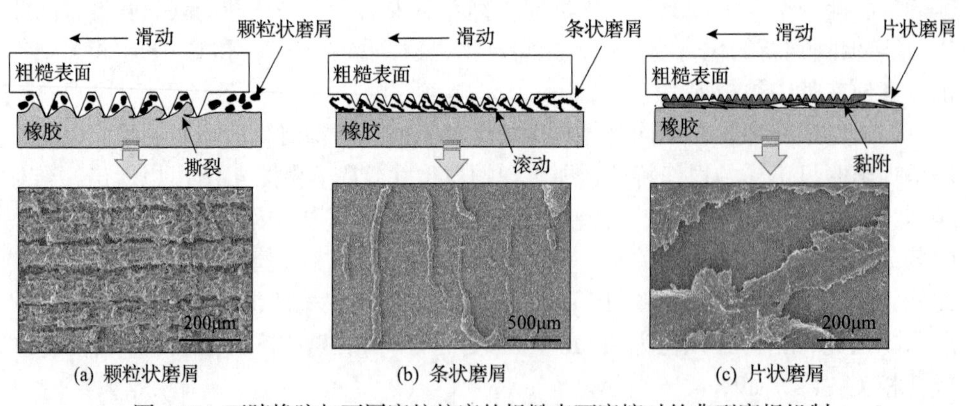

(a) 颗粒状磨屑　　(b) 条状磨屑　　(c) 片状磨屑

图 4.25　丁腈橡胶与不同磨粒粒度的粗糙表面摩擦时的典型磨损机制

4.4　干态工况下 PTFE 三体磨粒磨损行为

磨粒磨损对密封件的服役寿命影响极大，空气中的灰尘、润滑油中的悬浮微粒、过度磨损脱落的磨损碎屑、腐蚀副产物以及粗糙的配合表面等均是引起磨粒磨损的主要诱因[14]。在风沙多尘环境下，PTFE 普遍表现出较差的耐磨性，导致机械设备过早失效和介质泄漏，从而限制了 PTFE 密封应用[15]。为防止 PTFE 材料的磨损损失，以微/纳米颗粒或纤维填充的 PTFE 基复合材料得到了广泛的研究，并在工业上得到了应用[15-17]，但关于 PTFE 在磨粒物污染滑动条件下的摩擦学行为的报道很少。Li 等[18]对 PTFE 和聚酰亚胺(polyimide, PI)在模拟沙尘和干滑动两种不同条件下的磨损性能进行了比较研究，结果表明，沙尘条件下 PTFE 的磨损率比干滑动条件下要低得多。两种聚合物在沙尘条件下表现出不同的磨损行为。Zhang 等[19]探讨了不同粒径影响下的丙烯腈-丁二烯橡胶(NBR)/不锈钢摩擦副的不同损伤机制和磨屑行为。颗粒尺寸效应普遍存在于两体磨损、三体磨损和磨粒冲蚀中，但基于尺寸效应的响应机制仍未被完全理解[20-23]。

本节以 PTFE/316L 不锈钢组成的软硬摩擦副为研究对象，采用粒径为 2～250μm 七种规格的 Al_2O_3 颗粒为第三体磨粒，开展干态工况下的往复磨损试验，对比研究 PTFE 在颗粒尺寸影响下的摩擦学性能，比较 PTFE 和 316L 不锈钢的磨损表面形貌特征，对颗粒尺寸效应进行翔实论述。本节开展干态工况下磨粒磨损试验方案如下：选取 PTFE/不锈钢为摩擦副材料，同样以 Al_2O_3 为第三体磨粒介质，颗粒粒径依次为 70 目、120 目、170 目、250 目、500 目、1000 目和 5000 目(相应的颗粒平均尺寸约为 212μm、150μm、89μm、58μm、25μm、9μm 和 2.6μm)，颗粒供给量同干态工况下丁腈橡胶/不锈钢的三体磨粒磨损的试验方案。试验选取的法向载荷 F_n=100N(对应的赫兹接触应力为 3.54MPa)，往复滑动位移 D=20mm，往复运动频率 f=4Hz，循环周期 T=1250s，即总的摩擦循环周次 N=5000。

4.4.1　摩擦系数时变性分析

图 4.26 为不同颗粒尺寸下摩擦系数随循环次数的演变曲线。如图 4.26(a)所示，在无磨粒、70 目和 120 目粗糙表面状态下(为了便于区分和讨论，这里将 70 目和 120 目的磨粒称为大尺寸颗粒)，摩擦系数均为较低的数值(约为 0.20)，不难发现整个摩擦过程中摩擦系数较为稳定。更为重要的是，与无磨粒环境相比，70 目颗粒工况下的差异在于：在约 3500 次循环前，二者摩擦系数基本重合，其数值约为 0.201，而随后 70 目颗粒环境下的摩擦系数略有增加并保持一个较高的数值，约为 0.211；此外，120 目颗粒工况下的摩擦系数时变曲线也具有相似的演变规律，

划分为两个演变阶段，但与前者相比，120 目颗粒工况下约在 700 次循环后摩擦系数略有上升。

随着颗粒尺寸的减小，尤为重要的是磨损过程中磨粒相对容易进入摩擦界面。正因如此，在中等尺寸和小尺寸颗粒(相应地，将 170 目、250 目和 500 目的颗粒称为中等尺寸颗粒，1000 目和 5000 目的颗粒称为小尺寸颗粒)环境下，摩擦系数呈现出与之前不同的演变特征。值得注意的是，摩擦系数的时变曲线划分为三个演变阶段，即初始稳定阶段、爬升阶段和最终稳定阶段，如图 4.26(b)所示。此外，由图 4.26(c)可以看出，在 1000 目和 5000 目颗粒环境下，摩擦系数仍保持较高的数值，而且其摩擦系数在整个摩擦周期内并未出现阶段性。但值得一提的是，

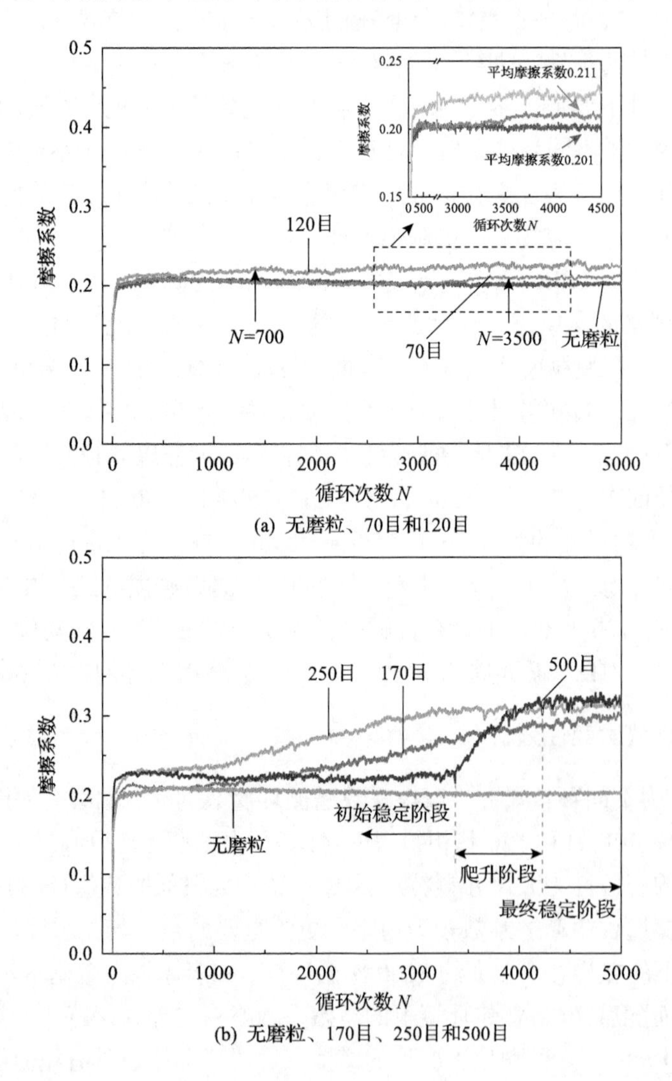

(a) 无磨粒、70目和120目

(b) 无磨粒、170目、250目和500目

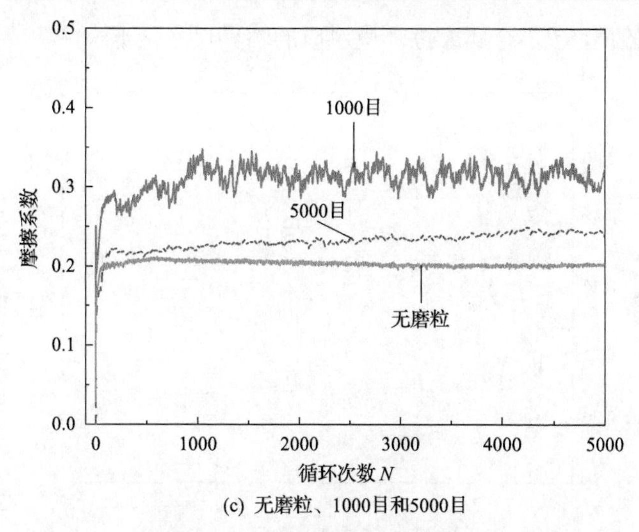

(c) 无磨粒、1000目和5000目

图 4.26　不同颗粒尺寸下摩擦系数随循环次数的演变曲线

1000 目颗粒环境下摩擦系数时变曲线表现出剧烈的波动性，这可能是小尺寸颗粒在摩擦界面引发的颗粒尺寸效应，阻碍了摩擦副的往复滑动，摩擦副的剪应力产生剧烈波动。

4.4.2　形貌参数与颗粒尺寸关系

由上述可知，R_a 是一个可表征磨粒磨损表面损伤程度的表面形貌参数，代指在一定轮廓范围 l 内，轮廓上各形貌特征点到轮廓中线距离绝对值 $|y(x)|$ 的平均值，即

$$R_a = \frac{1}{l}\int_0^l |y(x)|\,dx \tag{4.2}$$

图 4.27 为摩擦副的平均摩擦系数与 316L 不锈钢磨损表面粗糙度以及最大磨痕深度随磨粒尺寸增大的演变特性。由图可以看出，PTFE 与 316L 不锈钢摩擦配副时，随着颗粒尺寸的增大，平均摩擦系数表现出先上升后逐渐下降的趋势。当颗粒尺寸在 20μm 左右(500 目)时，摩擦系数最大，达到了 0.32；另外，在颗粒尺寸超过 120μm 后(120 目和 70 目)，摩擦系数又与无磨粒状态接近。然而，对 316L 不锈钢表面的最大磨痕深度分析发现，它随着颗粒尺寸的增加呈单调增加的规律。值得一提的是，在无磨粒状态下，摩擦副的平均摩擦系数保持在 0.2 左右的较低值；而有颗粒存在时，摩擦系数反而增加。这一研究结果与文献[1]中橡胶三体磨粒磨损呈现的结果相反。也就是说，PTFE/316L 不锈钢的磨粒磨损试验具有典型的颗粒尺寸效应，在本节的试验环境下，颗粒尺寸约为 90μm 可视为一个颗粒尺寸

进攻阈值，该值与金属-金属摩擦环境对应的临界尺寸接近[22,24]。

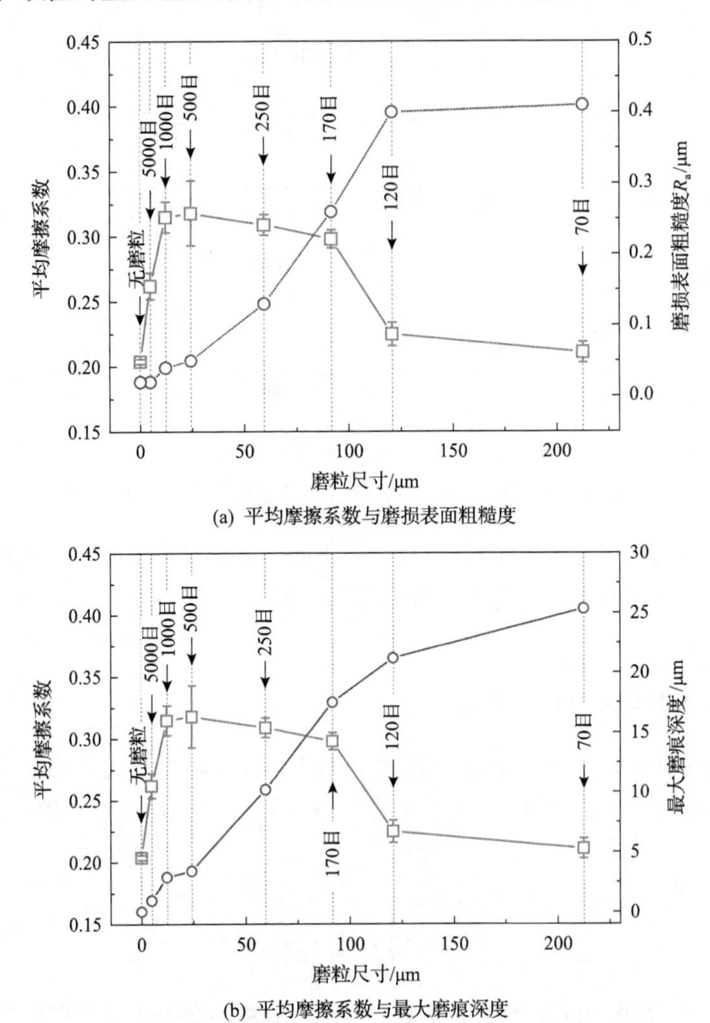

(a) 平均摩擦系数与磨损表面粗糙度

(b) 平均摩擦系数与最大磨痕深度

图 4.27　摩擦副的平均摩擦系数与 316L 不锈钢磨损表面粗糙度以及最大磨痕深度随磨粒尺寸的演变规律

4.4.3　磨损率与颗粒尺寸关系

图 4.28 为两种摩擦副材料的平均磨损率与磨粒粒径的关系。结果表明，磨粒是否参与磨损对摩擦副的平均磨损率有显著影响。例如，在无磨粒条件下，摩擦可以引起 PTFE 材料达到最高的磨损率，而 316L 不锈钢几乎没有磨损。事实上，Amrishraj 等[16]和 Toumi 等[25]曾报道，PTFE 出现此类高磨损现象归因于其独特的结构，以及在周期性往复滑动时对摩副表面形成的转移膜很容易被去除。相反，

316L 不锈钢的平均磨损率随着磨粒的加入而增加。平均磨损率随磨粒粒度的增加而上升或下降。当磨粒粒度约为 90μm(170 目)时，316L 不锈钢的磨损程度最大。当磨粒粒径小于 90μm 时，磨损率保持在一个较小的值，当磨粒粒径大于 90μm 时，磨损率急剧上升。

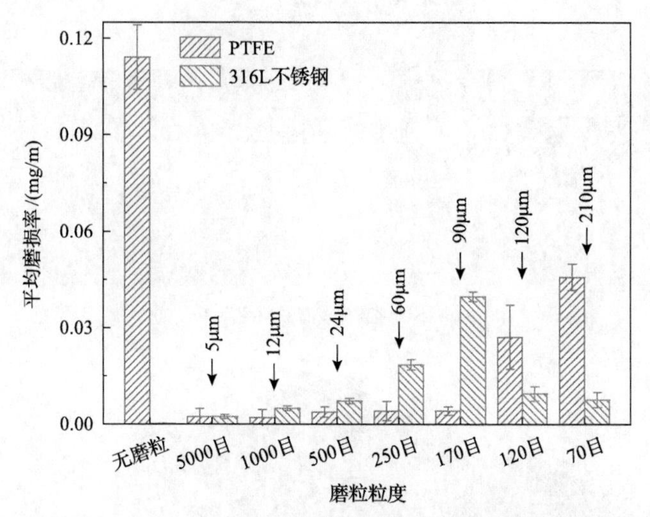

图 4.28　两种摩擦副材料的平均磨损率与磨粒粒径的关系

4.4.4　磨损机理分析

针对图 4.26(a)中提及的两个不同的摩擦副磨损状态，本节对相应阶段的摩擦副磨损形貌进行分析。图 4.29(a)和图 4.30(a)分别示出了循环次数为 2000 时 316L 不锈钢和 PTFE 磨损表面的 SEM 图片。由图 4.29(a)可以看出，在近似平稳阶段

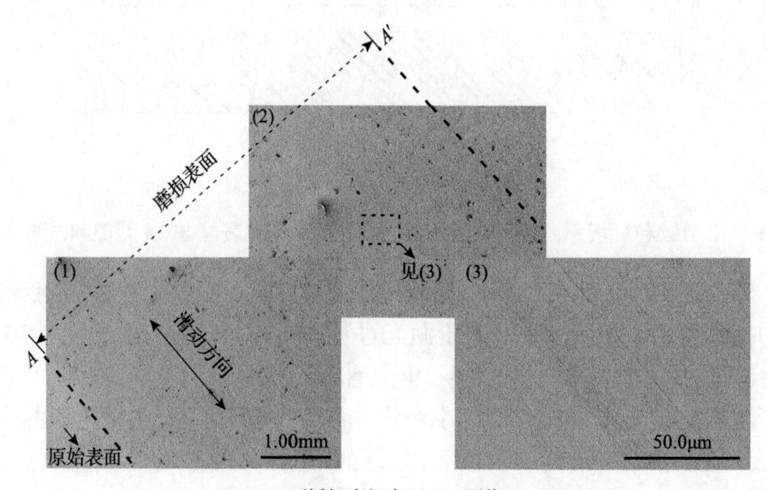

(a) 316L不锈钢磨损表面SEM图像(N=2000)

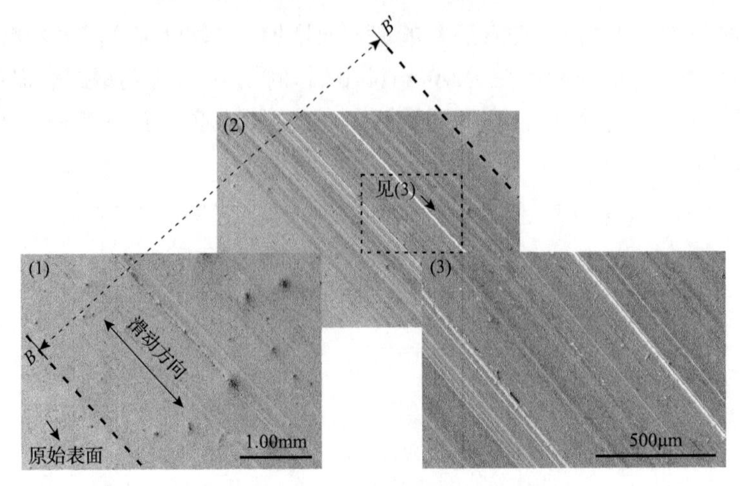

(b) 316L不锈钢磨损表面SEM图像(*N*=5000)

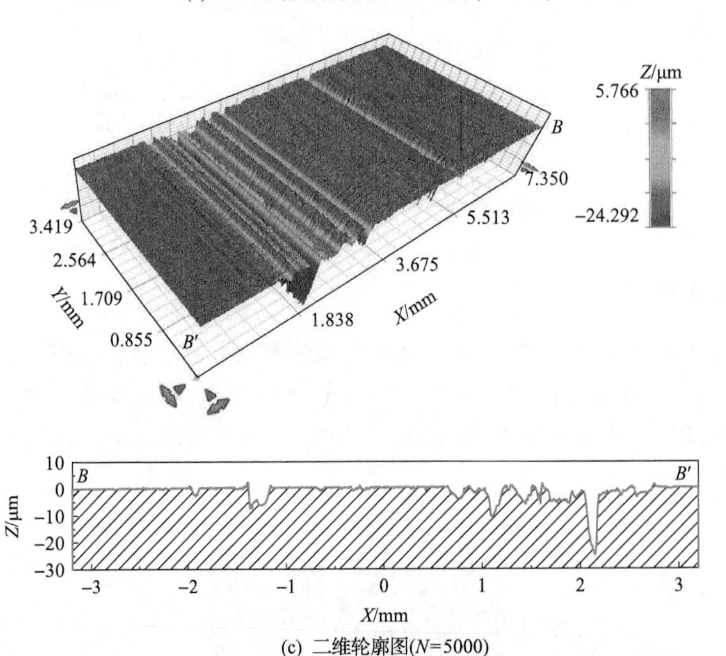

(c) 二维轮廓图(*N*=5000)

图 4.29　70 目颗粒环境不同循环次数下 316L 不锈钢磨损表面 SEM 图像和二维轮廓图

的 316L 不锈钢磨损表面未发现明显的磨粒磨损特征，局部放大图中也仅能看到一些轻微的擦伤痕迹，这可能是来源于抛光过程中的机加工痕迹；由图 4.30(a)可以看出，PTFE 磨损表面较为光滑平整，仅能看到局部呈现出片状剥落的特征，局部放大图能清晰看到干滑动状态的细小犁沟和细丝状磨屑。上述摩擦副的磨损形貌与无磨粒环境下相似，表明该阶段磨损过程中磨粒因尺寸较大未能进入摩擦副界面参与磨损。

在摩擦副的磨损状态发生改变(图 4.26(a)中摩擦系数略微增加至 0.211)后，316L 不锈钢磨损表面的磨粒磨损特征突显，磨损表面一侧出现较深的犁沟(图 4.29(b)和(c))，磨痕轮廓对应的图 4.29(b)中局部放大区域的最大磨痕深度可达 25μm；再对 PTFE 磨损表面进行 SEM 分析发现，PTFE 磨损表面靠近接触区域的边缘附近嵌入 Al_2O_3 颗粒，图 4.30(c)所示的 EDX 能谱侦测进一步证实 Al_2O_3 颗粒的存在，即 Al 元素原子占所有元素的比例达 43.14%。因此，出现上述局部犁削现象的原因是局部区域磨粒的嵌入使得较软的 PTFE 表面形成了类似的砂轮效应，从而不断地切削较硬的 316L 不锈钢表面，结果部分区域形成较深的犁沟，如图 4.29(c)所示。值得一提的是，此时磨粒尺寸较大，PTFE 表面仅有局部区域嵌入少数的 Al_2O_3 硬质颗粒，因此整个 316L 不锈钢磨损截面的大部分区域上磨损仍较轻微(图 4.29(c))。而在 120 目颗粒尺寸下，由于磨粒相对较小，PTFE 摩擦界面较早地嵌入颗粒，因此 120 目颗粒环境下的摩擦系数相比于 70 目颗粒环境更早进入摩擦系数略微增加阶段，如图 4.26(a)所示。

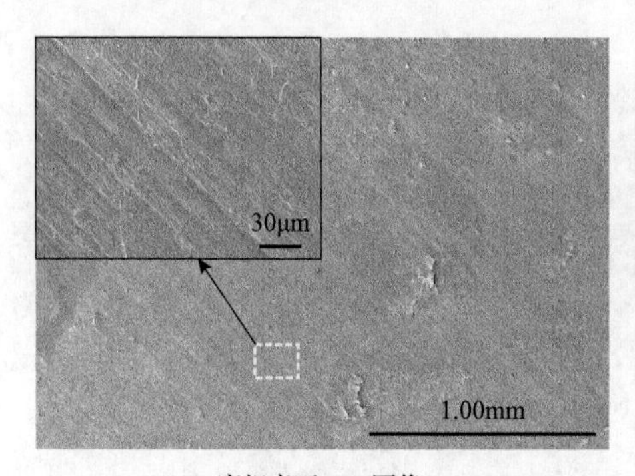

(a) PTFE磨损表面SEM图像(N=2000)

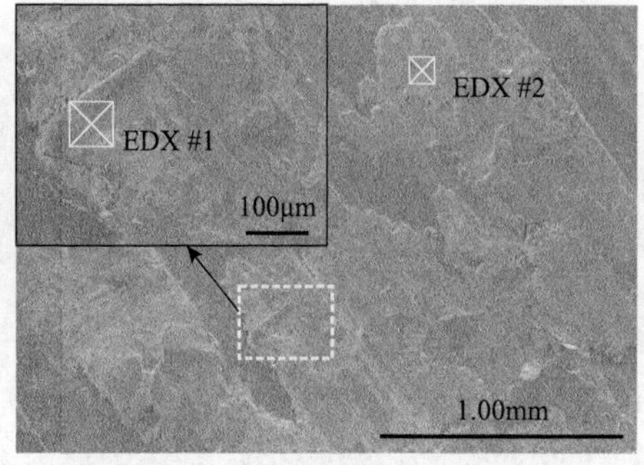

(b) PTFE磨损表面SEM图像(N=5000)

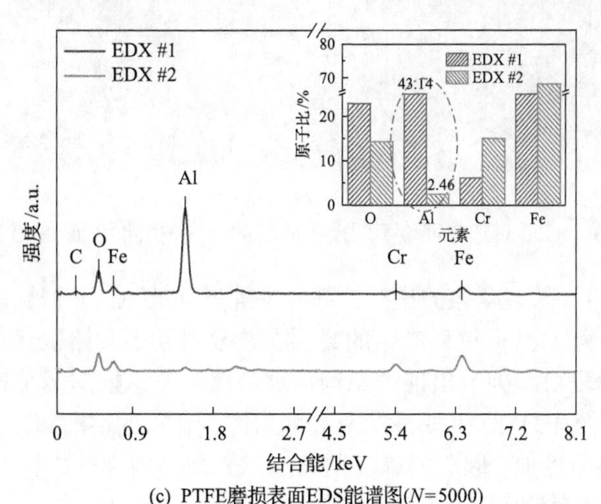

(c) PTFE磨损表面EDS能谱图(N=5000)

图 4.30　70 目颗粒环境不同循环次数下 PTFE 磨损表面 SEM 图像和 EDS 能谱图

综上，较大尺寸的颗粒(如 70 目和 120 目)较难进入摩擦接触界面，因此在这个颗粒尺寸范围内 PTFE 的磨损呈现前后差异明显的损伤特征，前一阶段与无磨粒环境相似，仅有聚合物常见的局部片状剥落。但是，随着摩擦的进行，一部分大尺寸颗粒不可避免地由边缘侵入摩擦界面并迅速嵌入 PTFE 基体，然后将加剧 316L 不锈钢对摩副表面的局部切削，进而引起摩擦系数的略微提高和对摩副表面较深犁沟的出现。

随着粒径的减小，由图 4.26(b)可以看出摩擦系数时变曲线出现三个不同的演变阶段(初始稳定阶段、爬升阶段、最终稳定阶段)，具有不同的摩擦诱因。以 500 目颗粒环境的磨损特征为例，分析如下。

(1)初始稳定阶段：实际上磨粒在一开始就已进入摩擦界面，如图 4.31(a)所示，短摩擦循环下 PTFE 磨损表面上散布着自由的 Al_2O_3 颗粒，磨粒的存在隔离了摩擦副的直接接触，即摩擦副已从 PTFE-316L 不锈钢接触转变为 PTFE-Al_2O_3-316L 不锈钢组成的三体磨损状态，此时磨粒可以充当界面间的微小滚动体，有效降低摩擦系数，且导致整个配副金属表面布满磨粒磨损作用留下的犁沟，造成较为严重的表面损伤，如图 4.31(d)所示。

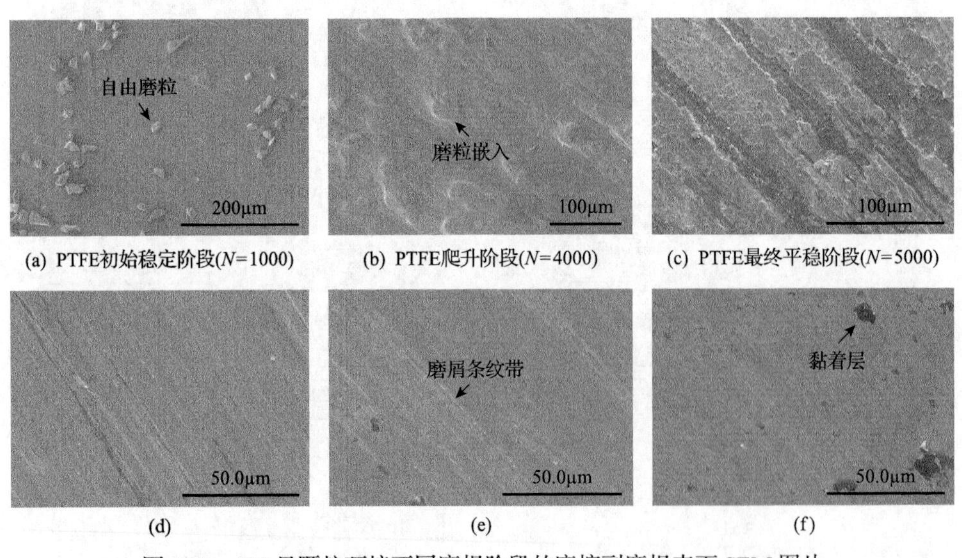

(a) PTFE初始稳定阶段(N=1000) (b) PTFE爬升阶段(N=4000) (c) PTFE最终平稳阶段(N=5000)

(d) (e) (f)

图 4.31 500 目颗粒环境不同磨损阶段的摩擦副磨损表面 SEM 图片

(2)爬升阶段：随着摩擦的进行，部分中等尺寸的 Al_2O_3 颗粒嵌入较软的乙方 PTFE 聚合物基体内，磨损过程产生的磨屑在往复滑动中开始积聚在嵌入颗粒的周围，初始稳定阶段对摩副上出现的犁沟也被磨屑填充，配副金属表面出现浅色的磨屑条纹带，如图 4.31(b)和(e)；另外，随着嵌入颗粒的逐渐增多，阻碍摩擦副间相对运动的作用力增加，因此实施反馈的摩擦系数呈现爬升趋势，如图 4.26(b)所示。对比中等尺寸颗粒环境下三种不同粒径(170 目、250 目、500 目)对应的摩擦系数时变曲线可以发现，颗粒尺寸越大，爬升阶段需要持续的周期越长。

(3)最终平稳阶段：随着摩擦的进行，磨屑不断堆积，PTFE 表面被磨屑层覆盖(图 4.31(c))，在这个阶段，磨屑的生成与排出达到近似动态平衡，摩擦系数再次进入平稳阶段。此时，局部的磨屑包裹或覆盖嵌入颗粒，其磨屑层厚度甚至超过颗粒的尺寸，磨粒对 316L 不锈钢的切削作用减弱，因此 316L 不锈钢的磨损表面相对较为平整，局部区域出现材料转移形成的黏着层(图 4.31(f))，这表明此时磨损机制已由磨粒磨损转变为黏着磨损为主。

总体来看，对于中等尺寸颗粒环境，特别是在磨损的早期，磨损过程中存在高接触应力作用下的微观切屑，引起微切削效应。另外，接触区两侧的磨粒有更多的机会参与磨损，且 PTFE 磨痕界面轮廓呈“W”形损伤形貌，如图 4.32(b)所示。

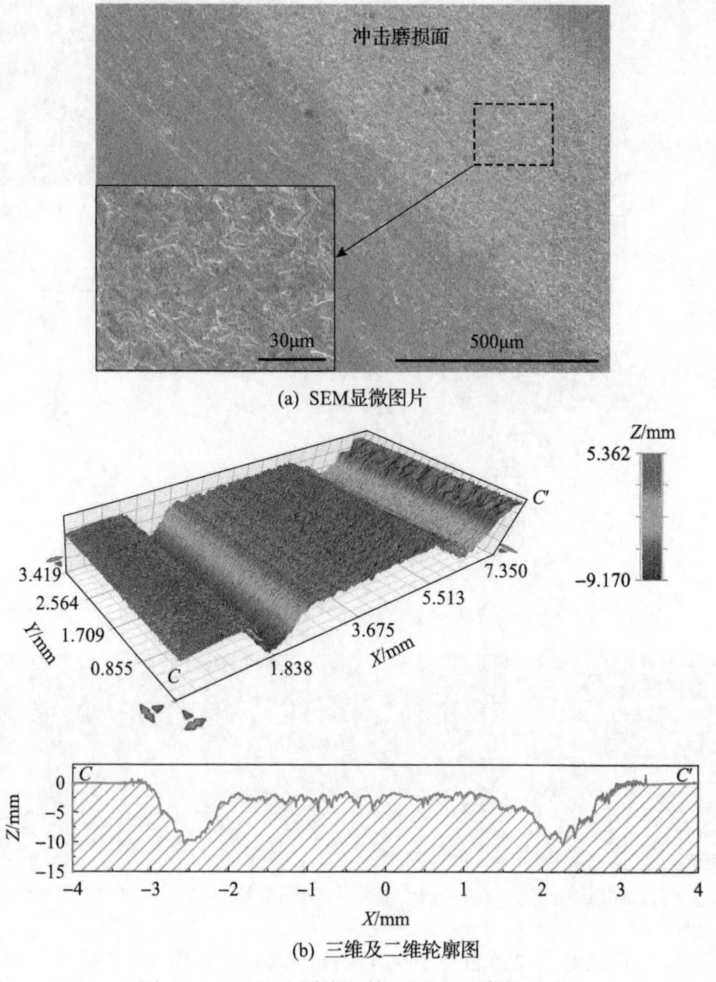

(a) SEM显微图片

(b) 三维及二维轮廓图

图 4.32　250 目颗粒环境下 PTFE 磨损表面

短周期 500 目颗粒环境的 PTFE 磨损表面分布着自由的磨粒颗粒，可以看出当颗粒尺寸在 0～10μm(小尺寸颗粒环境)时，磨粒可以更为自由地在摩擦界面间穿梭，PTFE-磨粒-316L 不锈钢构成的三体磨粒磨损状态可以在整个磨损周期内保持，结果摩擦系数在整个磨损周期内均较为稳定。由高倍下的 SEM 可以看出，该状态下 316L 不锈钢磨损表面布满微犁沟并带有类似黏着层的黑色块状区域(图 4.33(a))，EDX 面扫描结果显示黑色块状区域分布较多的 Al 元素，且颗粒尺寸与 Al 元素富集区域吻合，表明 316L 不锈钢嵌入了 Al_2O_3 颗粒，而这种现象在 PTFE 磨损表面未出现。这可能是由于 PTFE 基体强度远低于 316L 不锈钢，当颗粒尺寸较小时，磨粒

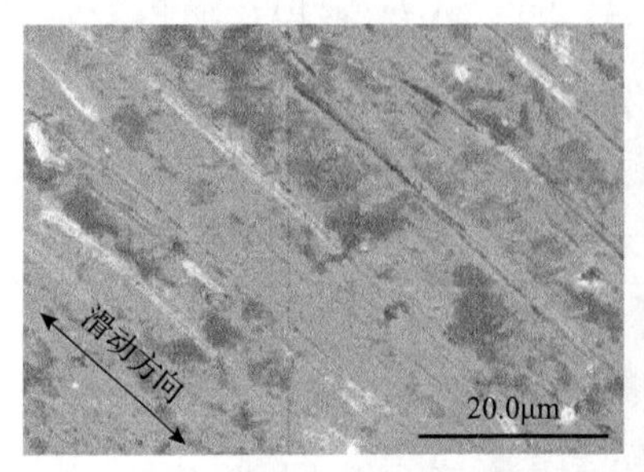

(a) 316L不锈钢，5000目，表面形貌

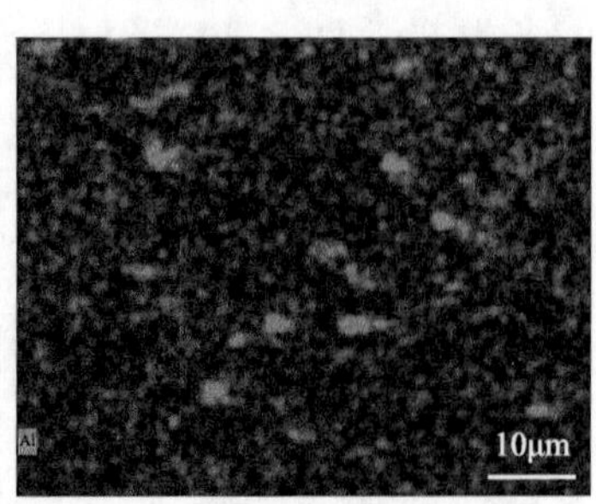

(b) 316L不锈钢，5000目，Al元素分布

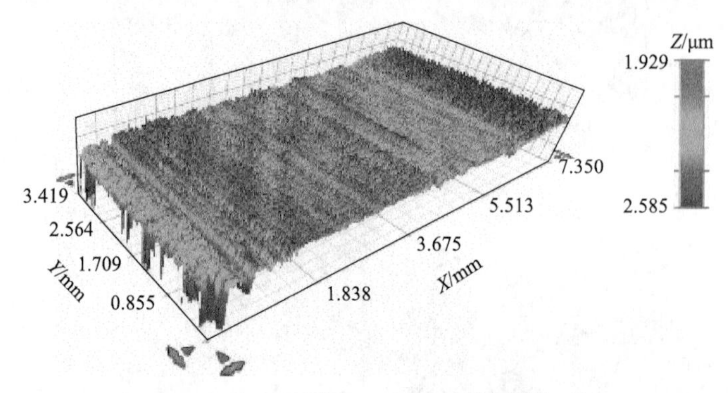

(c) 316L不锈钢，5000目，三维轮廓图

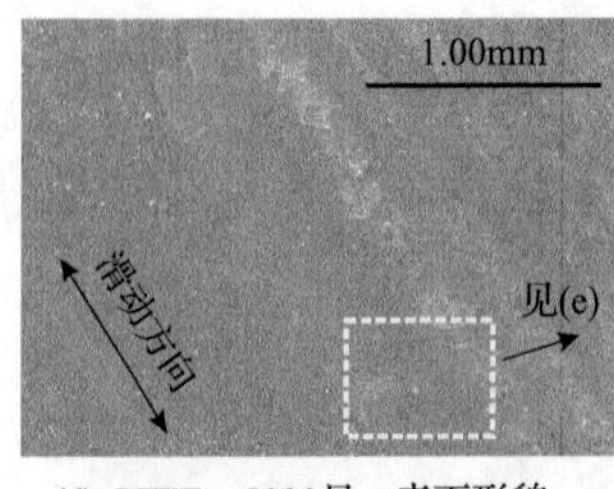

(d) PTFE，5000目，表面形貌，放大50倍

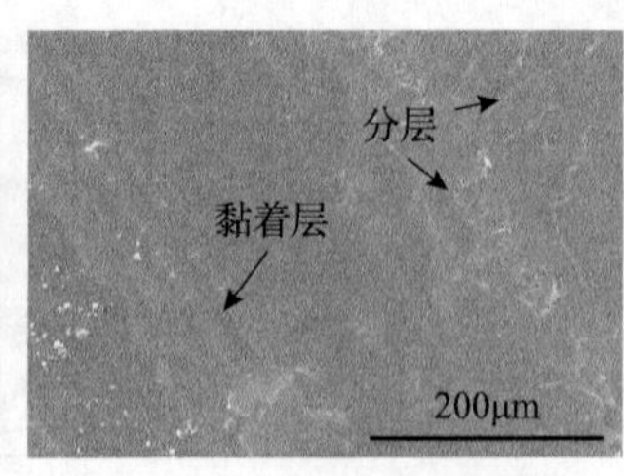

(e) PTFE，5000目，表面形貌，放大250倍

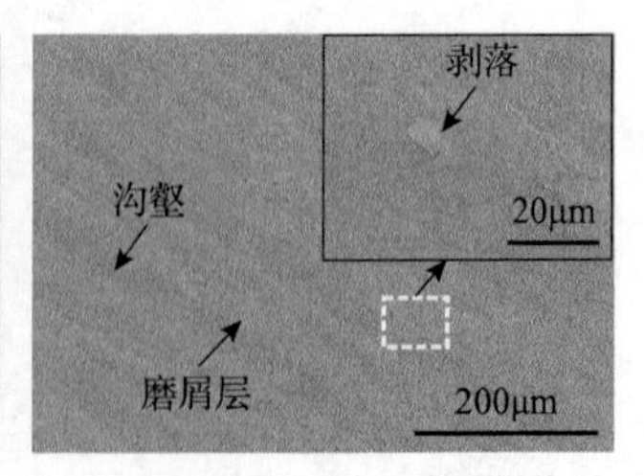

(f) PTFE，1000目，表面形貌

图 4.33 1000 目及 5000 目颗粒环境下摩擦副磨损表面

不能牢牢地固着在 PTFE 基体上，因此它对 316L 不锈钢的切屑作用较弱，与其他颗粒环境相比，该工况下 316L 不锈钢磨损表面的粗糙度和最大磨痕深度较小(图 4.27)；相反，Al_2O_3 颗粒能嵌入 316L 不锈钢基体中。由 PTFE 磨损表面也可以看出，堆积的磨屑沿滑动方向呈带状分布(图 4.27(d))，带状的磨屑层局部伴随明显的片状剥落(图 4.33(e)和(f))。值得一提的是，较厚的磨屑层之间的沟壑带可能为自由颗粒穿过摩擦界面提供了“微通道”，此时进入摩擦界面的自由颗粒已不能继续为对摩副进行高接触应力作用下的微观切屑，因此摩擦副双方的损伤程度相当。

4.4.5　典型的损伤失效模型

当 PTFE 在不同磨粒粒度下摩擦 316L 不锈钢表面时，摩擦副磨损表面形貌表现出明显不同的损伤特征，称为颗粒尺寸效应。为了进一步了解磨损过程，本节介绍三种典型磨损机制，其原理图如图 4.34 所示。

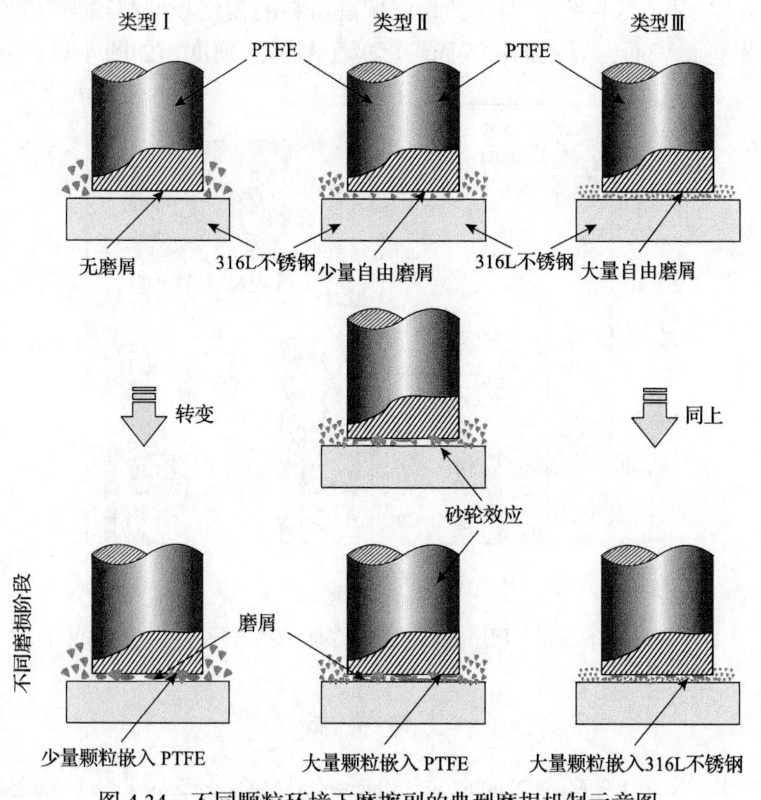

图 4.34　不同颗粒环境下摩擦副的典型磨损机制示意图

(1)类型Ⅰ：大尺寸颗粒很难进入摩擦界面。因此，接触界面大部分区域未出现明显损伤，摩擦副之间的摩擦磨损形貌与无磨损状态相似。然而，一旦磨粒进入接触区域，它们将嵌入相对柔软的 PTFE，并开始猛烈犁削硬的配副金属表面(图 4.34 中的类型Ⅰ)。这就是表面(如 l≤10μm)和次表面(如 l≥20μm)的纳米压痕硬度低于基体的原因，如图 4.35 所示。

(2)类型Ⅱ：对于中等尺寸颗粒，许多颗粒在滑动初始阶段就进入了摩擦界面，摩擦副之间的磨粒颗粒起自由颗粒的作用。在颗粒的连续滚动作用下，配副金属表面出现加工硬化现象，表面层材料的硬度明显高于基体，如图 4.35 所示，从而提高承载能力，延长磨损寿命。然而，随着滑动过程的进行，自由颗粒会牢固地嵌入 PTFE 基体中，并逐渐成为磨粒，从而产生砂轮效应，导致配副金属严重磨损。同时，随着循环的不断进行，磨损碎片在接触区域不断积累，覆盖嵌入磨粒，逐渐形成三体(PTFE-磨屑-金属)磨损状态，但在接触区域的边缘，磨粒可以有效地进行微切割，导致接触区域两侧形成切削沟壑(图 4.34 中的Ⅱ型)。

(3)类型Ⅲ：对于小尺寸颗粒，因其粒径较小而无法牢固嵌入 PTFE 中，只能充当自由的第三体产生滚动磨蚀作用并伴随整个磨损过程，导致轻微的三体磨损现象(图 4.34 中的类型Ⅲ)，因此两种摩擦副材料的损伤程度都很小。磨粒颗粒嵌入 316L 不锈钢表面，导致钢材表面硬度低于基体的硬度，如图 4.35 所示。

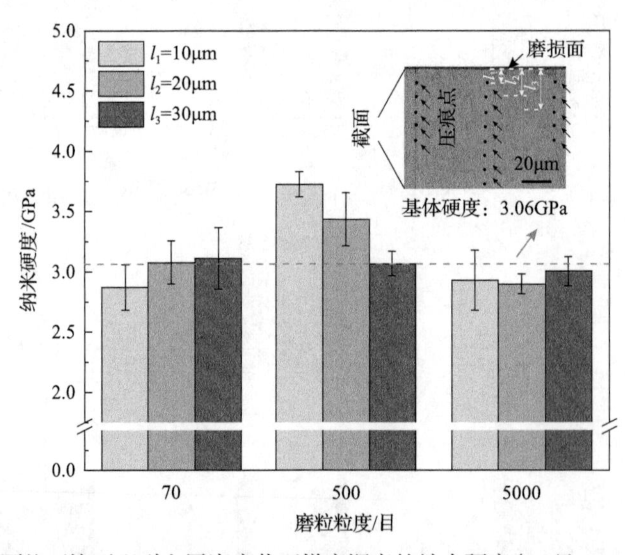

图 4.35　不同颗粒环境下配副金属磨痕截面梯度深度的纳米硬度(70 目、500 目和 5000 目)

参考文献

[1] Shen M X, Zheng J P, Meng X K, et al. Influence of Al_2O_3 particles on the friction and wear behaviors of nitrile rubber against 316L stainless steel[J]. Journal of Zhejiang University-Science A, 2015, 16(2): 151-160.

[2] Shen M X, Li B, Zhang Z N. et al. Abrasive wear behavior of PTFE for seal applications under

abrasive-atmosphere sliding condition[J]. Friction, 2020, 8: 755-767.

[3] Makowiec M E, Blanchet T A. Improved wear resistance of nanotube- and other carbon-filled PTFE composites[J]. Wear, 2017, 374-375: 77-85.

[4] Amrishraj D, Senthilvelan T. Development of wear mechanism maps for acrylonitrile butadiene styrene hybrid composites reinforced with nano zirconia and PTFE under dry sliding condition[J]. Journal of Tribology-Transactions of the American Society of Mechanical Engineers, 2019, 141(2): 021602.

[5] Schallamach A. Friction and abrasion of rubber[J]. Wear, 1958, 1(5): 384-417.

[6] Zhang S W. Investigation of abrasion of nitrile rubber[J]. Wear, 1984, 57: 769-778.

[7] Coronado J J. Abrasive size effect on friction coefficient of AISI 1045 steel and 6061-T6 aluminium alloy in two-body abrasive wear[J]. Tribology Letters, 2015, 60(3): 40-46.

[8] Goddard J, Wilman H. A theory of friction and wear during the abrasion of metals[J]. Wear, 1962, 5: 114-135.

[9] De Pellegrin D V, Torrance A A, Haran E. Wear mechanisms and scale effects in two-body abrasion[J]. Wear, 2009, 266(1-2): 13-20.

[10] Zhang S W. Tribology of Elastomers[M]. Amsterdam: Elsevier, 2004.

[11] Ferial H, Alokesh P, Animesh K B. Tribology of Elastomers[M]. Berlin: Springer, 2022.

[12] Avient B W, Goddard J, Wilman H. An experimental study of friction and wear during abrasion[J]. Proceedings of the Royal Society A, 1960, 1293(258): 159-180.

[13] Shen M, Peng X, Meng X, et al. Fretting wear behavior of acrylonitrile-butadiene rubber (NBR) for mechanical seal applications[J]. Tribology International, 2016, 93: 419-428.

[14] Ramadan M A. Friction and wear of sand-contaminated lubricated sliding[J]. Friction, 2018, 6(4): 457-463.

[15] Xiang D H, Shan K L. Friction and wear behavior of self-lubricating and heavily loaded metal-PTFE composites[J]. Wear, 2016, 260(9-10): 1112-1118.

[16] Amrishraj D, Senthilvelan T. Dry sliding wear behavior of ABS composites reinforced with nano zirconia and PTFE[J]. Materials Today: Proceedings, 2018, 5(2): 7068-7077.

[17] Ye J, Khare H S, Burris D L. Transfer film evolution and its role in promoting ultra-low wear of a PTFE nanocomposite[J]. Wear, 2013, 297(1-2): 1095-1102.

[18] Li C X, Yan F Y. A comparative investigation of the wear behavior of PTFE and PI under dry sliding and simulated sand-dust conditions[J]. Wear, 2009, 266(7-8): 632-638.

[19] Zhang H J, Liu S H, Xiao H P. Sliding friction of shale rock on dry quartz sand particles[J]. Friction, 2019, 7(4): 307-315.

[20] Hu G, Ma J B, Yuan G J, et al. Effect of hard particles on the tribological properties of hydrogenated nitrile butadiene rubber under different lubricated conditions[J]. Tribology

International, 2022, 169: 107457.

[21] Shen M X, Dong F, Zhang Z X, et al. Effect of abrasive size on friction and wear characteristics of nitrile butadiene rubber（NBR）in two-body abrasion[J]. Tribology International, 2016, 103: 1-11.

[22] Tressia G, Penagos J J, Sinatora A. Effect of abrasive particle size on slurry abrasion resistance of austenitic and martensitic steels[J]. Wear, 2017, 376-377: 63-69.

[23] Liu X S, Zhou X C, Yang C Z, et al. Study on the effect of particle size and dispersion of SiO_2 on tribological properties of nitrile rubber[J]. Wear, 2019, 460-461 (15): 203428.

[24] Jourani A, Bouvier S. Friction and wear mechanisms of 316L stainless steel in dry sliding contact: Effect of abrasive particle size[J]. Tribology Transactions, 2015, 58 (1): 131-139.

[25] Toumi S, Fouvry S, Salvia M. Prediction of sliding speed and normal force effects on friction and wear rate evolution in a dry oscillating-fretting PTFE/Ti-6Al-4V contact[J]. Wear, 2017, 376-377: 1365-1378.

第 5 章　介质环境橡塑材料的三体磨粒磨损行为

本章基于润滑介质受颗粒杂质污染问题，搭建附带颗粒悬浮液供给的磨粒磨损试验装置，重点考察磨粒粒径、磨粒浓度以及界面润滑状态对橡塑密封材料磨损失效机理的影响，探讨水/油润滑工况下橡塑摩擦学特性的影响及作用机制。

5.1　磨粒磨损试验简介

5.1.1　试验装置

针对磨粒磨损问题的研究，目前多数摩擦学测试在干态下进行，如常用的磨粒磨损试验方法有橡胶轮磨粒磨损试验法和销盘磨粒磨损试验法，以及将试样置于悬浮液中实施冲蚀磨损。上述测试方法和工况与密封件的实际服役工况差异较大，难免导致测试结果不准确，未能对介质润滑工况磨粒磨损失效问题给出良好解决方案。

传统的离心泵泵送颗粒和介质的混合物，易导致离心泵自身磨损失效，即液体介质中的硬质颗粒会造成离心泵自身腔体及其接触副过度过早磨损。吕晓仁等[1]模拟了丁腈橡胶在含砂原油润滑条件下的摩擦试验，将配副金属浸没在含砂原油中进行往复式磨粒磨损试验，但原油层较薄且在试验中并无新的原油补给和排出，润滑介质不具备流通性且难以达到真实的橡塑密封件在磨粒污染润滑介质中的模拟试验要求。何奎霖等[2]模拟了泥沙对树脂材料的销盘式磨粒磨损试验，摩擦副浸没在泥沙介质中，但试验配制泥沙介质容易发生大颗粒的沉积且介质无循环流通，未能真实模拟泥沙污染物对摩擦副损伤失效的影响，也难以准确模拟密封副实际服役工况。

介质环境三体磨粒磨损往复式和销-盘旋转式摩擦学试验装置原理图分别如图 5.1 和图 5.2 所示[3,4]。其中颗粒物供给装置为自行研制的一种可实现均匀混料的颗粒/介质悬浮液搅拌供给装置，具体操作如下：在悬浮液循环腔体的介质充分搅拌后，打开液体管路的开关阀和加压气泵，向悬浮液循环腔体充入气体，通过液体管路向摩擦区域不断泵送均匀的悬浮液。此外，加压气泵的吸气端抽取回料筒中气体，而回料筒另一端由输液管连接摩擦试验介质槽的出液口，试验后的悬浮液被收集到回料筒。需要说明的是，此时回料筒内部处于负压状态，而循环腔内部是正压环境，整体形成一个气压的“正/负”压差回路，促进悬浮液的泵送和流动，有效解决传统搅拌悬浮液中颗粒在输出导管间的淤积和堵塞问题，具体详见国家发明专利(ZL201911125520.4)。

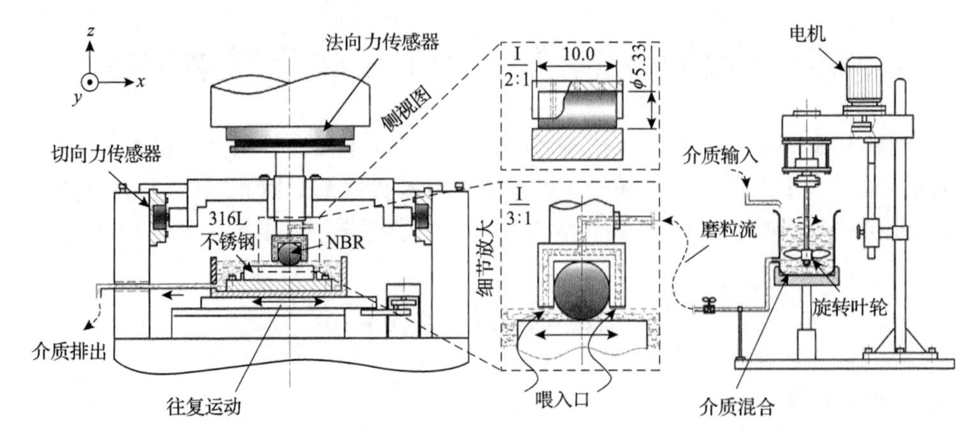

图 5.1　介质环境三体磨粒磨损往复式摩擦学试验装置原理图(单位：mm)

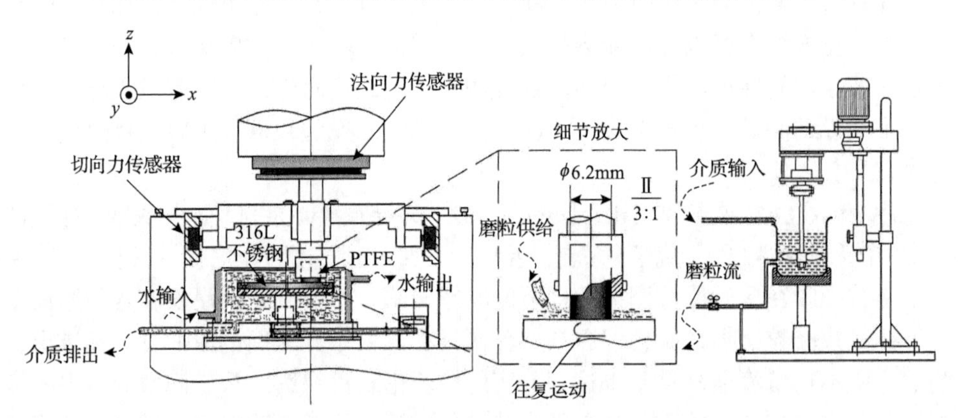

图 5.2　介质环境三体磨粒磨损销-盘旋转式摩擦学试验装置原理图

5.1.2　试验材料与参数

水润滑工况下磨粒磨损试验的测试方案如下：以丁腈橡胶/不锈钢为摩擦副，Al_2O_3颗粒为第三体磨粒介质，颗粒粒径由大到小依次为 70 目、120 目、170 目、250 目、500 目、1000 目和 5000 目(相应的颗粒尺寸为 2～250μm)，磨粒浓度为 0.5%、1.0%、1.5%、2.0%、2.5%；法向载荷 F_n 为 10N，往复滑动的位移幅值 D 为 15mm，恒定的滑动速度 v 为 0.04m/s，往复频率 f 为 4Hz，摩擦磨损周期 T 为 2500s，对应的循环周次 N 为 10000。

油润滑工况下磨粒磨损试验的测试方案如下：以 PTFE/不锈钢为摩擦副，Al_2O_3颗粒为第三体磨粒介质，颗粒粒径由大到小依次为 170 目、250 目、500 目、1000 目和 5000 目(对应的颗粒尺寸为 2～90μm)，磨粒浓度为 0.25%、0.5%、1.0%、

2.0%，法向载荷 F_n 为 5N、10N、40N，换算出对应的赫兹接触应力 P_H 为 0.7916MPa、1.583MPa、2.239MPa。销-盘旋转摩擦学试验的滑轨半径 d_r 为 40mm，回转运动频率 f 为 8Hz（对应的转速为 480r/min），循环时间 T 为 25min，即总的摩擦循环周次 N 为 12000。

关于丁腈橡胶以及 PTFE 的材料选取和物化性能，4.1.2 节已进行较为详细的说明，此处不再赘述。同样，选取典型的 316L 不锈钢为硬质对摩副，也不再进行说明。油润滑状态下磨粒磨损试验选取二甲基硅油为润滑剂介质，试验选取 50cSt①、350cSt、1000cSt 三种黏度油介质，其典型物理性能参数如表 5.1 所示。

表 5.1　二甲基硅油主要物理性能参数

参数	三种黏度油介质下结果		
	50cSt	350cSt	1000cSt
比重（25℃）	0.960	0.969	0.970
颜色（APHA）	5	5	5
酸值（BCP）	微量	微量	微量
熔点/℃	–41	–26	–25
表面张力（25℃）/（dyn②/cm）	20.8	21.1	21.2
挥发物含量（150℃）/%	0.3	0.15	0.11
黏度温度系数	0.59	0.60	0.61
膨胀系数/（1/℃）	0.00104	0.00096	0.00096
热导率（50℃）/（g · J/cm）	—	—	0.00038
溶解度参数	7.3	7.4	7.4
体积电阻率（25℃）/（$10^{15}\Omega \cdot cm$）	1.0	1.0	1.0

5.2　水润滑工况下颗粒尺寸效应

本节研究水润滑工况下磨粒尺寸对丁腈橡胶密封摩擦学行为的影响，重点讨论水润滑工况下颗粒在密封界面的运动行为及不同摩擦周期和颗粒尺寸下密封副的磨损失效机制。

5.2.1　摩擦系数时变特性

图 5.3 为不同磨粒尺寸对应的摩擦系数时变曲线。由图可知，不同的磨粒尺寸对摩擦系数时变特征有显著的影响。对于较大尺寸的颗粒（以 70 目和 120 目为

① cSt 是运动黏度单位，$1cSt=1mm^2/s$。

② $1dyn=10^{-5}N$。

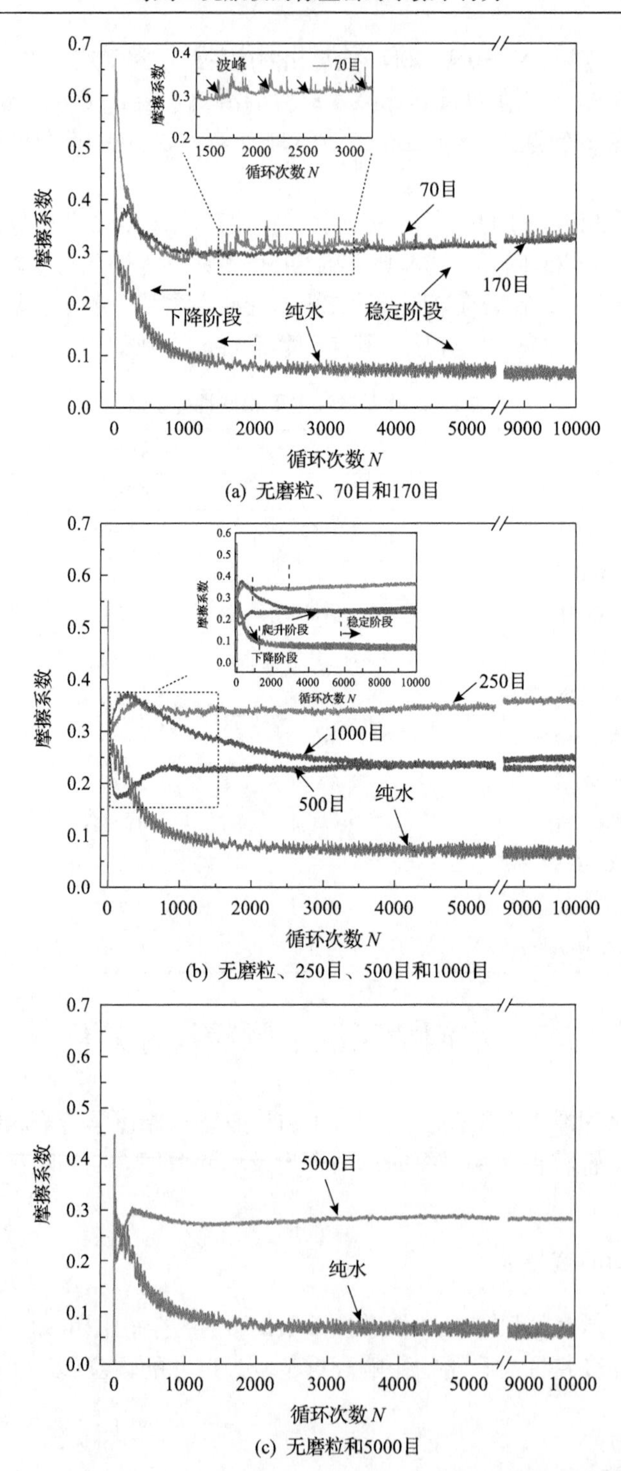

图 5.3　水润滑介质中不同磨粒尺寸影响下的摩擦系数时变曲线

例)，摩擦系数时变曲线的演变特性与纯水环境相似，可大致分为两个阶段，即在 $N<1000$ 之前，摩擦系数表现为下降的趋势；随后摩擦系数进入稳定阶段，对比发现在 70 目和 120 目颗粒环境下，摩擦系数十分接近，即维持在 0.33 左右，如图 5.3(a)所示。值得一提的是，当颗粒尺寸为 70 目时，稳定阶段的摩擦系数会出现瞬时的突然上升，在时变曲线上表现为若干随机的波峰特征，如图 5.3(a)中插图所示。

事实上，对于纯水环境下的橡胶摩擦学机理，在过去的几十年里，国内外学者已开展较为系统的研究。其摩擦系数的演变特性可进行如下解释：摩擦系数进入稳定阶段得益于橡胶/金属两摩擦副间建立了一定厚度的连续润滑水膜[5]；另外，橡胶在金属表面摩擦时，摩擦力的滞后分量仍是其重要组成部分，因此稳定阶段的摩擦系数出现较明显的波动特征[6]；在摩擦初始阶段($N<2000$)，随着摩擦的进行，摩擦系数出现下降的趋势，这可归因于在摩擦启动时，橡胶与配副金属直接接触，因此阻碍密封副发生相对运动的摩擦力较大；此外，橡胶表面的微凸体和加工纹理等阻止了连续水膜的构建，随着这些微凸体和加工纹理的磨损，连续的润滑水膜才得以构建，因此在此过程中摩擦系数呈下降趋势[6,7]。类似地，在颗粒环境下，摩擦前期的摩擦系数也出现类似的下降阶段。

当颗粒尺寸接近或小于润滑液膜的膜厚时，在摩擦的早期会出现摩擦系数的快速下降，随后爬升或者还会出现缓慢下降等过程，如图 5.3(b)中插图以及 170 目和 5000 目颗粒环境下的摩擦系数时变曲线所示。此外，由图 5.3(b)也可以看出，颗粒粒度为 1000 目时的摩擦系数缓慢下降过程持续了约 5000 次摩擦循环；而其他两种颗粒环境(250 目和 500 目)下未出现明显的下降过程。不难看出，颗粒粒度为 5000 目时的摩擦系数时变特性与上述的 250 目和 500 目颗粒环境下的时变特性极为相似，但值得一提的是，在稳定阶段 5000 目颗粒环境下的摩擦系数稳定性相比于其他工况更好。

5.2.2　磨损过程中的颗粒尺寸效应

图 5.4 为平均摩擦系数和配副金属表面粗糙度(R_z)随着颗粒尺寸增加的演变行为。R_z 代表磨损后粗糙表面的五个最高峰和五个最低谷之间的平均高度差，因此可以评估不同磨粒浓度磨损下金属的表面粗糙度。R_z 可以表示为

$$R_z = \frac{1}{5}\left(\sum_{i=1}^{5} y_{pi} + \sum_{i=1}^{5} y_{vi}\right) \tag{5.1}$$

由图 5.4 可以看出，颗粒尺寸有两个关键的门槛值，即 7.5μm 和 75μm，这两个门槛值的出现将平均摩擦系数随颗粒尺寸的变化分成三个阶段，即平均摩擦系数随着颗粒尺寸的增加呈现出图 5.4(a)所示的 A、B 和 C 三个阶段。显而易见，

颗粒尺寸越小，对应每个阶段的斜率越大，表明颗粒尺寸越小对平均摩擦系数的影响越敏感。值得注意的是，随着颗粒尺寸的增加，每个阶段末尾处的平均摩擦系数总是高于下一阶段开始时的平均摩擦系数，即图 5.4(a)中两个门槛值附近。值得一提的是，纯水条件下的平均摩擦系数显现极低的值，约为 0.074。相比之下，在颗粒参与磨蚀的条件下平均摩擦系数远高于无磨粒条件，水润滑环境下的低摩擦系数主要归因于橡胶自身的软弹性和摩擦副接触面形成的连续润滑水膜。当颗粒参与摩擦时，颗粒的存在破坏了润滑水膜的连续性，摩擦副由“橡胶-润滑水膜-配副金属”构成的稳定流体润滑状态转变为颗粒参与磨损的多体磨损状态。

硬质颗粒参与摩擦必然引起配副金属的磨损，R_z 不仅是一个表面粗糙度参数，还可以用于表征磨粒磨损表面的损伤程度。因此，R_z 可以用来表征磨粒磨损表面的损伤程度。由图 5.4(b)可以看出，配副金属表面的 R_z 随颗粒尺寸增加的演变特性与图 5.4(a)中平均摩擦系数的演变相似，即出现三个不同的阶段，且每个阶段转变对应的颗粒尺寸门槛值也同样出现在上述 7.5μm 和 75μm 附近，这一反常的现象可能是摩擦副表面的损伤机制发生转变所致。

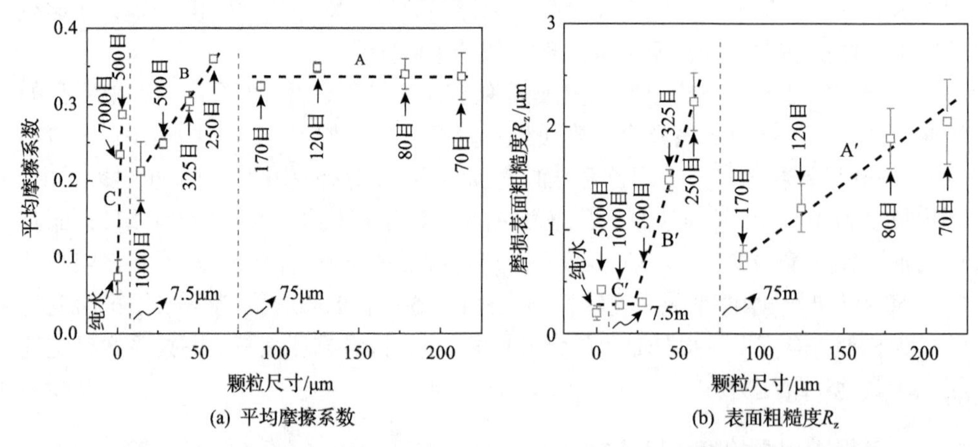

(a) 平均摩擦系数　　(b) 表面粗糙度R_z

图 5.4　平均摩擦系数和 316L 不锈钢表面粗糙度与颗粒尺寸之间的关系

综上所述，当水介质中存在硬质颗粒时，密封副的摩擦系数相比于纯水环境明显提高；颗粒尺寸的大小对密封副的平均摩擦系数、密封副双方的磨损有重要影响；水润滑条件下颗粒对橡胶密封副的摩擦学特性的影响具有明显的颗粒尺寸效应。因此，下面结合磨损形貌进行详细讨论。

5.2.3　磨粒尺寸影响的损伤机制

对于 70 目和 120 目等较大的颗粒，其尺寸远大于密封界面的液膜厚度，因此颗粒难以进入密封界面。图 5.5 为 70 目颗粒环境下密封副双方的磨损表面形貌。由图 5.5(a)可以看出，橡胶磨损表面的两侧存在外来的嵌入物，EDX 侦测发现这些看起来像颗粒的嵌入物表面 Al 元素原子占比超过 50%(图 5.5(b))，这进一步证实了嵌入物为水介质中的 Al_2O_3 硬质颗粒。此外，橡胶磨损表面分布大量平行于滑动方向的较深的犁沟(图 5.5(a)和图 5.6(a))，但未发现大尺寸的 Al_2O_3 硬质颗粒嵌入磨痕的中心(图 5.5(a))。值得一提的是，这些硬质颗粒的攻角迎向配副的金属表面，显然它们可以造成配副金属表面的严重损伤。如图 5.5(c)所示，配副金属磨损表面也同样分布大量平行于滑动方向的犁沟，且这些犁沟中最大的深度可达 5μm、宽度接近 100μm；而粗糙的金属表面上的微凸体也会对橡胶表面产生犁削效应，这可能也是图 5.5(a)中橡胶磨痕中心出现较多犁沟的主要原因。此外，磨损表面还留有许多因硬质颗粒冲击金属表面而留下的冲击坑，这些冲击坑不规则且随机分布，如图 5.5(d)所示。事实上，随着颗粒尺寸的减小，嵌入在橡胶磨损区两侧的硬质颗粒对配副金属表面的切削和冲击作用削弱，因此分布在配副金属磨损表面上的犁沟深度和宽度也会相应地减小，相比于大尺寸颗粒(70 目)，磨损表面的损伤相对轻微，对比图 5.6(b)和图 5.6(c)可证实上述观点。因此，图 5.4(b)中阶段 A，随着颗粒尺寸的增加，配副金属表面的粗糙度 R_z 也随之增加。

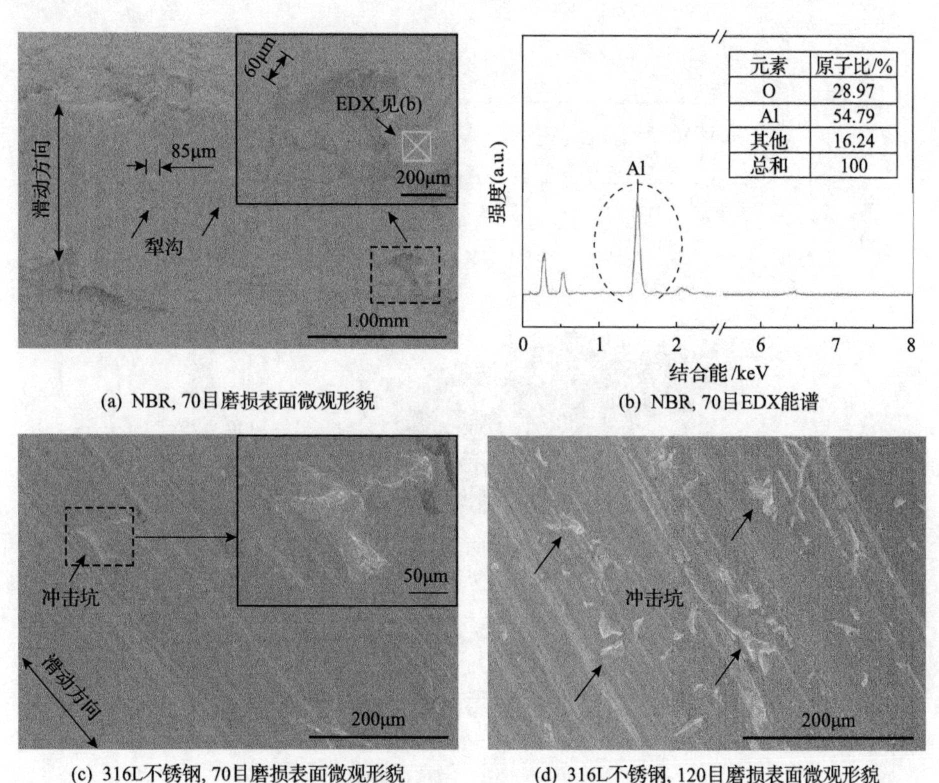

(a) NBR, 70目磨损表面微观形貌　(b) NBR, 70目EDX能谱

(c) 316L不锈钢, 70目磨损表面微观形貌　(d) 316L不锈钢, 120目磨损表面微观形貌

图 5.5　A 阶段中摩擦副材料磨损表面微观形貌和 EDX 能谱

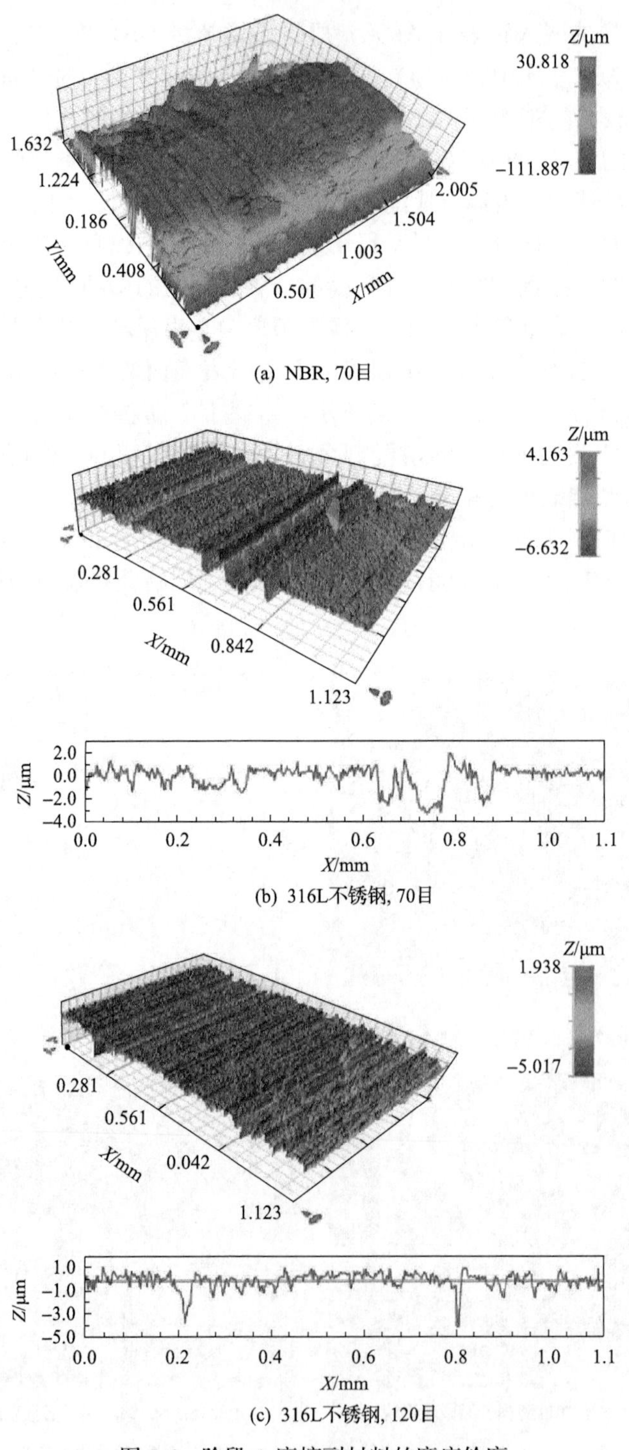

图 5.6 阶段 A 摩擦副材料的磨痕轮廓

当颗粒粒度减小至 250 目时，在橡胶磨痕的两侧嵌入了大量的 Al_2O_3 磨粒，两侧分别形成了宽度约为 300μm 的“颗粒嵌入区”(图 5.7(a))，该区域内颗粒较密集地分布，局部可形成颗粒聚集的“磨粒群”(图 5.7(b))。“磨粒群”的出现加剧了配副金属的材料去除，因此在配副金属上出现了被“磨粒群”猛烈切屑留下的较宽的沟槽，如图 5.8(a)所示，这种现象可称为砂轮效应[8]。随着摩擦的进行，沟槽区的间隙逐渐增大，配副金属表面的粗糙度大大提高(图 5.4(b))；同时，“颗粒嵌入区”内的“磨粒群”逐渐向橡胶磨痕中心迁移，最后沿滑动方向贯穿磨损区(图 5.7(a))。在图 5.7(a)中的橡胶磨损表面也可以看到磨损区域内存在尚未贯穿的“磨粒群”，“磨粒群”边缘散落着一些自由的磨粒，但这些自由的磨粒的尺寸远小于起初添加在水介质中的磨粒粒度。这可能是颗粒在“磨粒群”内彼此挤压或与配副金属摩擦过程中被折断、碾碎所致[9]。需要指出的是，在该阶段由于颗粒尺寸没有足够大，尽管能进入摩擦界面内并嵌入橡胶基体，但这些硬质颗粒并未获得足够的抓力。因此，在犁削配副金属的过程中这些颗粒会逃逸，在橡胶磨损表面留下许多坑洞(图 5.7(a))。在摩擦初期，“磨粒群”尚未形成，少量介质中的磨粒及部分被碾碎的磨粒进入摩擦界面，隔开了橡胶与配副金属的直接接触，摩擦副由橡胶/金属两体磨损转变为“橡胶-颗粒-金属”之间的三体磨损，因此摩

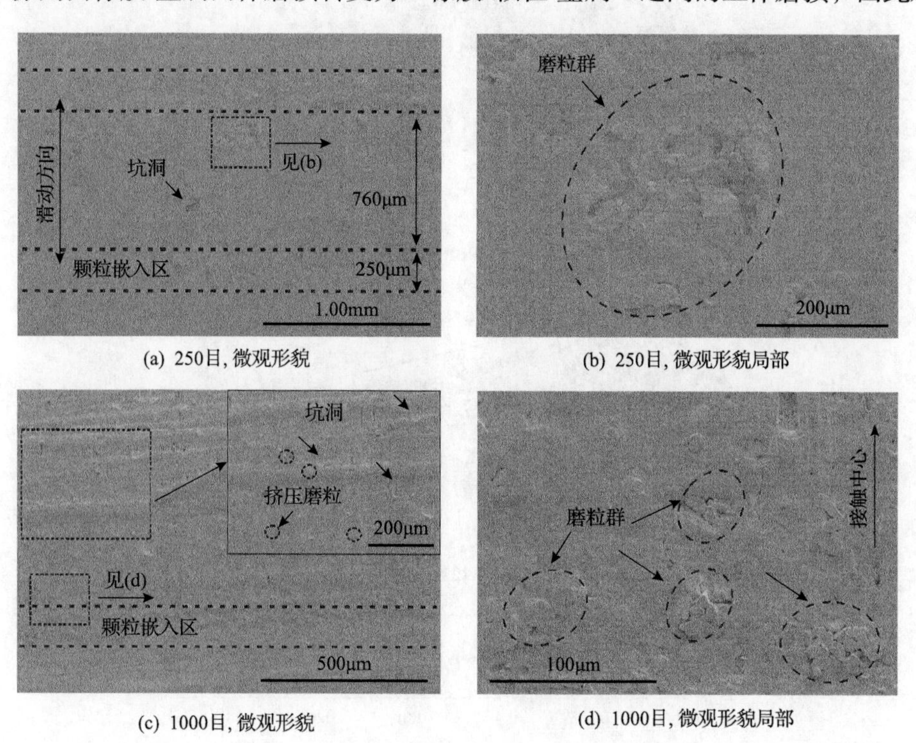

(a) 250目, 微观形貌　(b) 250目, 微观形貌局部

(c) 1000目, 微观形貌　(d) 1000目, 微观形貌局部

图 5.7　阶段 B 丁腈橡胶磨损表面微观形貌

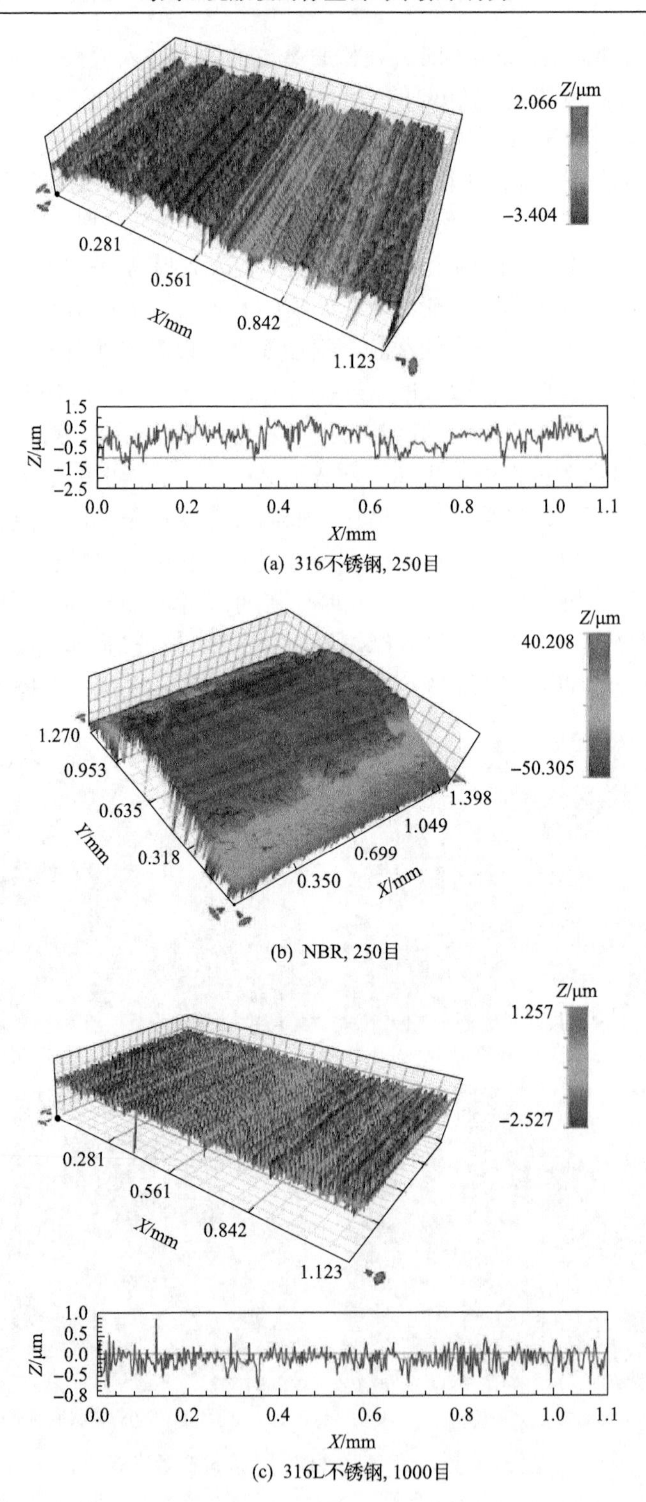

(a) 316不锈钢, 250目

(b) NBR, 250目

(c) 316L不锈钢, 1000目

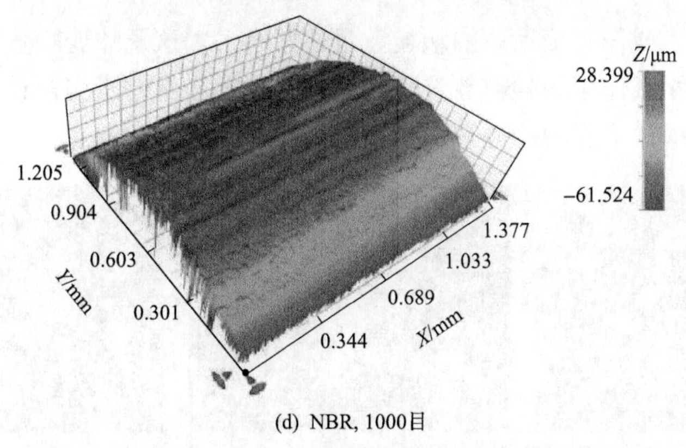

(d) NBR, 1000目

图 5.8　阶段 B 摩擦副材料的磨痕轮廓

擦系数出现早期的下滑阶段；随后，颗粒逐渐嵌入接触区两侧，并且犁削配副金属、抵抗摩擦副相对运动的阻力缓慢增加，摩擦系数呈爬升趋势；在“磨粒群”稳定建立、摩擦界面内颗粒的嵌入与逃逸到达动态平衡后，摩擦系数保持稳定的值，如图 5.3(b)所示。需要指出的是，钉扎在橡胶基体的颗粒和密封副两侧磨粒群两者耦合切削配副金属导致摩擦阻力上升，这可能也是门槛值 75μm 附近较小颗粒环境的摩擦系数反而大于较大颗粒环境的主要原因。

对比图 5.6(a)和图 5.8(b)可以发现，在阶段 B 中，橡胶表面的损伤明显较轻微，除了表面分布几条沿滑动方向的犁沟，磨损表面还清晰可见橡胶加工成型时留下的加工纹理。这主要归功于颗粒嵌入橡胶基体后这些局部聚集会分散的颗粒在摩擦过程中可以起到良好的承载作用，从而有效保护橡胶和配副金属的直接接触，减缓接触区橡胶的磨损。

事实上，在阶段 B 随着颗粒粒度的进一步减小，橡胶的磨损会继续减缓，由图 5.8 中的橡胶磨损区三维形貌可以看出，1000 目颗粒工况下橡胶试样几乎未发生磨损，橡胶加工成型时留下的加工纹理更加清晰可辨。由 SEM 图片可以看出，磨损区两侧依旧有“磨粒群”分布，但不同于 250 目颗粒工况(图 5.7(a))，在摩擦周次达到 10000 后颗粒已布满整个磨损区域(图 5.7(b))。图 5.9 分别示出了橡胶磨损区接触中心和边缘的 SEM 形貌以及铝、氧元素分布。由图可以看出，靠近磨痕中心，铝元素和氧元素的分布较疏散且均匀；在磨痕边缘，铝元素和氧元素成团分布不均匀；此外，对比铝元素和氧元素分布形貌可以看出两种元素分布一致。上述现象表明，橡胶磨痕的接触中心 Al_2O_3 磨粒主要是单个均匀分布，未出现明显的“磨粒群”；而磨痕边缘表现出明显的“磨粒群”现象，且“磨粒群”的分布相对密集。因此，此时配副金属表面的犁沟分布较为均匀，并未出现类似图 5.8(a)中的沟槽特征，如图 5.8(c)所示。此外，分析发现在摩擦的早期(如 N=1000)，橡胶磨痕的接触中心未发现明显的颗粒嵌入特征，随着摩擦的进行，接触区两侧及摩擦界面内嵌入或作为滚动体的颗粒数量逐渐增多。这意味着随着摩擦的进行，摩擦界面内起承载作用的颗粒数量逐渐增多，摩擦界面的真实接触面积减小，因此摩擦系数呈缓慢下降的趋势，如图 5.3(b)所示。

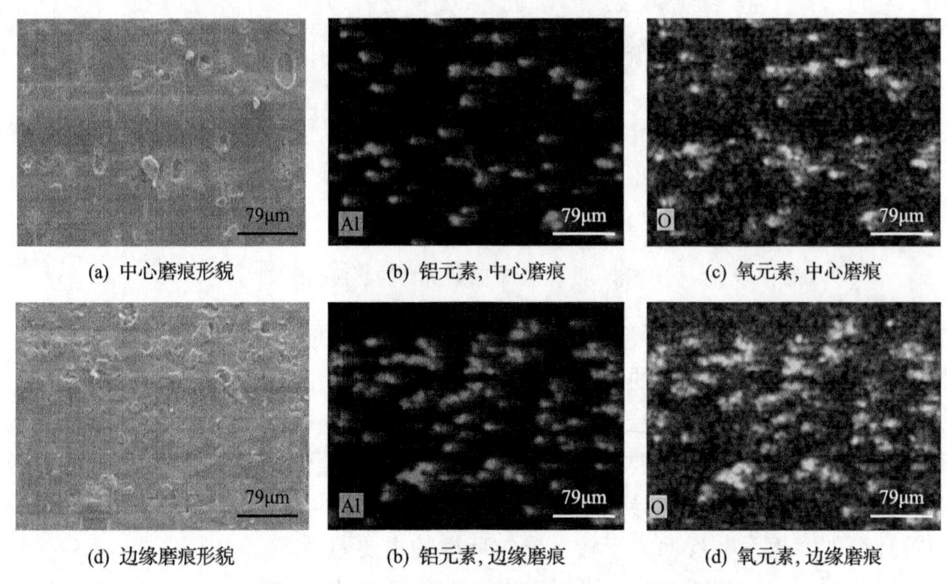

图 5.9　1000 目颗粒环境下丁腈橡胶磨痕的接触中心和边缘的元素分布

在颗粒尺寸进一步减小至 7.5μm(如 5000 目的 $d\approx5.6\mu m$)后，摩擦系数随颗粒尺寸的变化进入图 5.4(a)中的阶段 C。如图 5.10(a)所示，在低倍 SEM 照片上可以看到，橡胶磨损表面沿滑动方向布满密集的犁沟；相比阶段 A 和 B，在阶段 C 配副金属表面相对光滑，犁沟较浅，如图 5.10(c)所示。对比图 5.11(a)和图 5.8(c)的三维形貌可以看出，阶段 C 配副金属磨损表面的波峰较为圆润，而阶段 B 磨损表面的波峰较为锋利，并带有许多微观的毛刺。可以认为阶段 C 的颗粒对配副金属起到了抛光的效果，因此表面粗糙度较低，如图 5.4(b)所示。此外，由图 5.10(c)也可以清晰分辨出单个磨粒犁削作用下留下的单道划痕，也有类似“磨粒群”磨削作用产生的较宽犁沟，其宽度约为 20μm。在放大图中可以看到一些磨屑和微小的颗粒黏附在配副金属磨损表面，如图 5.10(d)所示。进一步地，将图 5.10(a)中的橡胶磨损表面形貌放大可以发现，犁沟宽度约为 20μm，两条相邻犁沟之间出现突脊，如图 5.10(b)所示。由此表明，阶段 C 橡胶的损伤机制与另外两个阶段截然不同。图 5.11(b)为图 5.10(a)所示磨损区域对应的三维形貌，在图中可以看到橡胶试样初始的圆柱形轮廓已被磨平；微观的磨损表面布满“突脊-犁沟-突脊”交替的损伤特征。图 5.12 为“突脊-犁沟”区域的元素分布情况，从碳元素和铝元素的分布情况可以推断突脊表面没有 Al_2O_3 颗粒堆积，突脊主要为橡胶基体材料；

在突脊两侧的犁沟内堆积着大量的 Al_2O_3 颗粒。

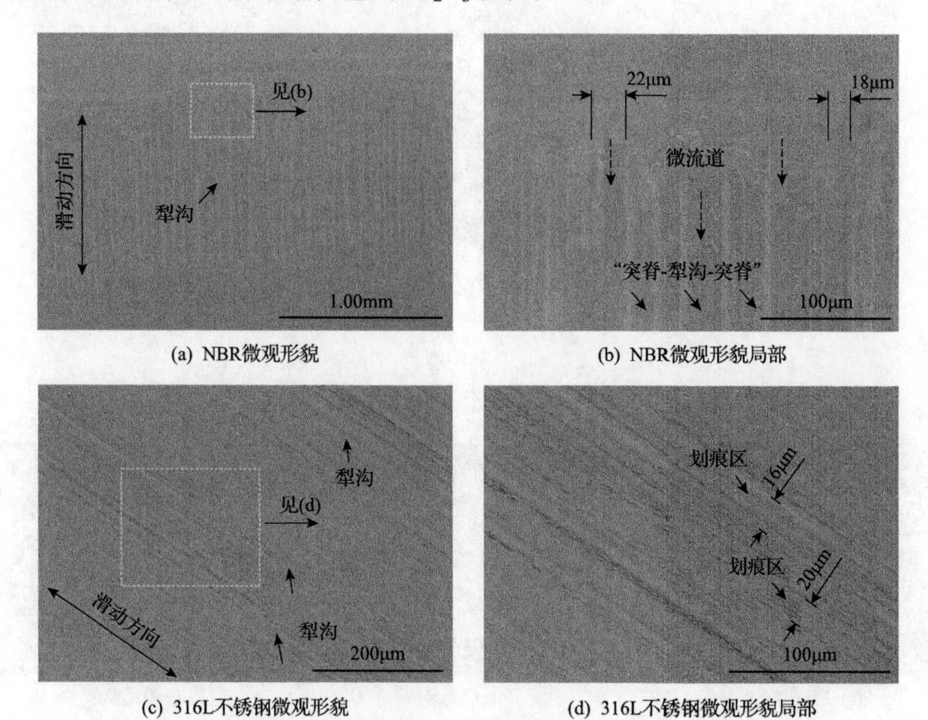

(a) NBR微观形貌　(b) NBR微观形貌局部

(c) 316L不锈钢微观形貌　(d) 316L不锈钢微观形貌局部

图 5.10　阶段 C 中 5000 目颗粒环境下摩擦副材料的磨损表面微观形貌

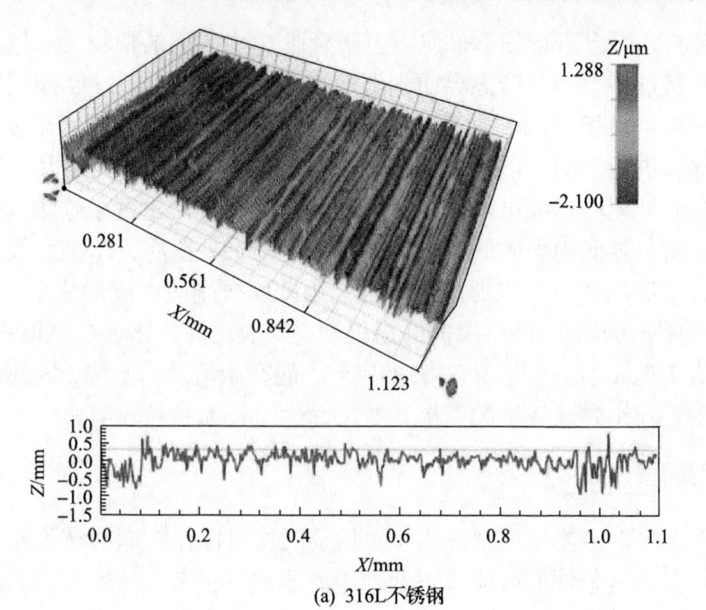

(a) 316L不锈钢

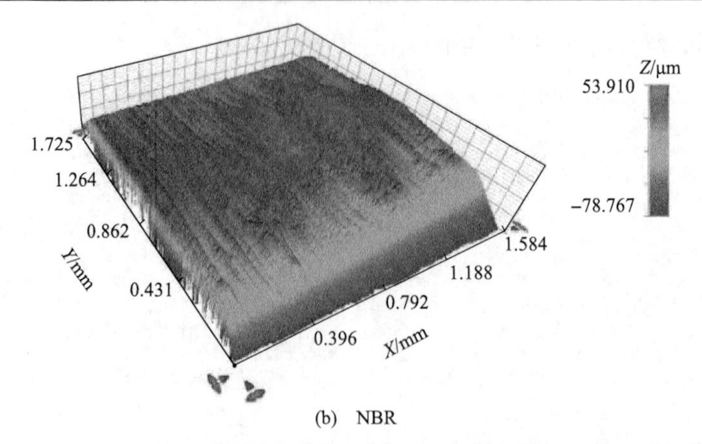

(b) NBR

图 5.11　阶段 C 中 5000 目颗粒环境下摩擦副材料磨痕的二维及三维轮廓

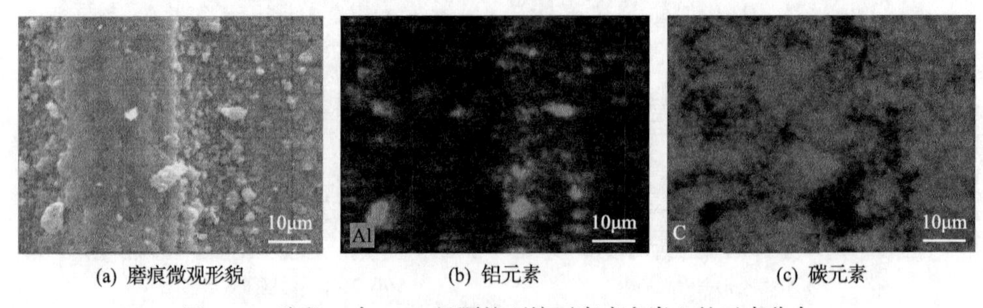

(a) 磨痕微观形貌　(b) 铝元素　(c) 碳元素

图 5.12　阶段 C 中 5000 目颗粒环境下磨痕突脊上的元素分布

综上分析，可以进行如下推测，由于阶段 C 中所属的颗粒尺寸较小，仅为几微米，尺寸接近甚至小于摩擦界面润滑液膜的厚度。因此，在摩擦副发生相对运动过程中颗粒可以相对自由地穿过摩擦界面；在摩擦初期，部分颗粒作为滚动体对摩擦副双方进行犁削，形成犁沟；后续的颗粒通过犁沟时将对其再次产生犁削作用，并在此处逐渐形成可供颗粒自由通行的微流道，随后穿过微流道的颗粒逐渐增多。在密封界面内颗粒的排出与进入达到动态平衡后，摩擦系数达到基本稳定的状态，成群的颗粒可以通过微流道，因此摩擦副表面就形成了“突脊-犁沟-突脊”交替的损伤特征。该阶段的磨损机制主要表现为三体磨粒磨损和冲蚀磨损。而在门槛值 7.5μm 附近，即 5000 目的颗粒，能在微流道内塞积，因此表现出门槛值 7.5μm 附近较小颗粒环境的摩擦系数反而大于较大颗粒环境。

5.2.4　典型的损伤失效模型

在纯水工况下，当摩擦副发生相对运动时水可以作为润滑液膜隔开橡胶与配副金属，并在一定条件下可使摩擦副处于流体润滑状态。然后，当润滑介质中存在硬质颗粒时，颗粒可以嵌入金属并切削配副金属或者颗粒冲刷摩擦副，从而引起摩擦系数的升高，如图 5.4(a)所示。

根据上述研究，发现了两个颗粒尺寸的门槛值，即 7.5μm 和 75μm，它们划分了摩擦系数、颗粒运行行为等的变化趋势。表 5.2 综述了本节所阐述的典型损伤机制分类。

(1) 较大的颗粒尺寸 (d>75μm) 下，颗粒不能穿越密封界面，而是嵌入摩擦副接触区两侧，使得配副金属损伤严重，粗糙的配副金属会对接触区橡胶表面进行切削，配副材料均表现出较高的磨损量，曾有类似的报道[7, 10]。

(2) 当颗粒尺寸介于两门槛值之间 (7.5μm≤d≤75μm) 时，颗粒嵌入的数目显著上升，并形成颗粒嵌入区，另有以磨粒群的形式嵌入接触区内，造成砂轮效应的同时起到良好的承载作用，摩擦系数、橡胶磨损率不同程度地下降。

(3) 较小尺寸 (d<7.5μm) 的颗粒能自由地通过摩擦界面，它们在密封副运动中经水介质的携带形成瞬时的高流速混合流体，并不断地冲蚀摩擦副，在密封界面内形成供润滑介质和颗粒流通的微流道。因此，摩擦副表面出现“突脊-犁沟-突脊”交替的特殊形貌。

表 5.2　典型损伤机制的分类

阶段	无磨粒 (d→0)	大尺寸磨粒 (d>T_1)	中尺寸磨粒 (T_2 ≤ d ≤ T_1)	小尺寸磨粒 (d<T_2)
摩擦副	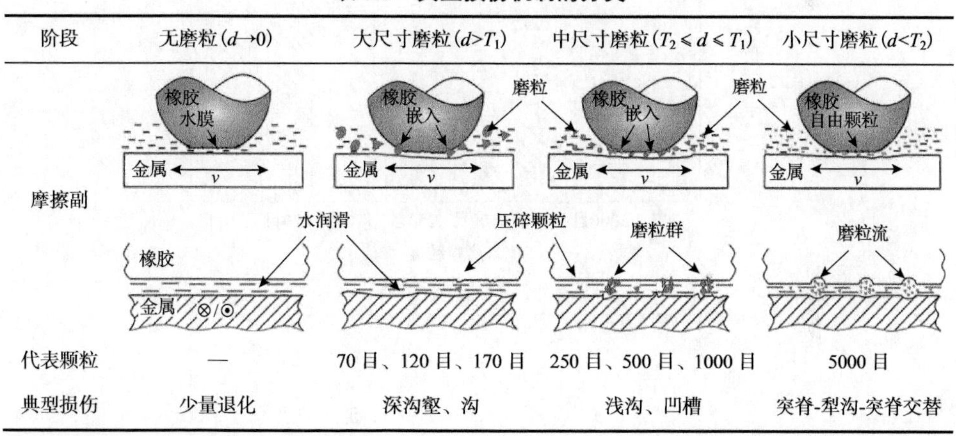			
代表颗粒	—	70 目、120 目、170 目	250 目、500 目、1000 目	5000 目
典型损伤	少量退化	深沟壑、沟	浅沟、凹槽	突脊-犁沟-突脊交替

5.2.5　磨损率分析

图 5.13 为摩擦副材料 (316L 不锈钢和丁腈橡胶) 的平均磨损率。对于配副金属，随着颗粒尺寸的增加，平均磨损率大致呈线性增加趋势；对于丁腈橡胶，1000 目和 5000 目两种颗粒环境下，表现出较高的磨损率，而其余颗粒环境下平均磨损率随颗粒尺寸的增加也大致呈线性增加趋势。颗粒尺寸在小于或接近门槛值 7.5μm 时，颗粒可以在摩擦界面内作为滚动体或自由颗粒沿滑动方向穿梭，小尺寸的颗粒对橡胶的冲蚀导致橡胶表面严重磨损 (图 5.13(b) 中 5000 目颗粒工况)，对配副金属表面反而具有抛光的效果 (图 5.4(b))，因此相比于其他颗粒环境磨损量较低，如图 5.13(a) 中 5000 目颗粒工况；而颗粒尺寸介于两个门槛值之间时，尽管颗粒主要嵌入在丁腈橡胶两侧，但个别或“磨粒群”在橡胶密封副内的钉扎，避

免橡胶与配副金属的直接接触，从而有效减缓橡胶的磨损，如图 5.13(b)中 500 目颗粒工况。但嵌入橡胶基体的颗粒对配副金属的切削作用不可避免，并且随着颗粒尺寸的增加，颗粒的切削作用加剧，金属磨损量提高，磨损表面的粗糙度也随之增加(图 5.4(b))。图 5.13(a)中，70 目颗粒环境下金属磨损量反而比 120 目环境下小，其原因可能为颗粒尺寸超过门槛值 75μm 以后，尺寸越大，嵌入橡胶基体的概率越小，因此尽管大颗粒对配副金属可以造成严重的犁削，但这些深的犁沟数量明显较少，如图 5.6(b)所示。

值得一提的是，在纯水环境下橡胶磨损率约为 0.9×10^{-6}g/m，而配副金属表面几乎未被磨损；当颗粒参与摩擦时，颗粒对橡胶磨损的加速因子均在 5 倍以内，

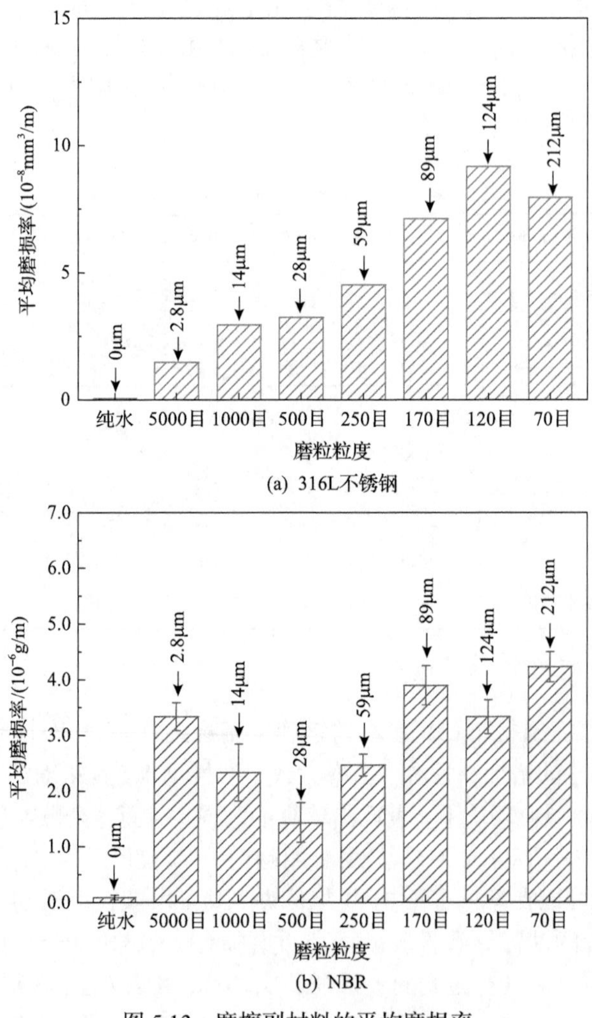

图 5.13 摩擦副材料的平均磨损率

但颗粒对配副金属磨损的加速因子可以趋于无穷大。这一现象说明，在工程中橡塑密封在含硬质颗粒的润滑介质下服役时需要兼顾摩擦副双方的耐磨性，尤其是利用表面改性等途径大大提高配副金属的表面性能，以提高整个密封系统的服役寿命；而在清洁的润滑介质下服役时磨损主要为丁腈橡胶，主要考虑橡胶材料的耐磨性。

5.3 水润滑工况下磨粒浓度的影响

通常，磨粒粒度为 5～500μm 的磨料会侵入摩擦副界面并产生深远的影响[11-15]，但研究磨粒浓度的报道不多，且存在争议。例如，Yang 等[16]发现在含石英砂的水润滑条件下，颗粒间的摩擦力会下降，相比于干态条件，摩擦副的磨损量显著减少。Dong 等[7]研究指出，含砂量的增加致使配副金属盘的磨损体积和表面粗糙度攀升，摩擦系数先缓慢爬升后急速爬升。Hichri[17]指出，在摩擦过程中，颗粒质量浓度越小，摩擦力越大。许多学者指出，随着磨粒浓度增加，摩擦系数下降。Do 等[18]模拟了污染物颗粒在干燥和潮湿污染的路面上的沉积情况，并评估了污染物颗粒对路面防滑性能的影响。分析表明，较高的污染物磨粒浓度会导致较低的摩擦系数，并且会延长摩擦系数恢复到干燥状态的持续时间。也有研究表明，较低的摩擦系数与摩擦副之间的润滑介质有关，而与磨粒浓度无关[19, 20]。因此，磨粒浓度作为一个影响橡塑密封件失效的重要评估因素，需要引起从业人员和研究者的足够重视，开展不同磨粒浓度下的磨粒磨损试验分析和研究是必要的。

5.3.1 摩擦系数时变特性

图 5.14 为四种典型颗粒尺寸环境下不同磨粒浓度的摩擦系数随循环次数的演变特征。由图可知，在大、中等尺寸颗粒环境(如 70 目和 500 目)下，低磨粒浓度的摩擦系数相对较小，且其他四种磨粒浓度下摩擦系数相近；不难看出，在磨粒浓度低于 2.0%的工况下，1000 目的摩擦系数时变特性与上述的 70 目和 250 目环境下的时变特性相似。值得一提的是，当磨粒浓度为 2.5%时，摩擦系数明显高于其他颗粒工况。此时，摩擦系数时变曲线可大致分为两个阶段，即在 $N<3000$ 之前，摩擦系数表现为下降的趋势；随后摩擦系数进入稳定阶段，且保持一个较高的值，约为 0.380(图 5.14(c))。当颗粒尺寸进一步减小至 5000 目时，随着磨粒浓度的上升，摩擦系数也随之增加(图 5.14(d))。在小粒度和较低的磨粒浓度条件下，三体磨粒磨损的摩擦系数较低。在三体磨粒磨损中，颗粒滚动现象普遍存在于滑动摩擦界面[21]。

此外，由图 5.14(a)也可以看出，70 目工况下的摩擦系数时变曲线呈现瞬时的波峰特征，这归因于橡胶在金属表面摩擦时，大尺寸颗粒在接触副两侧相互碰撞、

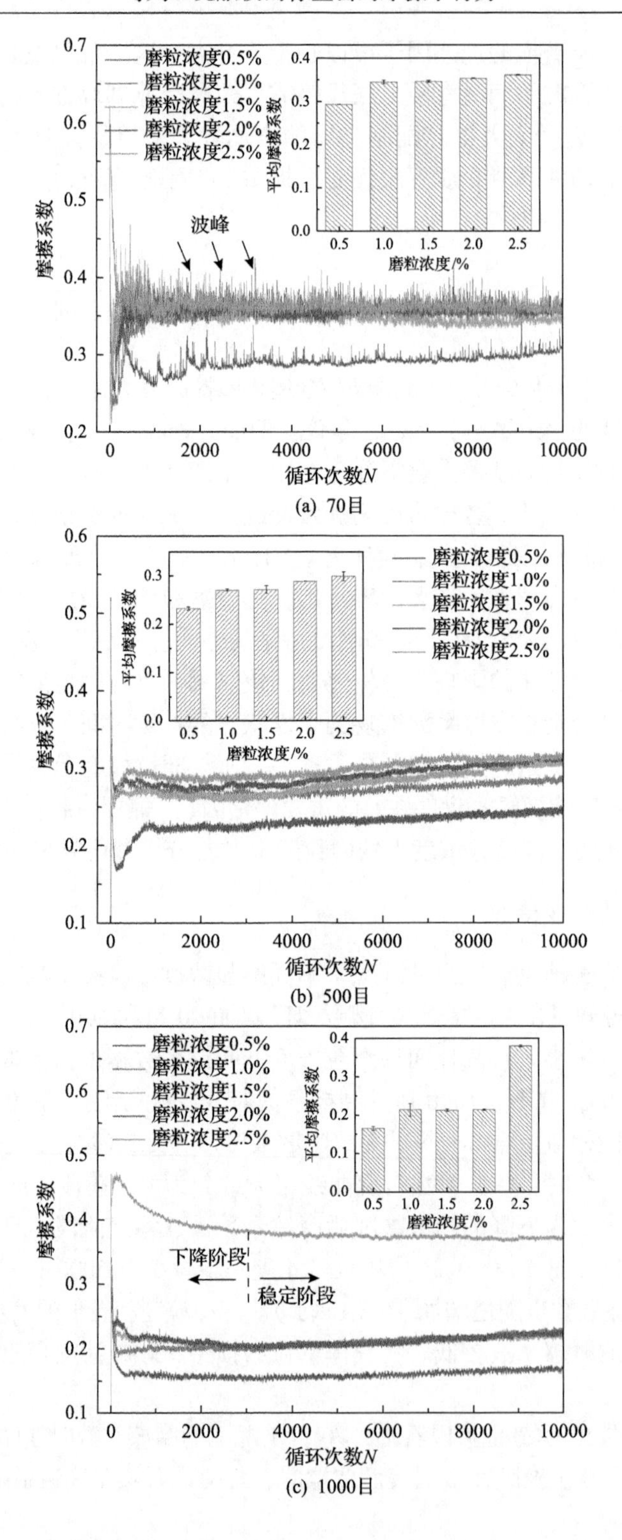

(a) 70目

(b) 500目

(c) 1000目

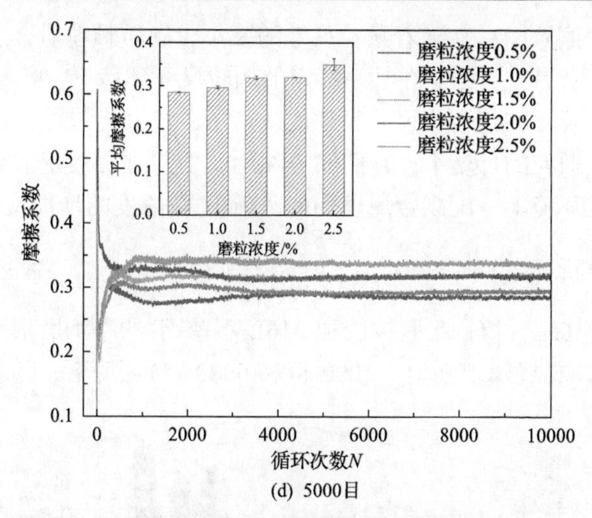

(d) 5000目

图 5.14　不同磨粒浓度下摩擦系数随磨损周期的演变曲线

挤压，以及颗粒嵌入橡胶后阻碍了摩擦副的滑动，犁削摩擦副表面引起剪应力瞬时上升[22]。此外，当橡胶在金属表面摩擦时，磨损表面的形貌会因磨粒的嵌入而引起更为严重的损伤问题。综上所述，与无磨粒工况相比，在磨粒流磨蚀下的摩擦系数时变特性变得复杂。

5.3.2　磨粒浓度影响下的形貌参数演变

图 5.15 为配副金属磨损表面粗糙度参数 R_z 与磨粒粒度和浓度之间的关系。由图可以看出，配副金属表面的 R_z 与颗粒尺寸大小和含量密切相关。一方面，随着颗粒尺寸的减小，R_z 逐渐减小，这与之前的研究相似[5]。这种现象主要是由于

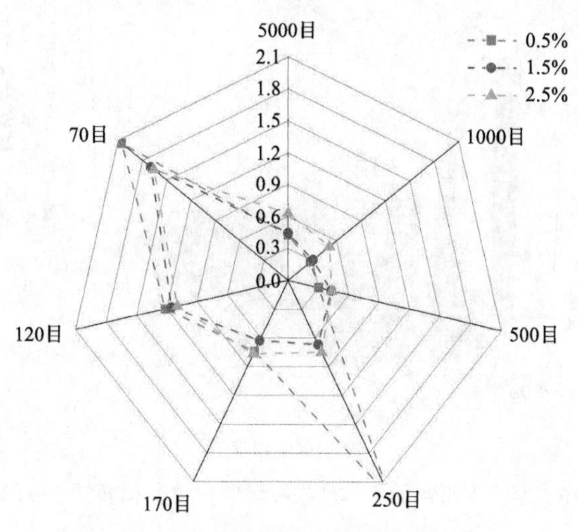

图 5.15　R_z 与磨粒粒度和浓度之间的关系

硬质颗粒进入摩擦界面后，随着颗粒尺寸的减小，硬质颗粒对金属对应物的切削作用逐渐减弱[23]；另一方面，在某一特定的颗粒尺寸环境下，磨粒浓度对 R_z 的影响不同。具体来看，在包含小尺寸颗粒的环境下，R_z 随磨粒浓度的增加而增加；在包含中等尺寸颗粒的环境下，它们的 R_z 相当，且几乎不受磨粒浓度的影响；在包含大尺寸颗粒环境下，配副金属表面的 R_z 随磨粒浓度的增加反而减小。

5.3.3　磨损率分析

图 5.16 为摩擦副材料(丁腈橡胶和 316L 不锈钢)的平均磨损率。对于丁腈橡胶，三种小尺寸颗粒(如 500 目、1000 目和 5000 目)环境下，随着磨粒浓度的增

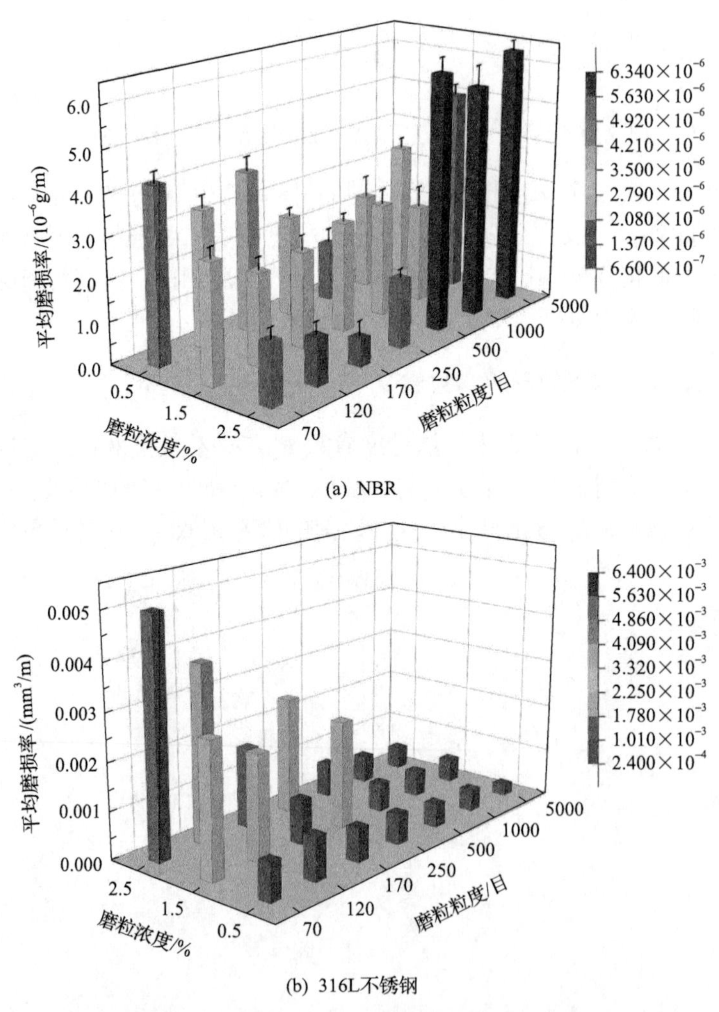

(a) NBR

(b) 316L不锈钢

图 5.16　摩擦副材料的平均磨损率随磨粒粒度和磨粒浓度的变化

加表现出极高的磨损率，而其余颗粒环境下平均磨损率随着磨粒浓度的增加反而依次减小。对于配副金属，随着磨粒浓度的增加，平均磨损率大致呈线性增加趋势，这种现象在大尺寸颗粒润滑环境下更为显著，而在小尺寸颗粒环境下，磨粒浓度对配副金属表面磨损的影响较小。这可能是因为此时颗粒尺寸接近甚至小于润滑液膜厚度，颗粒可以在摩擦界面内作为滚动体或沿滑动方向自由穿梭，形成磨粒流并对配副金属表面起抛光作用[24, 25]，所以表现出较低的磨损率和表面粗糙度 R_z(图 5.15)。相反，磨粒流不断地对橡胶表面磨蚀(图 5.16(a)中的 5000 目磨粒工况)，因此随磨粒浓度的增加，橡胶磨损率显著提高。

5.3.4　磨粒浓度影响下的损伤特征

图 5.17 为 70 目和 120 目不同磨粒浓度工况下密封副双方的磨损形貌。由图 5.17(a)可以看出，低磨粒浓度工况下的橡胶磨损表面两侧嵌入少量 Al_2O_3 颗粒；橡胶磨损表面分布大量平行于滑动方向的较深犁沟，宽度为 30～40μm，但未发现大尺寸的 Al_2O_3 硬质颗粒或被折断的颗粒嵌入磨痕的中心(图 5.17(a)中的放大图)。这可能是因为这些颗粒尺寸远大于密封界面的润滑液膜厚度，难以进入密封界面。随着磨粒浓度的增加，颗粒进入摩擦界面的概率上升。以磨粒浓度为 1.5%的 120 目颗粒工况为例，少量折断、碾碎后的小颗粒进入摩擦界面并嵌入橡胶磨痕中心；此外，进入摩擦界面的颗粒并未获得足够的抓力，不能牢固地嵌入橡胶基体，而是在犁削配副金属的过程中会逃逸，因此橡胶磨痕中心留下了宽约 200μm 的坑洞(图 5.17(b)中的放大图)。当磨粒浓度进一步增加(磨粒浓度为 2.5%)时，这些源粒度的硬质颗粒钉扎到橡胶的磨痕中心，但在犁削配副金属时容易被折断(图 5.17(c)中的放大图)。在 250 目工况下，嵌入的颗粒布满整个橡胶磨痕表面，如图 5.18 所示。

由图 5.17(d)可以看出，配副金属磨损表面同样分布着大量平行于滑动方向的犁沟，还留下许多颗粒冲击金属表面后的不规则凿坑、较宽的犁沟(图 5.17(d)和(e))。此外，摩擦过程中微颗粒嵌入配副金属表面，表现出明显的铝元素富集特征(图 5.17(f))。需要注意的是，随着磨粒浓度的上升，嵌入在橡胶磨损区两侧和钉扎在磨痕中心的颗粒数相对增加，配副金属的磨损率呈线性增加趋势(图 5.16(b))。但因颗粒在摩擦过程中被折断或碾碎，所以嵌入橡胶的颗粒粒度明显下降，犁削配副金属表面的深度进一步降低。因此，如图 5.16(b)所示，随着磨粒浓度的增加，配副金属的表面粗糙度 R_z 随之降低。值得一提的是，颗粒嵌入橡胶基体后在摩擦过程中可以起到良好的承载作用[26]，从而有效避免橡胶和配副金属的直接接触，减缓接触区橡胶的磨损。因此，对于包含大尺寸颗粒的环境，随着磨粒浓度的增大，丁腈橡胶的平均磨损率逐渐下降，如图 5.16(a)所示。

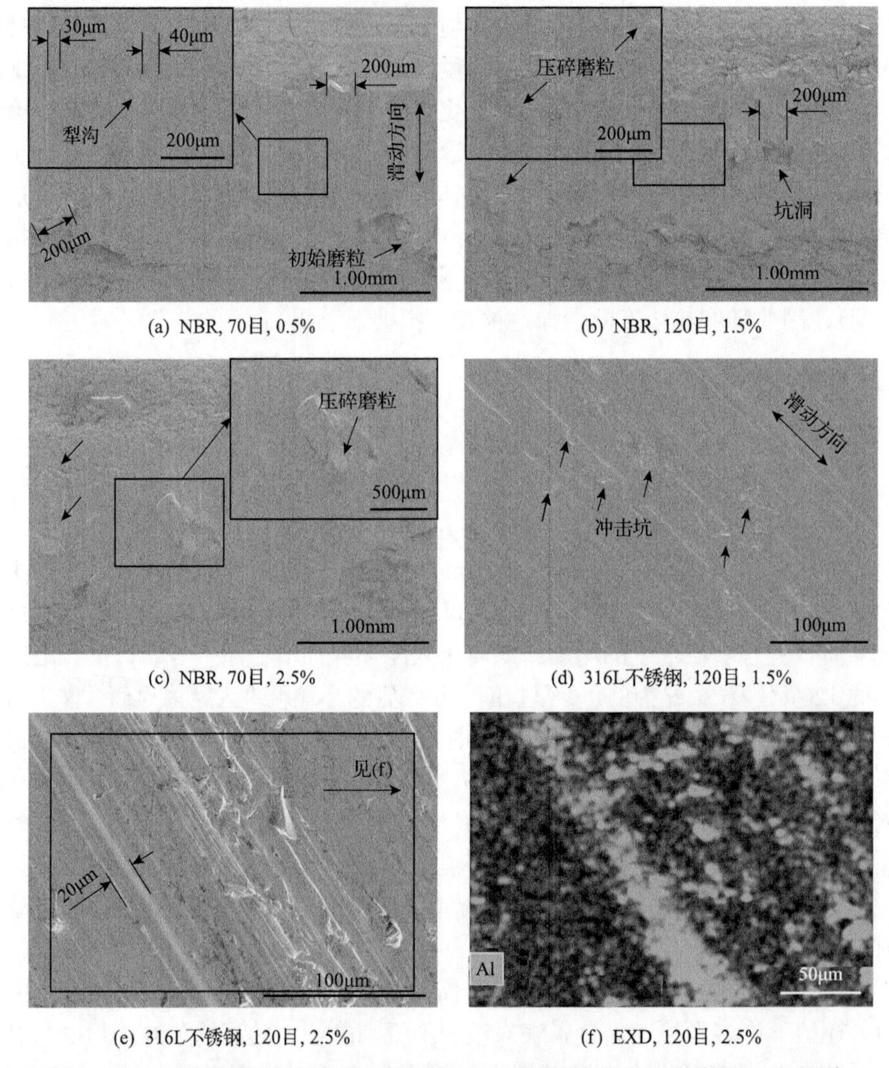

(a) NBR, 70目, 0.5%　(b) NBR, 120目, 1.5%

(c) NBR, 70目, 2.5%　(d) 316L不锈钢, 120目, 1.5%

(e) 316L不锈钢, 120目, 2.5%　(f) EXD, 120目, 2.5%

图 5.17　不同磨粒浓度的大尺寸磨粒环境下摩擦副磨损表面形貌和 EDX 能谱

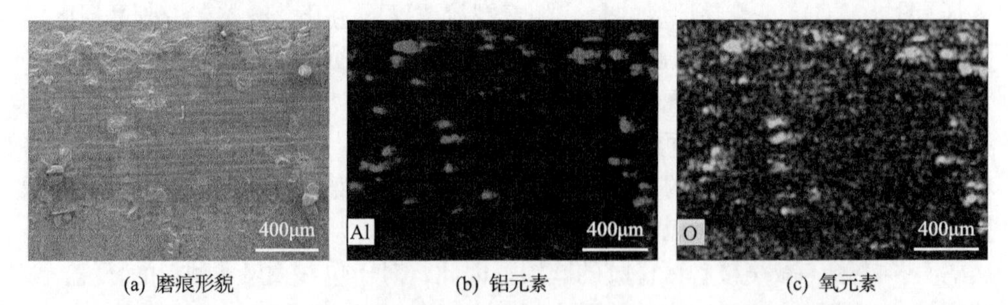

(a) 磨痕形貌　(b) 铝元素　(c) 氧元素

图 5.18　磨粒浓度为 2.5%的 250 目磨粒环境下磨损表面形貌和元素分布

当颗粒粒度进一步减小时，橡胶磨痕的两侧嵌入大量的 Al_2O_3 磨粒，形成了宽度几百微米的颗粒嵌入区(图 5.19)，该区域内颗粒分布较密集，局部可形成颗粒聚集的“磨粒群”(图 5.19(c)中的放大图)。由图 5.19(a)和(b)可以看出，随着磨粒浓度的上升，颗粒嵌入区的宽度持续增加，实际宽度从 150μm(磨粒浓度为 1%)增加至 200μm(磨粒浓度为 2%)，最后贯穿整个橡胶接触面(图 5.20(a))。当较小尺寸颗粒进入摩擦界面，摩擦副的磨损机理转变为“橡胶-磨粒-金属”三体磨损，时变曲线出现早期的下滑阶段；随后，颗粒迅速嵌入橡胶，抵抗摩擦副相对运动的阻力增加，摩擦系数呈爬升趋势。

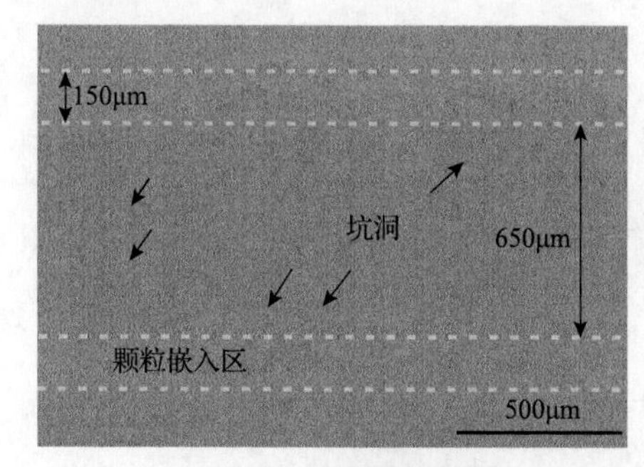

(a) 500目，颗粒浓度为1%

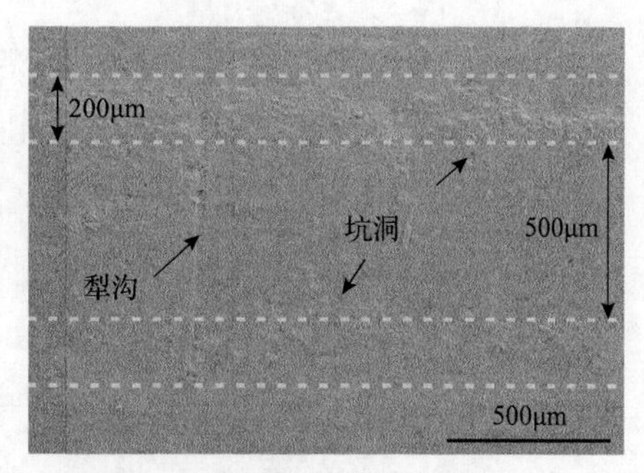

(b) 500目，颗粒浓度为2%

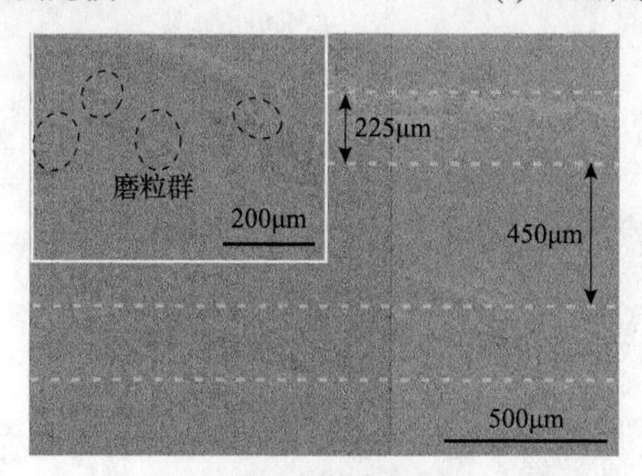

(c) 500目，颗粒浓度为2.5%

图 5.19　不同磨粒浓度的中等尺寸磨粒环境下丁腈橡胶磨损表面形貌

当“磨粒群”稳定建立、摩擦界面内颗粒的嵌入与逃逸达到动态平衡后，摩擦系数保持稳定的值，如图 5.14(c)中 1.0%、1.5%、2.0%三种磨粒浓度工况下的摩擦系数时变曲线所示。单个颗粒或“磨粒群”钉扎入橡胶基体，在切削配副金属表面时具有耦合效应，橡胶/金属摩擦副之间的相对滑动需要克服较大的摩擦阻力[22]。在 1000 目和 2.5%磨粒浓度条件下，摩擦系数也相应维持一个较高的值(图 5.14(c))。伴随着颗粒的密集嵌入和“颗粒嵌入区”的宽度持续增加，橡胶磨痕两侧逐渐形成“磨砂面”(图 5.19(c))。“磨粒群”的出现和磨粒浓度的上升也加剧了配副金属的材料去除，因此配副金属上出现被“磨粒群”猛烈切削后较深的沟槽(图 5.20(c))，这种现象称为砂轮效应[27-29]。当磨粒浓度为 0.5%时，磨痕

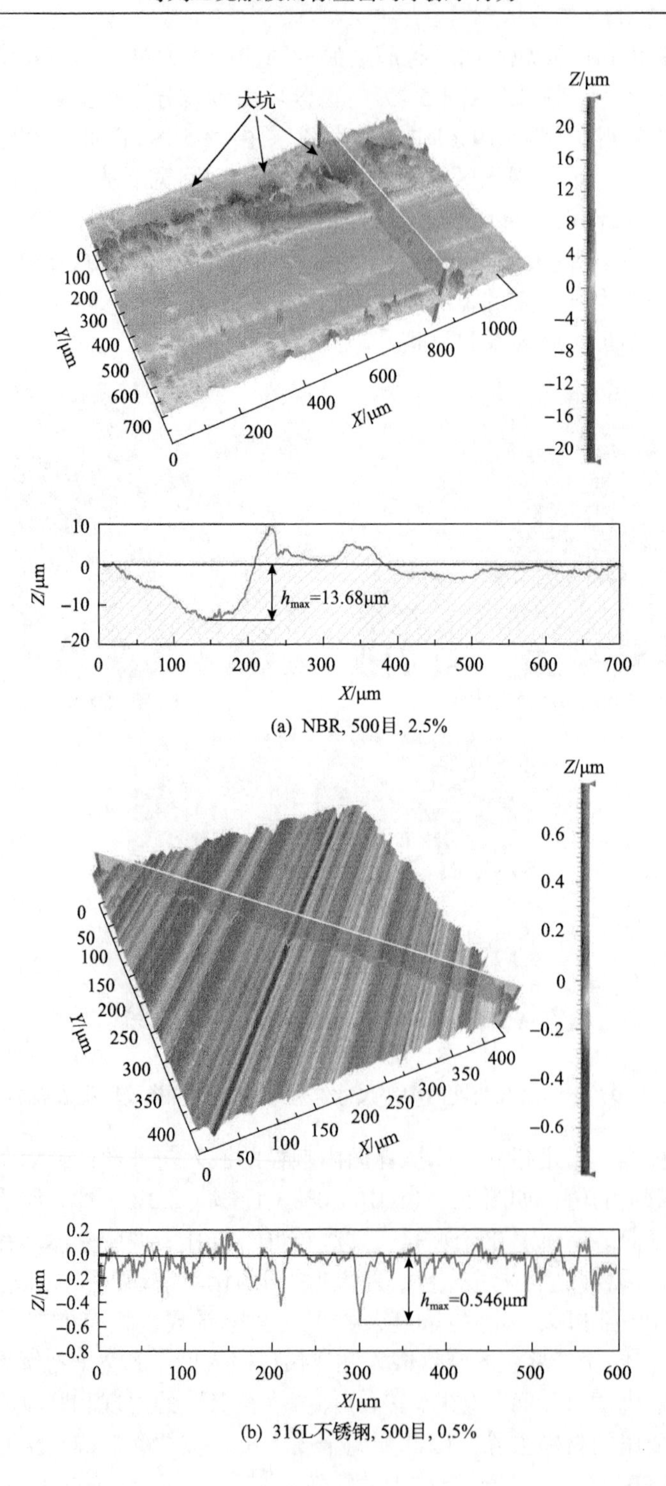

(a) NBR, 500目, 2.5%

(b) 316L不锈钢, 500目, 0.5%

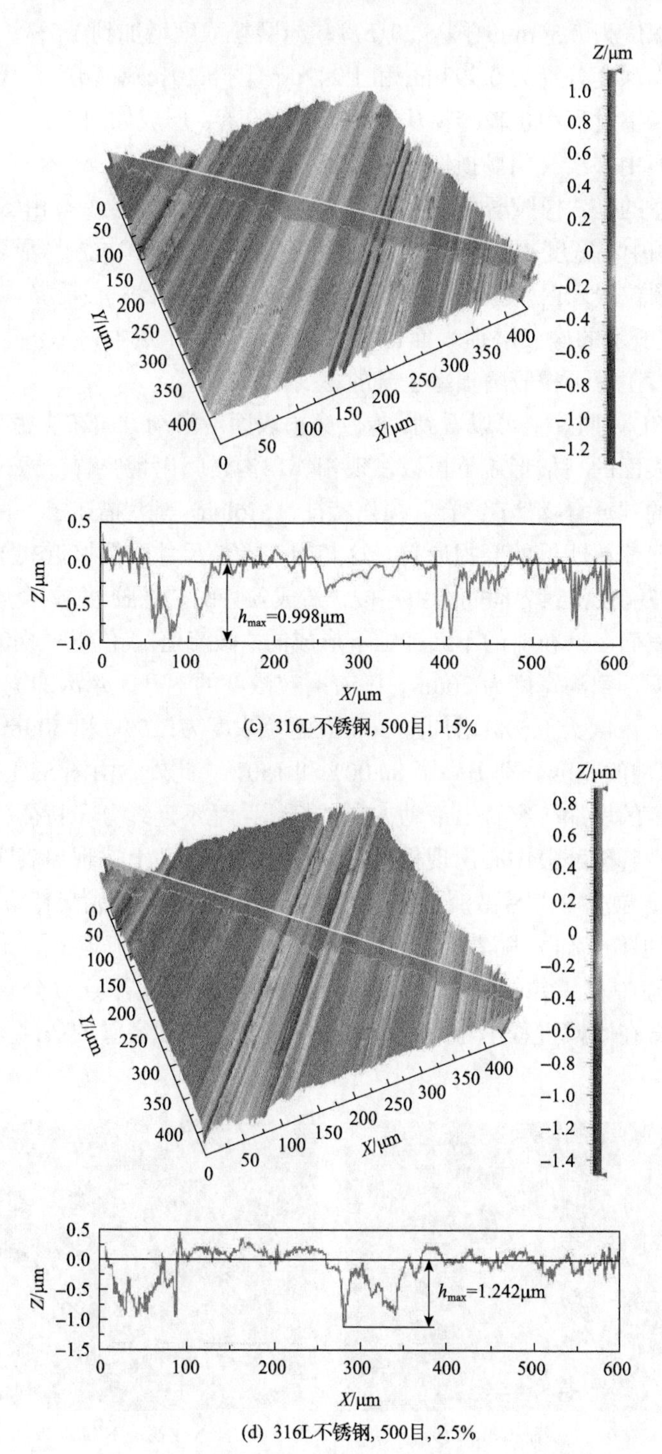

图 5.20　不同磨粒浓度的 500 目环境下摩擦副的磨痕轮廓

的最大犁沟深度为 0.546μm(图 5.20(b))；当磨粒浓度增加到 1.5%和 2.5%时，磨痕的最大犁沟深度分别为 0.998μm 和 1.242μm(图 5.20(c)和(d))。“颗粒嵌入区”中的磨粒在摩擦过程中也较容易从“磨粒群”脱落，形成如图 5.20(a)所示的边缘坑洞，但磨痕中心没有明显损伤。

需要注意的是，橡胶磨痕中心形貌也随磨粒浓度发生改变。由图 5.19 可以看出，橡胶接触中心宽度逐渐减小，钉扎颗粒逃逸后留下的“坑洞”显著增加，且少量颗粒和“颗粒嵌入区”内的“磨粒群”逐渐向橡胶磨痕中心迁移。在图 5.19(b)和图 5.20(a)所示的橡胶磨损表面也可以看到贯穿整个磨痕区域的犁沟，这可能是该磨粒浓度工况下橡胶磨损率上升的主要原因。

在低倍 SEM 照片上可以看到，橡胶磨损表面沿滑动方向布满密集的犁沟；而在橡胶磨损表面的高倍形貌下可以发现相邻犁沟之间出现突脊，橡胶磨损表面呈现交替排布的“突脊-犁沟-突脊”损伤特征。Molnar 等[30]描述了一种类似在滑动方向上带有河流状凹槽的磨损形貌。这归因于颗粒尺寸可能接近甚至小于润滑液膜厚度，颗粒能在密封界面间自由穿梭，造成独特的“橡胶-磨粒-金属”三体磨损以及摩擦副表面在磨粒流的不断冲蚀下形成的“微流道”。值得一提的是，在低磨粒浓度工况下，犁沟宽度为 20μm，随着磨粒浓度的上升，犁沟的宽度持续增加，从 20μm(磨粒浓度为 0.5%)增加至 36μm(磨粒浓度为 1.5%)和 50μm(磨粒浓度为 2.5%)，其犁沟的宽度分别提高了 80.00%和 150%。此外，由图 5.21 也可以看出，随着磨粒浓度的增加，突脊沿滑动方向被打断，呈不连续分布特征；而犁沟沿宽度方向拓展，甚至磨痕中心出现较为平整的磨损表面。上述现象表明，当磨粒浓度较低时，磨粒流可以沿微流道流动，从而在橡胶表面形成交替排布的“突脊-犁沟-突脊”损伤特征；随着磨粒浓度增加，颗粒通过微流道的数量增多，甚至颗粒在微流道中聚集并足以磨穿突脊，因此突脊表现出不连续分布的特征。这些断裂的突脊在摩擦过程中与配副金属直接接触，因此突脊的头部呈粗大的舌状形貌。

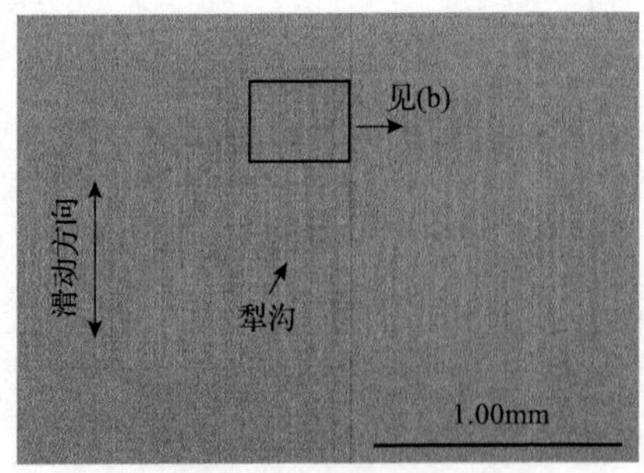

(a) 整个磨损表面, NBR, 0.5%

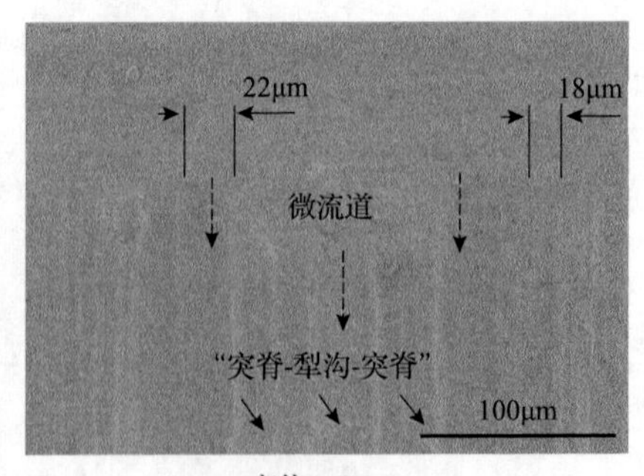

(b) 高倍, NBR, 0.5%

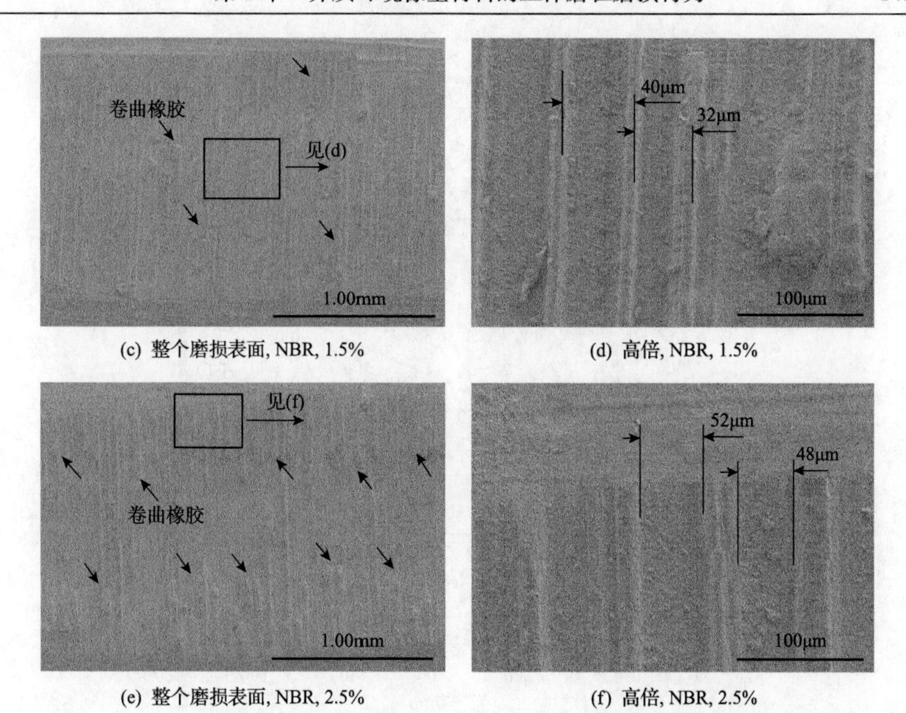

(c) 整个磨损表面, NBR, 1.5%　　(d) 高倍, NBR, 1.5%

(e) 整个磨损表面, NBR, 2.5%　　(f) 高倍, NBR, 2.5%

图 5.21　不同磨粒浓度的 5000 目磨粒环境下丁腈橡胶的磨损表面形貌

此外，在 5000 目磨料下，三种磨粒浓度工况下的金属配副磨损表面的三维轮廓如图 5.22 所示。对比中等磨粒粒度环境，配副金属磨损表面的犁沟分布深度

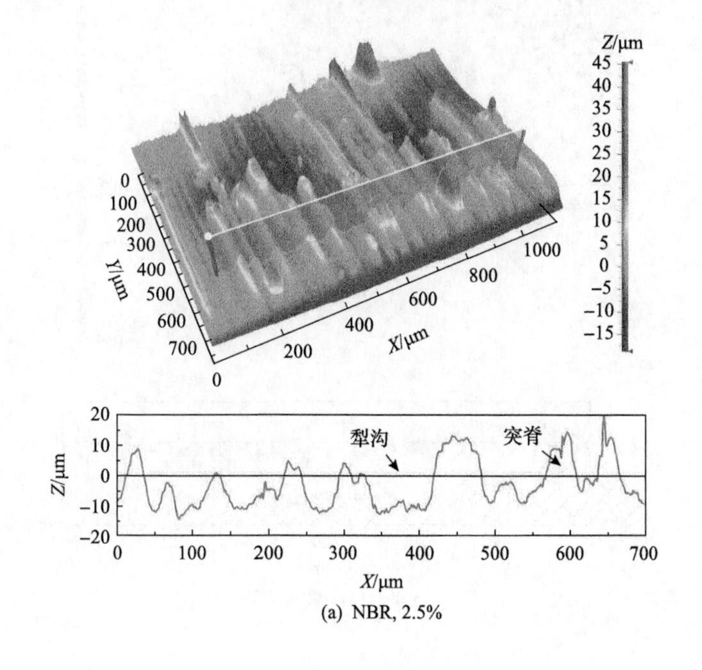

(a) NBR, 2.5%

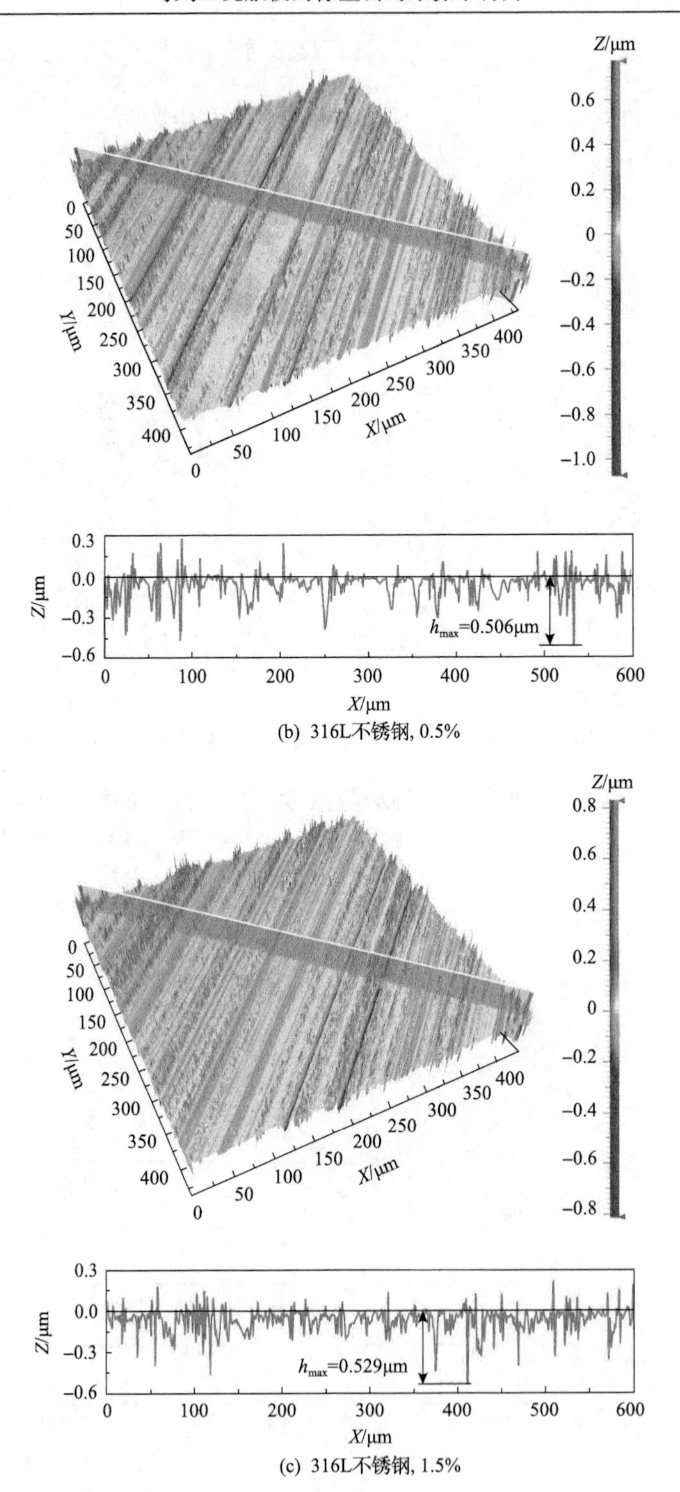

(b) 316L不锈钢, 0.5%

(c) 316L不锈钢, 1.5%

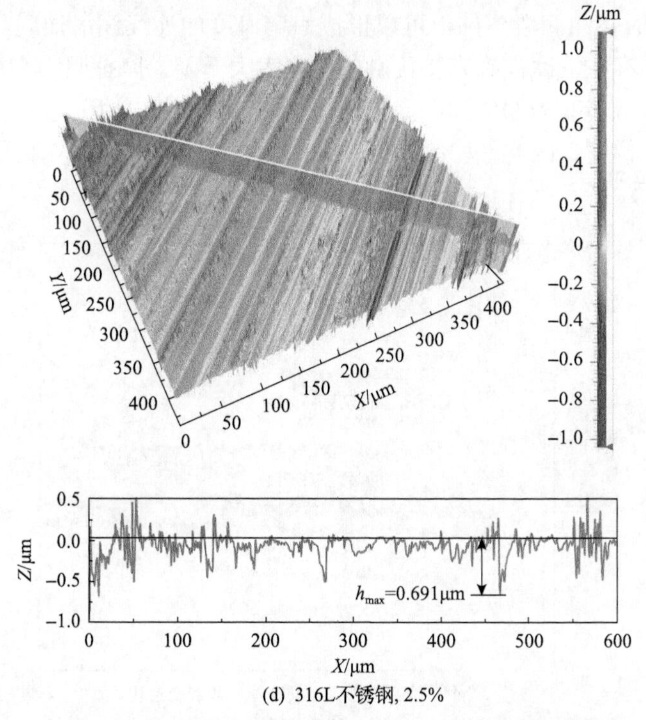

(d) 316L不锈钢, 2.5%

图 5.22　不同磨粒浓度的 5000 目环境下摩擦副的磨痕轮廓

明显减小。当磨粒浓度从 0.5%增加到 2.5%时，犁沟的最大深度从 0.506μm 增加到 0.691μm。结果表明，此时磨粒流具有微抛光效果，从而降低了金属表面的损伤(图 5.16(b))。然而，磨粒流的冲蚀行为对橡胶基体造成了严重的损伤，磨损率也急剧增加，如图 5.16(a)所示。

5.4　油润滑工况下颗粒尺寸效应

通常，橡塑密封介质常为油介质，油液黏度决定密封界面的膜厚。已有的研究已证实硬质颗粒能否顺利进入密封界面与其液膜厚度密切相关，因此需要研究油液等密封介质黏度对近膜厚尺寸颗粒的三体磨粒磨损行为。

5.4.1　磨粒尺寸的相关性分析

图 5.23 为油润滑状态下不同颗粒尺寸对应的摩擦系数时变曲线。由图可得，油润滑环境下不同的颗粒尺寸对摩擦系数的时变特性有显著的影响。事实上，对于油润滑环境下聚合物及其复合材料的摩擦学机理，国内外学者已开展了较为系统的研究，其摩擦系数时变曲线的平稳特性主要得益于摩擦副(PTFE/316L 不锈

钢)的接触界面在油润滑条件下可以形成一定厚度的连续润滑油膜[31]。另外，由于界面油膜的存在，摩擦副直接接触的概率大大下降，摩擦阻力来源由软硬对摩副间的直接接触转变为润滑油膜流体分子之间的内摩擦，所反映的摩擦切应力具有一定的分布梯度，因此平稳的摩擦系数时变曲线上呈现出紧密的波动特性[32]，如图 5.23 所示。

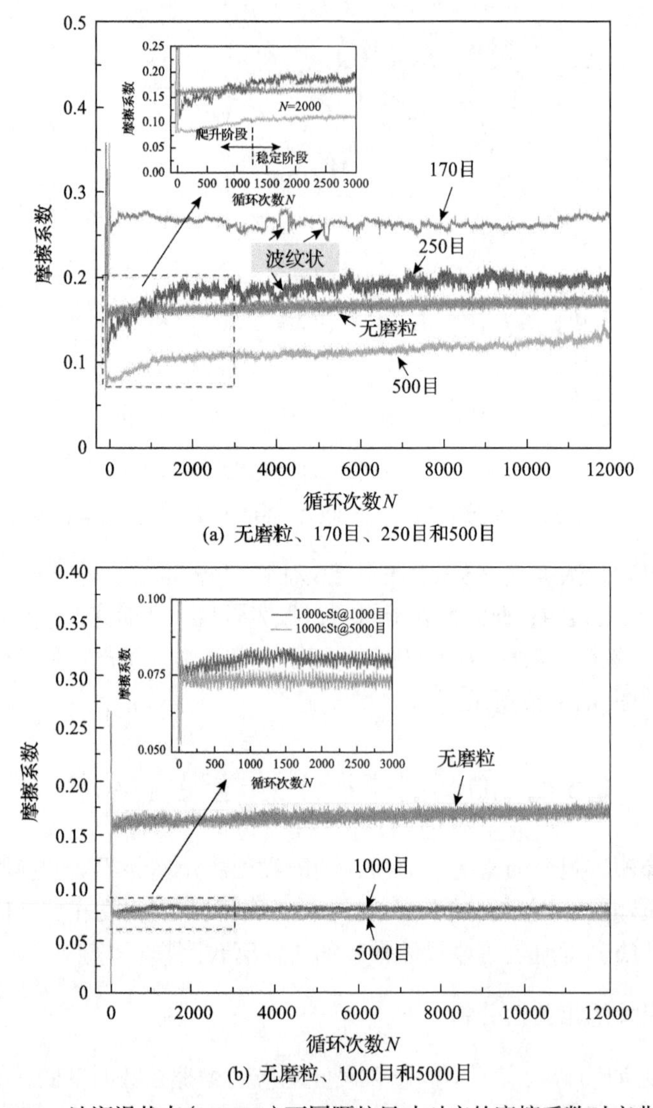

(a) 无磨粒、170目、250目和500目

(b) 无磨粒、1000目和5000目

图 5.23　油润滑状态(1000cSt)不同颗粒尺寸对应的摩擦系数时变曲线

对于 170 目颗粒环境，摩擦系数时变曲线在整个摩擦周期维持着动态平稳的演变特性，但由于颗粒环境的影响，其摩擦系数明显高于无磨粒环境，约为 0.26。

但值得一提的是，动态稳定的摩擦系数会出现随机突然上升或者下降，时变曲线出现明显的“波纹状”特征，如图 5.23(a)所示。相似地，这种摩擦系数的波动演变也出现在 250 目颗粒环境下，且贯穿整个摩擦系数循环周期。此外，在摩擦早期出现摩擦系数快速下降，随后逐渐爬升，最后进入动态稳定阶段，详见图 5.23(a)。由图 5.23(a)也可以看出，对比 250 目和 500 目两种颗粒，较小的颗粒尺寸下摩擦系数时变曲线爬升阶段所持续的循环周期更少(颗粒粒度为 250 目时摩擦系数爬升过程持续了 2000 个摩擦循环，而颗粒粒度为 500 目时摩擦系数爬升过程持续了 1250 个摩擦循环)。

1000 目粒度环境下的摩擦系数时变特性与上述 500 目粒度环境下的摩擦系数时变特性极为相似。此外，小颗粒尺寸环境下的摩擦系数相对较小，且明显远低于无磨粒环境，其摩擦系数时变曲线的稳定性相比于其他工况更好，摩擦系数也十分接近，维持在 0.07 左右，如图 5.23(b)所示。

图 5.24 为随着颗粒尺寸的增加，摩擦副的平均摩擦系数(ACOF)和配股金属磨损表面粗糙度(R_a)以及磨痕轮廓最大深度的演变特征。由图 5.24 可以看出，在油润滑条件下，随着颗粒尺寸的增加，平均摩擦系数表现出先下降再逐渐增加的趋势。颗粒尺寸较大环境下的平均摩擦系数和磨损表面粗糙度 R_a 呈现出较大的数值，表明颗粒尺寸对 PTFE/316L 不锈钢软硬密封副的摩擦学特性的影响具有明显的颗粒尺寸效应。当油润滑状态中颗粒尺寸小于 10μm(1000 目和 5000 目)时，磨蚀条件下的摩擦系数达到了极小值，约为 0.070，平均摩擦系数远低于无磨粒条件，这可能归因于当润滑介质中小尺寸颗粒参与摩擦时，颗粒尺寸接近或者小于界面油膜厚度，颗粒自由进出原界面润滑体系并在界面内充当第三滚动体，摩擦副由

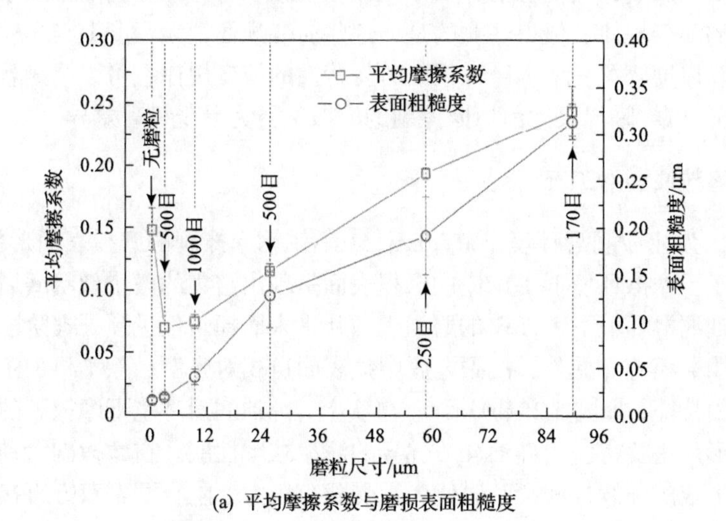

(a) 平均摩擦系数与磨损表面粗糙度

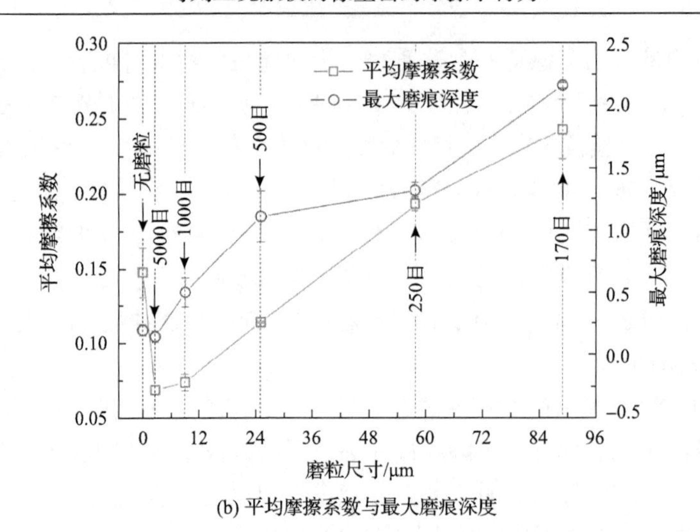

(b) 平均摩擦系数与最大磨痕深度

图 5.24　油润滑状态下平均摩擦系数与 316L 不锈钢磨损表面粗糙度以及最大磨痕深度随颗粒尺寸的演变规律

"PTFE-油膜-316L 不锈钢"构成的流体动力润滑态转变为颗粒参与磨损的"PTFE-磨粒流-316L 不锈钢"多体磨损状态，小尺寸颗粒在接触界面进出动态平衡和滑移效果营造了极低的平均摩擦系数。此外，对 316L 不锈钢磨损表面粗糙度和最大磨痕深度分析发现，它们随颗粒尺寸的增加也呈现相似的演变规律，即先下降再逐渐增加。这一研究结果与课题组先前对水润滑条件下橡胶三体磨粒磨损所呈现的结果差异显著[3, 33]。

综上所述，油润滑条件下颗粒尺寸的大小对摩擦副的平均摩擦系数、磨损形貌都有重要的影响；当油润滑介质中存在硬质颗粒时，摩擦副的摩擦系数呈现出较为复杂的演变规律。值得注意的是，这些演变规律很大程度上与颗粒临界尺寸和润滑油膜厚度相关；依据摩擦系数时变特性的演变规律，可以推测颗粒临界尺寸为 10μm，颗粒临界尺寸前后摩擦副的摩擦学行为呈现显著差异。

5.4.2　无磨粒油润滑工况

图 5.25 为纯油润滑环境下 PTFE/316L 不锈钢摩擦副的磨损表面形貌 SEM 图像。相比于干摩擦环境下 PTFE 的磨损表面呈现出富集的微小丝状磨屑和片层状剥落，而油润滑环境下 PTFE 的磨损表面几乎未磨损，仅见预处理阶段残留的加工条纹和撕裂痕迹。此外，配副金属磨损表面也相对光滑，除了机加工痕迹、无明显被磨损特征，如图 5.25(b)所示。事实上，纯油润滑环境下摩擦副的这种类似于未磨损形貌主要得益于硅油介质优异的润滑减摩性能。在摩擦副滑动过程中，接触界面形成的连续性润滑油膜优先承受载荷压力，阻止配副双方直接接触，避免不锈钢表面的微凸体犁削 PTFE 软基体表面，润滑油膜的存在使得摩擦表面剪

切应力大大降低，因此有效防止了类似于干滑动过程中 PTFE 软基质的大片撕裂、脱落和材料转移等损伤的形成。值得一提的是，干式高速滑动下的软硬摩擦副界面会因为摩擦热积聚无法有效扩散，PTFE 接触面升温软化，严重情况下发生材料蠕变[34,35]。循环的润滑介质可以将摩擦热转移出摩擦副接触区域，阻止 PTFE 黏着磨损或疲劳磨损的发生。因此，摩擦副界面在润滑油膜的作用下维持着“PTFE-润滑油膜-316L 不锈钢”构成的稳定流体动力润滑状态，表现出较低且稳定的摩擦系数，如图 5.23 所示。

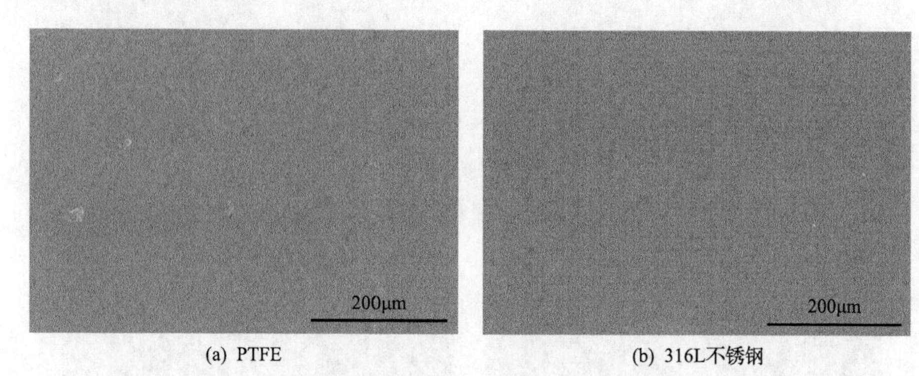

(a) PTFE　(b) 316L不锈钢

图 5.25　纯油润滑环境下摩擦副磨损表面 SEM 图像

5.4.3　颗粒在临界尺寸以上的摩擦学行为

在油润滑介质被硬质颗粒物污染后，硬质颗粒的存在破坏了界面间构建润滑油膜的连续性，摩擦副的接触界面进入边界润滑状态，其密封界面润滑状态的转变将直接影响摩擦副的摩擦系数和磨损形貌。

图 5.26 为 170 目颗粒油润滑环境下 316L 不锈钢磨损表面微观形貌和磨痕边缘的铝元素分布云图。由图 5.26(a)可以看出，配副金属的磨痕边缘两侧分布着沿滑动方向较深的切削犁沟，而配副金属的磨痕中心相对光滑，仅有少量细小犁沟。事实上，对于 170 目和 250 目(颗粒尺寸 d≈89μm 和 58μm)这类中等尺寸的颗粒，其颗粒尺寸远大于密封界面在滑动初始形成的油膜厚度，因此此类颗粒难以进入密封界面。但值得注意的是，这类颗粒在高速滑动过程中，会逐渐堆积在摩擦副接触区域的边缘，即颗粒首先在 PTFE 磨损表面边缘嵌入，如图 5.27(d)和图 5.28 所示。这些作用于接触副边缘的颗粒出现明显的颗粒尺寸效应，对配副金属的接触边缘造成严重的损伤，配副金属的磨痕边缘留下随机分布且特征明显的颗粒冲击凿坑[3]，(图 5.26(b)和(c))，其磨损机制主要表现为磨粒磨损。颗粒犁削作用下的配副金属表面单个切削犁沟的最大宽度约为 10μm(图 5.26(a))，这也是图 5.24(a)中此类颗粒环境磨蚀后 316L 不锈钢金属磨损表面呈现出较大的表面粗糙度 R_a 的主要原因。

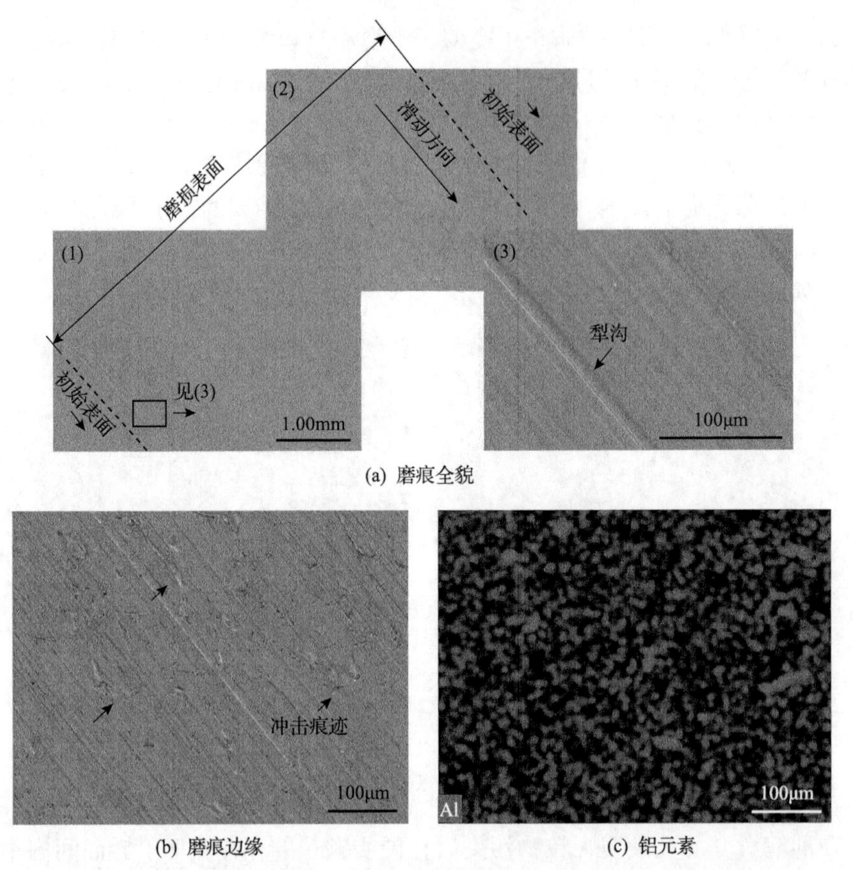

(a) 磨痕全貌

(b) 磨痕边缘　(c) 铝元素

图 5.26　170 目颗粒油润滑环境下 316L 不锈钢磨损表面微观形貌和铝元素分布云图

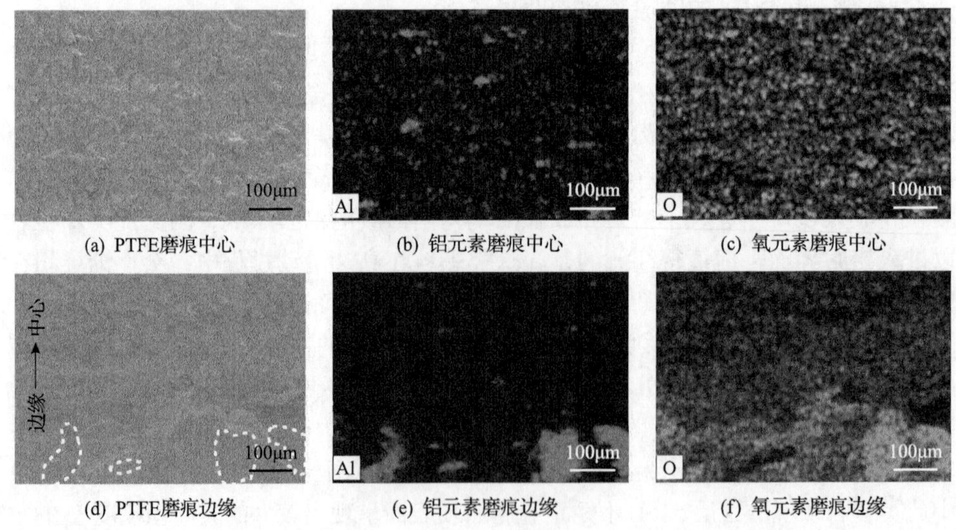

(a) PTFE磨痕中心　(b) 铝元素磨痕中心　(c) 氧元素磨痕中心

(d) PTFE磨痕边缘　(e) 铝元素磨痕边缘　(f) 氧元素磨痕边缘

图 5.27　170 目颗粒油润滑环境下 PTFE 磨损表面微观形貌与铝和氧元素分布云图

此外，由图 5.27(b)所示的铝元素分布云图可以看出，PTFE 磨痕的中心散布着零散的氧化铝颗粒，但这些颗粒的尺寸远小于接触边缘嵌入颗粒的粒度(边缘嵌入颗粒的 $d\approx90\mu m$，中心散布颗粒的 $d\approx20\mu m$)。这可能是由于部分的边缘嵌入磨粒颗粒在犁削配副金属时被折断、碾碎[9]，这些小颗粒在油润滑介质的挟带下逐渐向磨痕中心入侵。更重要的是，这种颗粒强度的崩溃和破碎颗粒的滑移效果造成剪应力的波动，引起摩擦系数时变曲线呈现出“波纹状”特征(图 5.23(a))。

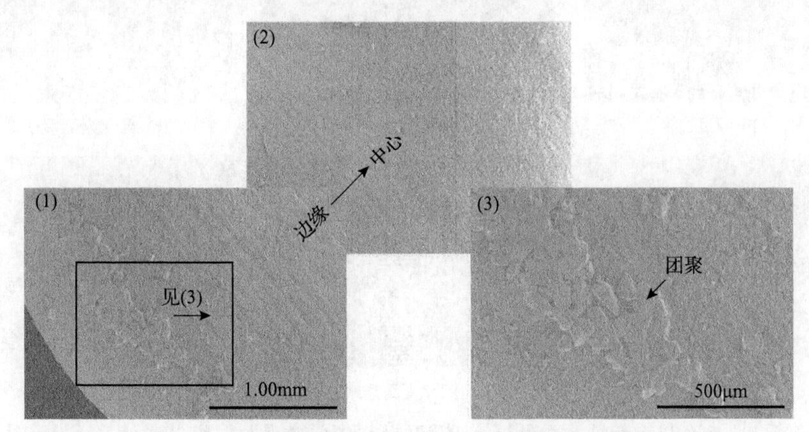

图 5.28　250 目颗粒油润滑环境下 PTFE 磨损表面 SEM 图

需要指出的是，在滑动摩擦初期，少量硬质磨粒进入摩擦副的接触边缘，隔开了 PTFE 和 316L 不锈钢的直接接触，摩擦副由 PTFE/316L 不锈钢金属两体磨损转变为“PTFE-颗粒-316L 不锈钢”三体磨损，造成瞬时的真实接触面积下降，因此摩擦系数时变曲线出现早期的下降；随后颗粒物的一系列运动行为，包括逐渐嵌入、聚集和堆积到接触边缘区域，并犁削不锈钢金属表面，阻碍摩擦副相对滑动的阻力缓慢增加，摩擦系数时变曲线进入爬升阶段；在颗粒参与下的摩擦副磨损体系处于一种动态平衡后，摩擦系数趋于相对稳定的动态平衡阶段，如图 5.23(a)所示。

当颗粒粒度减小至 500 目时，如图 5.29(a)所示，PTFE 磨损表面呈现出有别于上述颗粒的分布特征。由 SEM 图片可以看出，PTFE 磨损边缘依旧有颗粒分布，但不同于 250 目颗粒工况下颗粒物在接触副的边缘大量堆积，颗粒数目明显增加且呈略显散漫状分布，磨损表面边缘的嵌入颗粒由单个的“钉扎”逐渐演变为颗粒聚集性嵌入的“颗粒带”，再拓展到分布性较好的“磨粒群”(图 5.29(a)和(b))。值得注意的是，这种磨粒群的广泛分布，加剧了对配副金属的切削和材料去除，因此在配副金属的磨痕边缘区域出现了被猛烈切削留下的较宽的损伤沟槽带(宽度大于 500μm)，如图 5.30(a)所示，这种颗粒作用下的特殊现象称为砂轮效应[3,4,36]。因此，316L 不锈钢磨损表面的粗糙度 R_a 和最大磨痕深度仍较大，如图 5.24 所示。

上述现象表明，PTFE 磨损形貌接触边缘的 Al_2O_3 颗粒随着颗粒尺寸的减小，主要的颗粒行为先由单个磨粒钉扎嵌入，再转变为颗粒聚集性嵌入行为。同时，由于颗粒粒度的减小，接触边缘区域的部分颗粒逐渐向 PTFE 磨痕中心迁移，在磨痕中心留下典型的犁沟形貌(图 5.30(b))，但此时颗粒粒度仍大于油膜厚度，磨痕中心未出现明显的颗粒分布特征，因此颗粒尚未贯穿整个摩擦副密封界面。

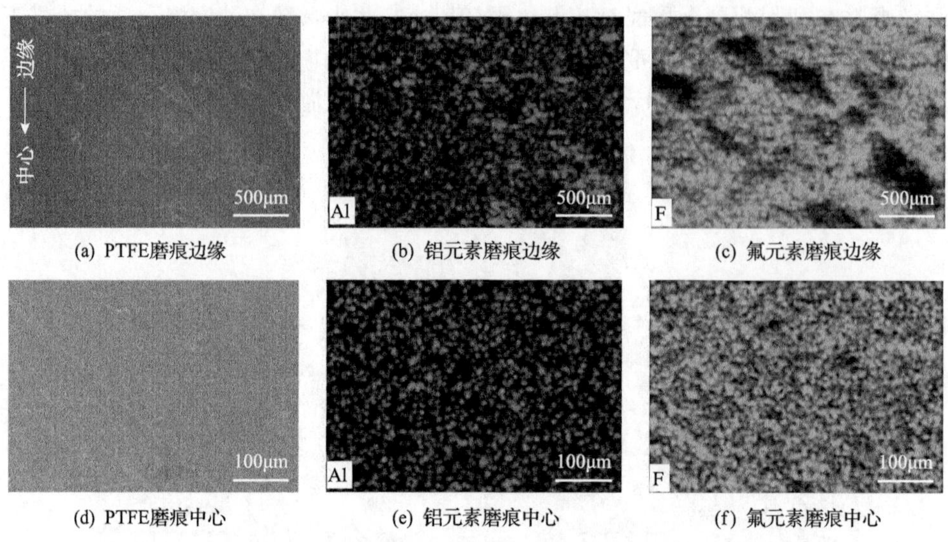

(a) PTFE磨痕边缘　(b) 铝元素磨痕边缘　(c) 氟元素磨痕边缘

(d) PTFE磨痕中心　(e) 铝元素磨痕中心　(f) 氟元素磨痕中心

图 5.29　500 目颗粒油润滑环境下 PTFE 磨损表面微观形貌和铝氟元素分布云图

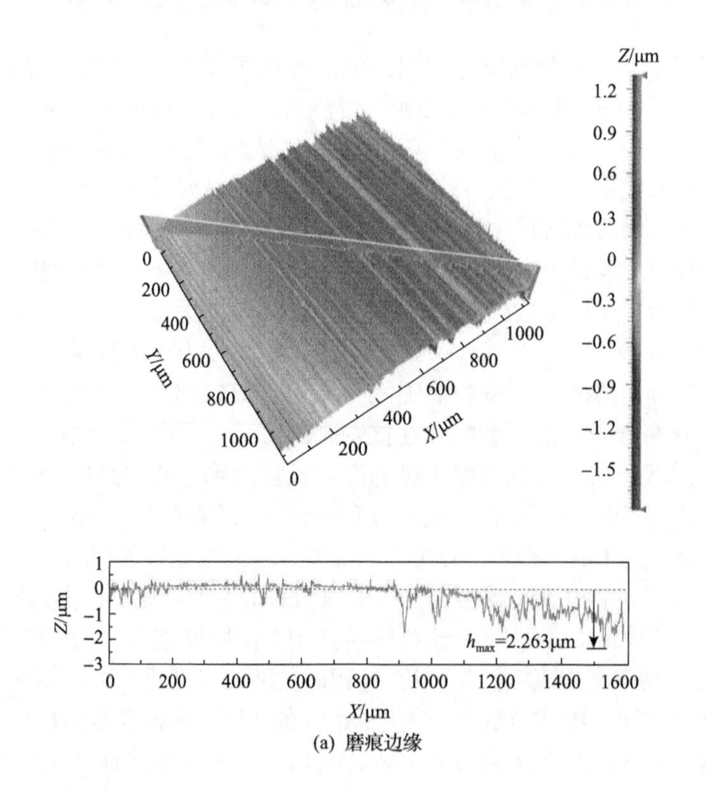

(a) 磨痕边缘

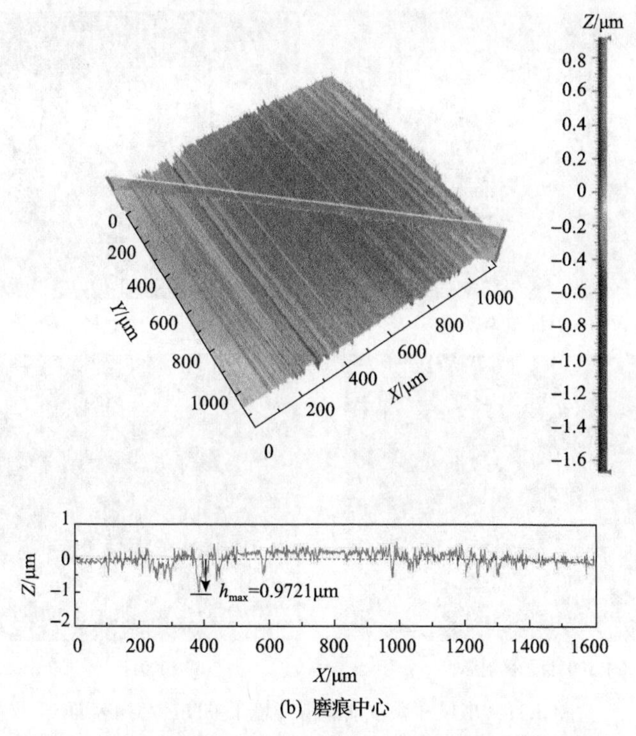

(b) 磨痕中心

图 5.30　500 目颗粒油润滑环境下 316L 不锈钢的磨痕轮廓

5.4.4　颗粒在临界尺寸以下的摩擦学行为

当颗粒尺寸进一步减小至 9μm 以下，即 1000 目和 5000 目颗粒环境时，摩擦系数呈现出极低的值且时变曲线在整个摩擦阶段十分稳定，这一演变现象表明可能是颗粒影响下摩擦副磨损表面的损伤机制发生了转变。图 5.31 为小尺寸颗粒油润滑环境下 PTFE 磨损区域接触中心的 SEM 形貌和铝元素分布云图。由图可以看出，PTFE 磨痕中心表面沿着滑动方向布满了似颗粒物的微凸体。进一步地，EDX 侦测分析发现磨损表面的铝元素原子占比明显增加，铝元素的分布较为密集且均匀(图 5.31(b))，这表明均匀分布的微凸点实际上是润滑油介质中的小尺寸颗粒物。此外，对于尺寸小于 2.6μm 的颗粒(5000 目颗粒)，PTFE 磨损表面同样布满了小尺寸的颗粒物，预磨处理的加工条纹仍清晰可辨。但不同的是，EDX 侦测显示其磨痕中心的铝元素偏向成团分布且不均，这可能是因为小尺寸颗粒拥有更大比表面积和表面结合能，且在该黏度(1000cSt)的油介质下颗粒物更容易团聚。

图 5.32 为 5000 目颗粒油润滑环境下 316L 不锈钢的磨痕表面轮廓形貌。对比图 5.26 和图 5.30 可以看出，小尺寸颗粒环境下配副金属三维轮廓表面相对光滑、

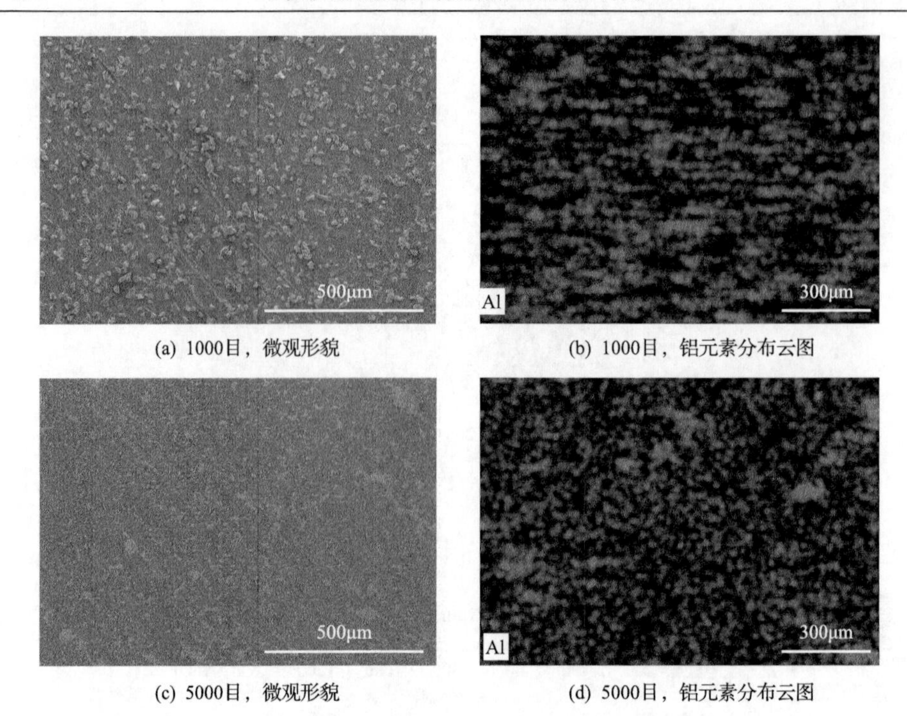

(a) 1000目，微观形貌　(b) 1000目，铝元素分布云图

(c) 5000目，微观形貌　(d) 5000目，铝元素分布云图

图 5.31　小尺寸颗粒油润滑环境下 PTFE 磨损表面

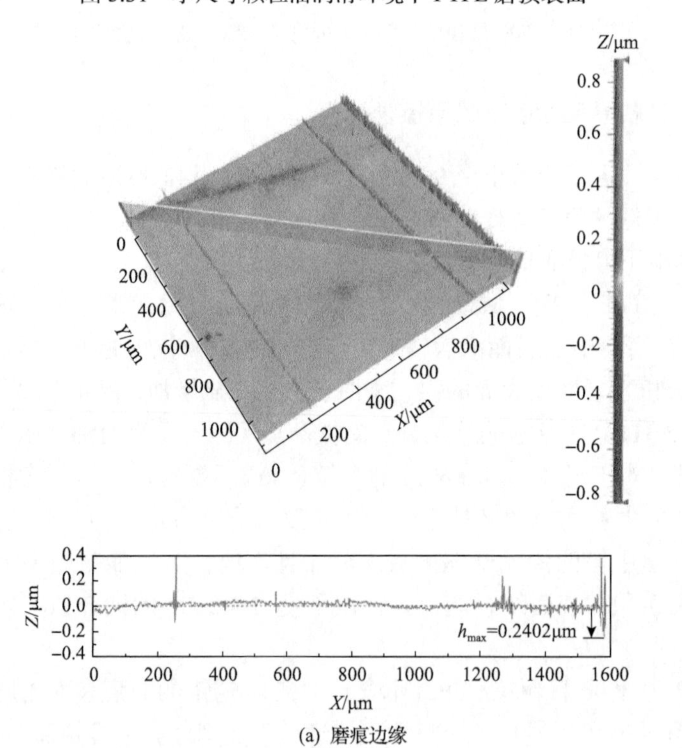

(a) 磨痕边缘

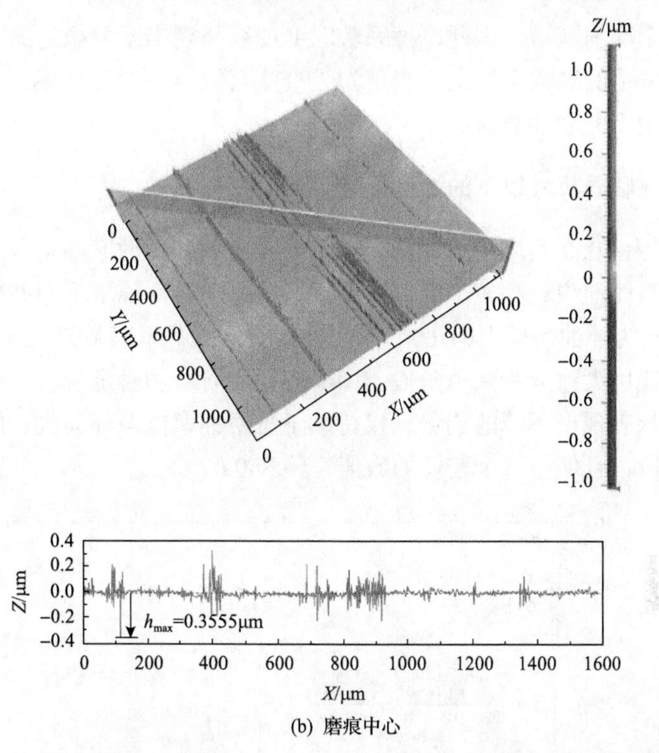

(b) 磨痕中心

图 5.32　5000 目颗粒油润滑环境下 316L 不锈钢磨痕边缘及中心的表面轮廓

犁沟较浅，且磨损表面具有部分突起的波峰和带有许多微观的毛刺。可以认定在小尺寸颗粒环境下，损伤行为发生了转变，不同于一般边缘嵌入颗粒的犁削和冲击作用，润滑介质中的小硬质颗粒对配副金属起到了“微抛光”的效果[24,37]，因此磨损表面的粗糙度较小(R_a=0.020μm)，如图 5.24 所示。

由此表明，小尺寸颗粒环境下摩擦副的损伤机制与上述中等颗粒环境截然不同。综上分析可以进行如下猜测：由于此时颗粒尺寸较小，仅几微米，颗粒物的尺寸接近，甚至小于润滑油膜的厚度，即可将 $d\approx10$μm 作为颗粒临界尺寸。因此，在摩擦副相对滑动过程中，这些小颗粒由于自身颗粒形性并未能获得足够的“抓地力”，使得颗粒物能够相对自由地穿过润滑油膜和接触界面，甚至是加工条纹的间隙，为尺寸更小的颗粒提供流动通道。此时，润滑介质中小尺寸颗粒的存在大大提高了摩擦副的承载能力，使得摩擦副进入流体动力润滑态，这也是小尺寸颗粒环境下摩擦系数表现出极低数值的主要原因。此外，小颗粒和油润滑介质组成的磨粒流在相对滑动过程中不断冲蚀摩擦副表面，因此 316L 不锈钢磨损表面呈现出有别于上述颗粒环境下的损伤形貌。值得一提的是，小尺寸颗粒环境在摩擦初期，密封界面内部的自由颗粒进出已达到动态平衡，经历短暂的摩擦周次后颗粒已经布满整个磨损区域，因此摩擦系数时变曲线呈现出十分稳定的演变趋势。小尺寸颗粒环境下的磨损机制主要表现为“PTFE-颗粒-316L 不锈钢”三体磨粒磨损和磨粒流作用下的冲蚀磨损。

5.4.5 颗粒在临界尺寸以下的浓度影响

图 5.33 为 1000 目颗粒油润滑环境下不同磨粒浓度的摩擦系数随循环次数的演变特征。具体地说，相较于纯油润滑环境，小颗粒环境下不同磨粒浓度的摩擦系数较小，约为纯油条件下的 1/2，且四种磨粒浓度下摩擦系数相近。此外，摩擦系数时变曲线可大致分为两个阶段，即摩擦初始阶段和稳定阶段。在摩擦初始阶段，摩擦系数表现出下降的趋势，仅持续了短暂的摩擦循环周次；随后摩擦系数进入稳定阶段，且保持一个较低的数值，约为 0.075。

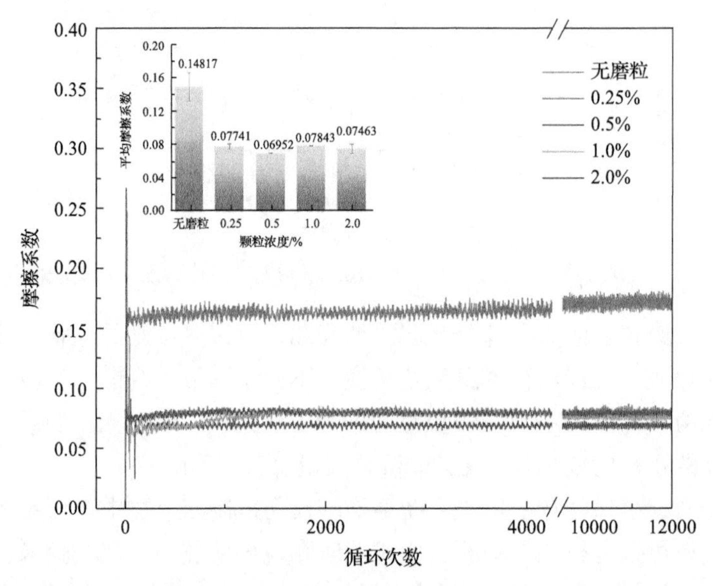

图 5.33　临界尺寸下不同磨粒浓度的摩擦系数随循环次数的演变(1000 目颗粒, 1000cSt)

图 5.34 为不同磨粒浓度影响下平均摩擦系数与配副金属表面粗糙度以及最大磨痕深度的演变规律。相比于平均摩擦系数几乎不随磨粒浓度的增加而变化，配副金属表面的粗糙度和最大磨痕深度与磨粒浓度密切相关。具体地说，随着磨粒浓度的增加，表面粗糙度 R_a 和最大磨痕深度也逐渐增加。但实际上，小颗粒环境下配副金属磨损表面粗糙度和最大磨痕深度仍较小，分别不足 0.05μm 和 0.7μm。这可能是由于此时磨粒粒度较小，颗粒尺寸接近甚至小于摩擦副接触界面的润滑油膜厚度，因此颗粒可以在摩擦界面内作为滚动体或沿滑动方向自由穿梭，在润滑介质的挟带下形成磨粒流，并对配副金属表面起到类似微抛光作用，因此配副

金属表面的损伤程度远不及颗粒尺寸过大的磨蚀环境，损伤后的粗糙度 R_a 和犁沟的宽度以及磨痕深度也会相应地大幅减小。

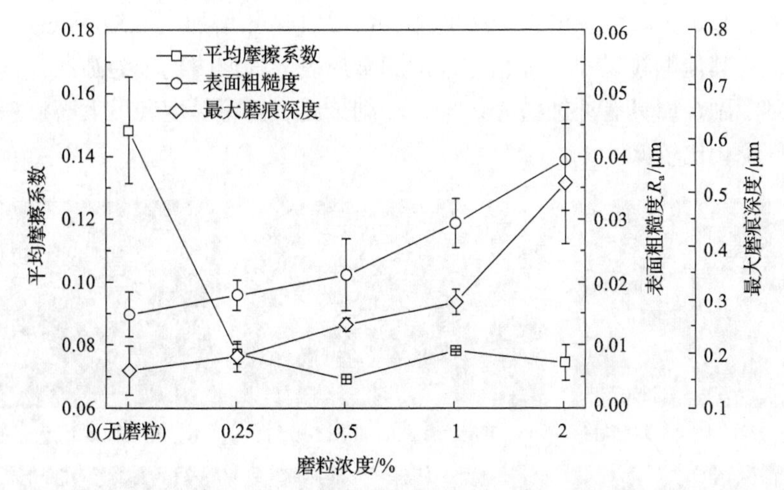

图 5.34　平均摩擦系数与 316L 不锈钢磨损表面粗糙度以及最大磨痕深度随磨粒浓度的演变规律

5.4.6　磨损失效机理探讨

图 5.35 为油润滑 1000 目、0.5%磨粒浓度环境下 PTFE 磨损表面微观形貌和 Al 元素分布云图。由图 5.35(a)可以看出，低磨粒浓度工况下 PTFE 磨损边缘分布着沿滑动方向较多的细犁沟；进一步地，在高倍形貌下可以发现 PTFE 磨损边缘还残余少量磨粒，但除了个别自由颗粒，部分磨料颗粒呈现区域性小块聚集，形成小的“磨粒群”。由 Al 元素分布云图也可以看出，Al 元素的分布较为均匀且小范围聚集，呈现较小的成团分布，磨痕边缘表现出明显的“磨粒群”现象，且“磨粒群”的分布相对均匀分散(图 5.35(c))。但与中等颗粒尺寸环境(170 目、250 目和 500 目)相比，磨粒群内的颗粒数目较少，仅 3～4 个。此外，PTFE 的磨痕中心呈现出差异明显的损伤形貌，即磨痕中心相对平整，在高倍形貌下仅发现部分自由颗粒冲蚀后留下的“蚀点”痕迹，EDX 面扫显示 PTFE 的磨痕中心几乎没有单一的自由颗粒或“磨粒群”存在(图 5.35(d)～(f))。值得一提的是，随着磨粒浓度的上升，磨痕边缘和接触中心的磨损形貌与低浓度刚好相反。由图 5.36 可以看出，在 PTFE 磨痕中心密集分布着大量的自由颗粒(图 5.36(a)和(c))，且在高倍形貌下可以发现少量的、贯穿整个磨痕的冲蚀犁沟(图 5.36(b))。然而，PTFE 的磨损边缘分布的颗粒数目较少，且基本不会形成低磨粒浓度工况下的“磨粒群”现象。

对比图 5.37 所示的不同工况下配副金属磨损表面三维轮廓可以发现，较小磨粒浓度下表面较为光滑平整，与无磨粒环境相似，单个波峰的形貌特征更为明显。

但磨粒浓度的改变显著影响配副金属表面的形貌轮廓，即随着磨粒浓度的增加，磨损表面的波峰数目显著增加，越发锋利且带有许多毛刺。随磨粒浓度的上升，表面粗糙度和最大磨痕深度也持续增加(由 0.1214μm 增加至 0.5289μm)。需要指出的是，与其他颗粒尺寸环境相比，配副金属表面的波峰仍较为圆润，这是由于磨粒流对配副金属具有冲蚀抛光效果，配副金属表面粗糙度和最大磨痕深度与其他颗粒环境相比较低。

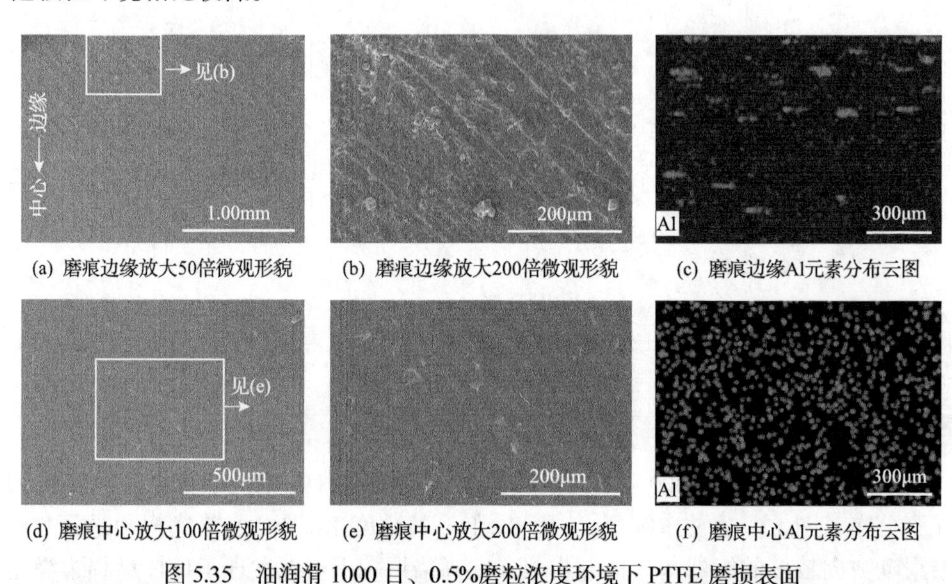

(a) 磨痕边缘放大50倍微观形貌　(b) 磨痕边缘放大200倍微观形貌　(c) 磨痕边缘Al元素分布云图

(d) 磨痕中心放大100倍微观形貌　(e) 磨痕中心放大200倍微观形貌　(f) 磨痕中心Al元素分布云图

图 5.35　油润滑 1000 目、0.5%磨粒浓度环境下 PTFE 磨损表面

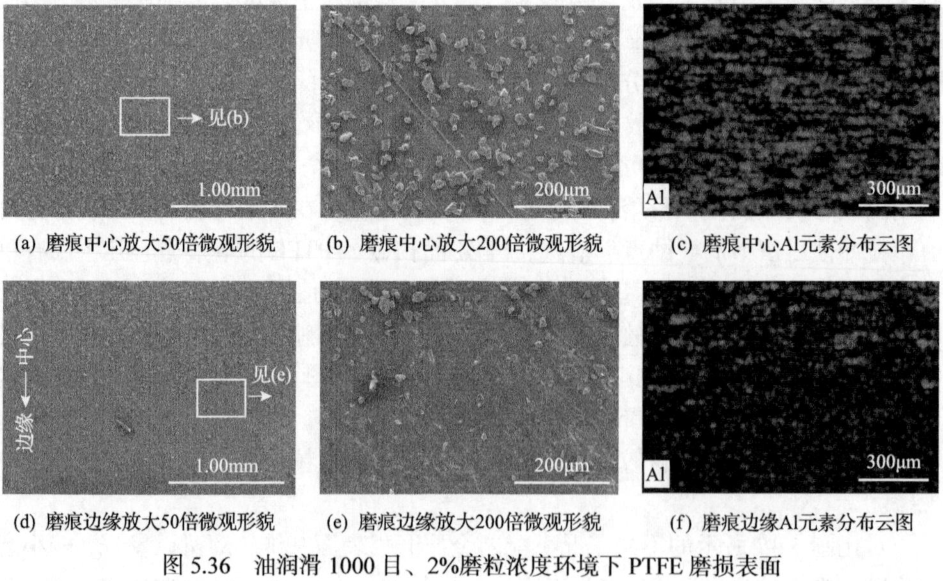

(a) 磨痕中心放大50倍微观形貌　(b) 磨痕中心放大200倍微观形貌　(c) 磨痕中心Al元素分布云图

(d) 磨痕边缘放大50倍微观形貌　(e) 磨痕边缘放大200倍微观形貌　(f) 磨痕边缘Al元素分布云图

图 5.36　油润滑 1000 目、2%磨粒浓度环境下 PTFE 磨损表面

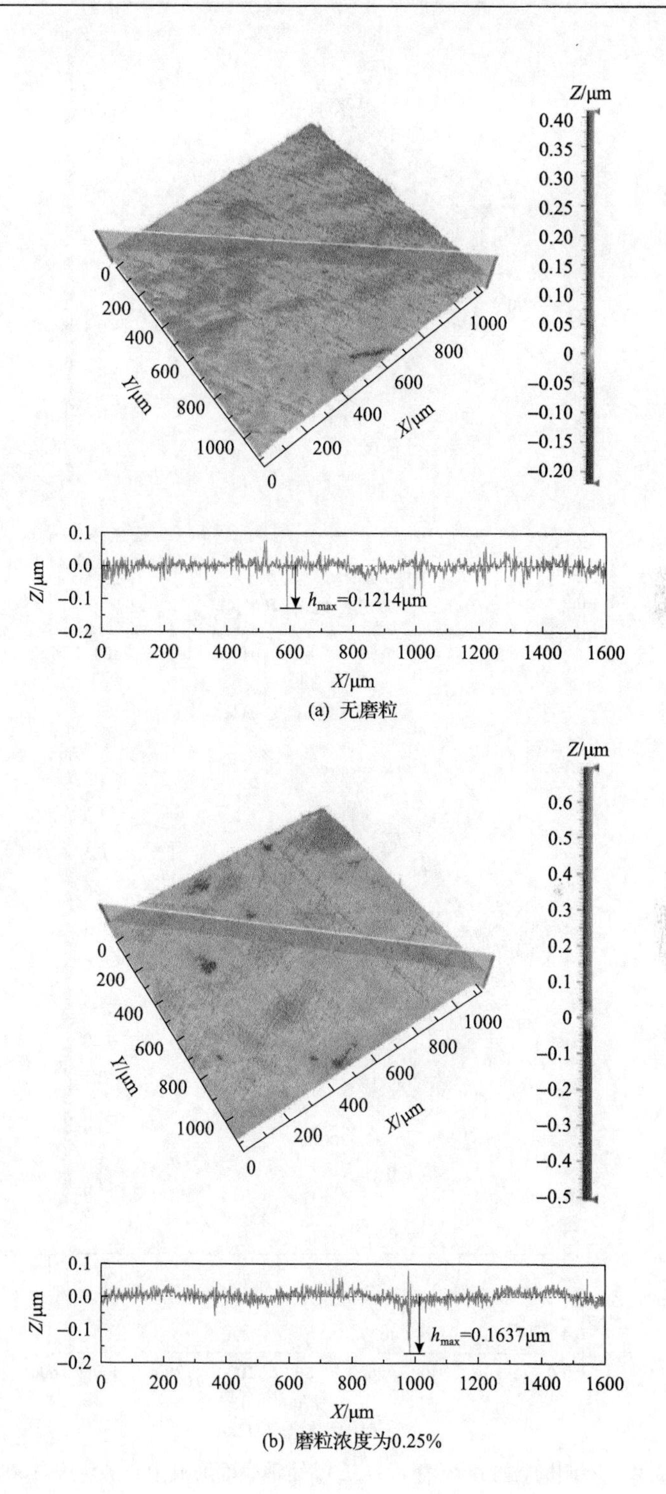

(a) 无磨粒

(b) 磨粒浓度为0.25%

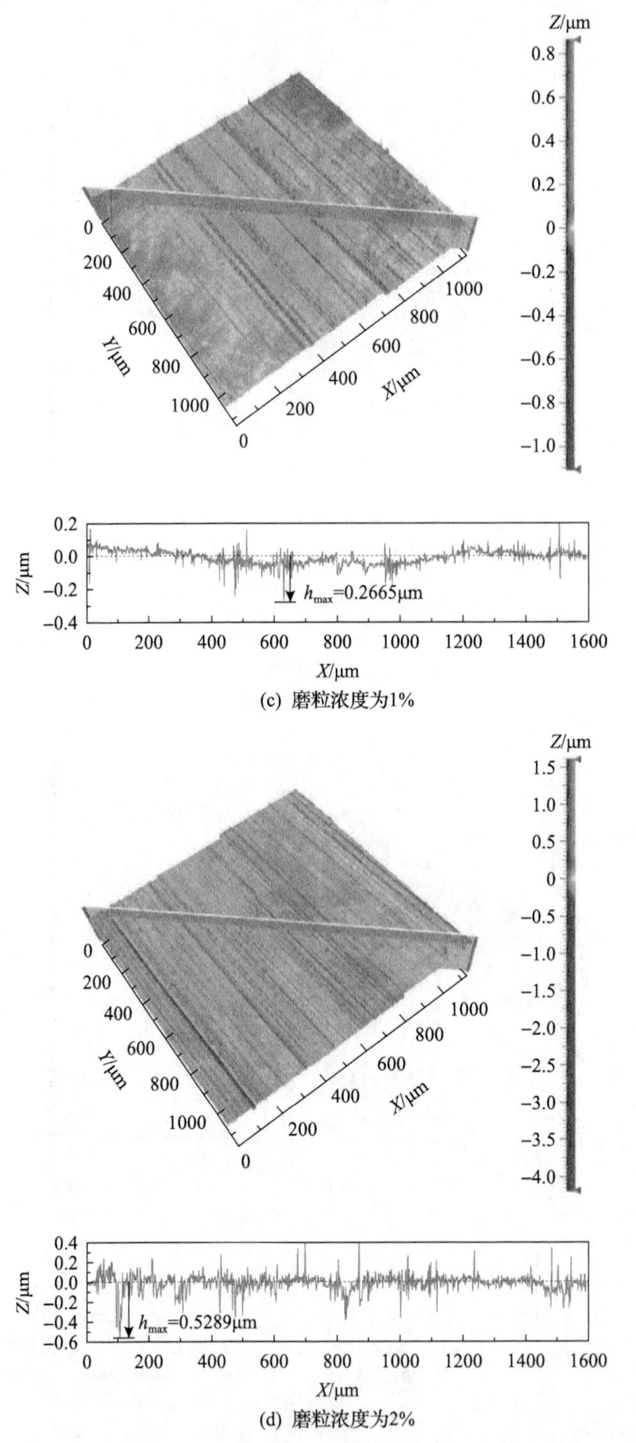

图 5.37　不同磨粒浓度环境下 316L 不锈钢表面磨痕中心的轮廓(1000 目)

以上现象表明，在低磨粒浓度工况下，由于润滑介质中硬质颗粒的数目较少，磨粒由接触副的边缘向界面内部渗透，并贯穿整个摩擦副接触界面；PTFE 磨损表面的边缘呈现出明显的“磨粒流”冲蚀犁沟，且边缘区域的自由颗粒还会形成较小的“磨粒群”。但随着磨粒浓度的增加，进驻到密封界面的颗粒数目明显增加，磨粒颗粒在润滑介质的携带下能够在接触间隙内自由穿梭，并随之布满整个磨损表面，表现出典型的“PTFE-颗粒-316L 不锈钢”三体磨粒磨损和冲蚀磨损特征。

5.4.7　损伤失效模型

当 PTFE 在油润滑磨蚀条件下摩擦 316L 不锈钢表面时，摩擦副磨损表面形貌表现出差异明显的损伤特征。为了进一步了解磨损过程，本节介绍三种典型的损伤失效模型，如图 5.38 所示。

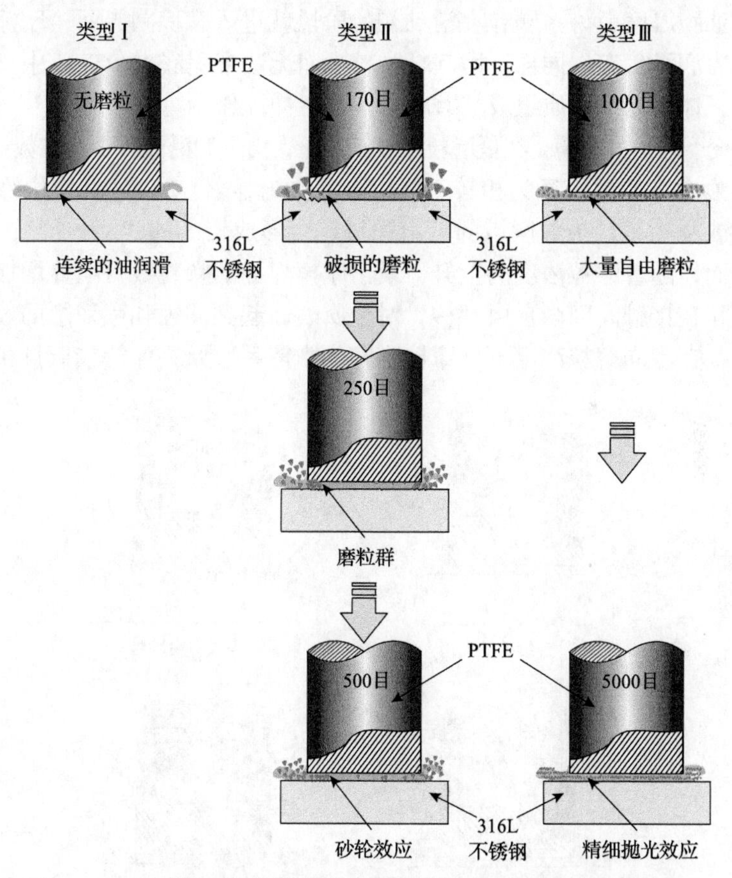

图 5.38　油润滑不同磨粒粒径环境下摩擦副的典型损伤失效模型

(1)类型Ⅰ：纯油润滑状态下，相对滑动的摩擦副间可稳定形成具有一定厚度的连续性润滑油膜，使得界面处于流体动力润滑状态，油膜优先承受外加载荷的挤压，隔开摩擦副材料间的相互接触，有效防止干滑动过程中 PTFE 软基质的大片撕裂、脱落和材料转移的发生。因此，接触界面大部分区域未出现明显损伤，摩擦副间的摩擦磨损形貌与无磨损状态相似。

(2)类型Ⅱ：对于大于颗粒临界尺寸的磨蚀条件(10μm<d<90μm)，此时颗粒尺寸大于界面油膜的厚度，颗粒难以进入磨痕中心，界面处于边界润滑状态。但在接触区域的边缘，单个颗粒可以有效嵌入并进行微切割，导致接触区域两侧形成切削沟壑，部分原始磨粒被折断、碾碎形成小的滚动体。随着颗粒尺寸的减小，接触区域边缘的自由颗粒会牢固地嵌入 PTFE 基体中，积聚并逐渐成为“磨粒群”，形成三体(PTFE-颗粒-316L 不锈钢)磨损状态，从而产生砂轮效应，猛烈切削配副金属表面。

(3)类型Ⅲ：对于小于颗粒临近尺寸的磨蚀条件(d<10μm)，由于颗粒尺寸小于或接近油膜厚度，许多颗粒在滑动初始阶段就进入摩擦副界面，摩擦副界面处于流体动力润滑状态。同样，因其粒径较小而无法牢固嵌入 PTFE 中，只能充当自由的第三体与润滑介质组成“磨粒流”产生冲蚀作用。

对于变磨粒浓度环境，在低磨粒浓度工况下，由于润滑介质中颗粒数目较少，磨粒流在磨痕边缘的损伤行为相较于磨痕中心更为显著。PTFE 磨痕边缘出现明显的颗粒冲蚀犁沟，且边缘区域的自由颗粒还会形成较小的“磨粒群”，如图 5.39 所示。然而，随着磨粒浓度的上升，攻击摩擦界面的颗粒数目明显增加，润滑介质携带颗粒在接触间隙内自由穿梭，对金属表面起到冲蚀和微切削的效果。需要指出的是，在不同磨粒浓度下，摩擦副间的摩擦系数始终保持较低且相近的值，

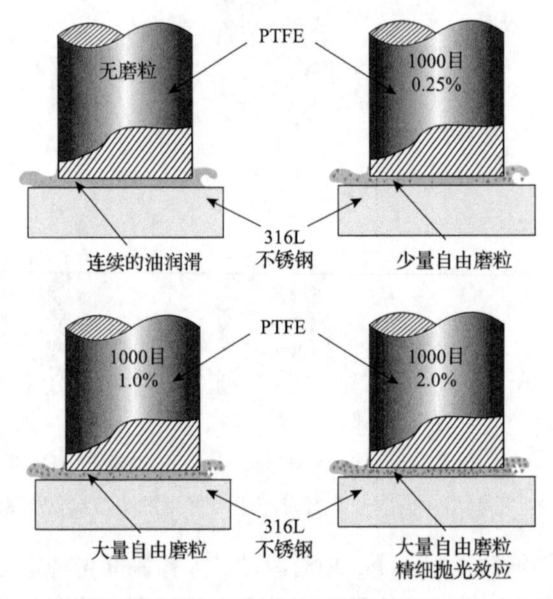

图 5.39　油润滑不同磨粒浓度环境下摩擦副的典型损伤失效模型

表明其润滑状态未发生实质的变化。

5.5　油润滑工况下 PTFE 磨粒磨损与界面润滑关系

事实上，摩擦副的摩擦系数和磨损机制对接触环境极为敏感，虽然没有普遍的方程能够预测所有材料的摩擦磨损行为，但已证明摩擦副材料的性能、接触面积、粗糙度和滑动速度等因素与摩擦副的摩擦演变具有良好的相关性，有时可以观察到线性趋势。此外，对于磨粒侵蚀下的油润滑环境，考虑到高速剪切作用下润滑介质的溶氧性增加，剪切稀化致使油介质黏度大大下降的影响，载荷与油介质黏度是改变界面润滑状态的重要因素。对界面润滑起基础性作用的参数是油的黏度，不同的油有不同的黏度。此外，油的黏度随温度、剪切速率和压力而变化，所生成的油膜厚度通常与黏度成正比。因此，需要重点讨论变接触压力和变黏度环境下小尺寸磨粒参与的 PTFE/316L 不锈钢密封副摩擦学行为和磨损机制，重点考察二者对摩擦系数时变性、界面润滑程度、磨损形貌参数以及磨损机理的影响。

5.5.1　颗粒在临界尺寸以下时接触压力对界面润滑的影响

图 5.40 为在富油润滑条件下，PTFE 与 316L 不锈钢金属组成软硬摩擦副时，不同接触压力影响下的摩擦系数时变曲线。为了便于讨论，将 5N、20N 和 40N 分别称为低接触压力、中等接触压力、高接触压力。由图可以看出，无磨粒环境下摩擦系数时变曲线基本保持稳定，但摩擦系数随着接触压力的上升呈现出先减小后增大的变化规律。这可能是由于界面润滑状态因接触压力的上升演变为边界润滑状态。但对于颗粒环境，摩擦系数时变曲线的演变特征发生略微改变。具体地说，在低接触压力(F_n=5N)状态下，有颗粒和无磨粒环境的摩擦系数呈现相同的

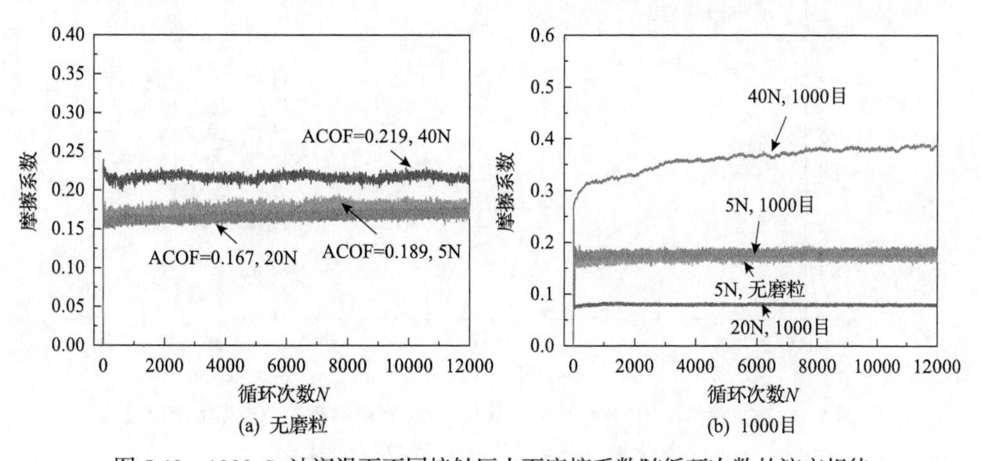

图 5.40　1000cSt 油润滑下不同接触压力下摩擦系数随循环次数的演变规律

演变趋势，摩擦系数时变曲线在 12000 个循环周次内保持较好的稳定性，且它们的摩擦系数相近，约为 0.172；随着接触压力的增加，这种稳定的时变特性并未改变，但中等接触压力(F_n=20N)环境下的摩擦系数下降，不到低接触压力条件下的 1/2。而对于高接触压力(F_n=40N)状态，高接触压力显著影响摩擦副间的摩擦系数，摩擦系数时变曲线在呈现持续爬升的趋势，且保持着一个较高的值，约为 0.34。事实上，摩擦系数时变曲线在一定程度上可以反映出摩擦副界面损伤特性、第三体行为和摩擦副间颗粒的动态特性。特别是在富油润滑环境下，随着摩擦副之间的接触压力增大，PTFE/316L 不锈钢软硬摩擦副的界面润滑状态可能会逐渐由流体动力润滑向混合润滑状态过渡，直至过渡为高接触压力条件下的边界润滑状态。

图 5.41 为在变接触压力对富油润滑 1000 目颗粒环境下，平均摩擦系数、316L 不锈钢磨损表面粗糙度和最大磨痕深度的变化趋势。由图可以看出，随着摩擦副间所受到的接触压力增大，平均摩擦系数呈现先下降再上升的演变趋势。其主要原因可能是接触压力的变化致使软硬摩擦副界面的润滑状态发生了改变，各润滑状态的颗粒运动行为显著影响了摩擦系数。然而，对于配副金属表面的损伤程度，表面粗糙度与最大磨痕深度似乎与接触压力呈正相关，即 316L 不锈钢磨损表面粗糙度和最大磨痕深度随着摩擦副间接触压力的增大而增加。接触压力的不同会引起摩擦系数和磨损表面形貌的差异，进而影响摩擦副间的损伤机制。因此，结合摩擦系数时变曲线和不同阶段磨损表面形貌的分析，归类和总结出了若干种不同的损伤特征。

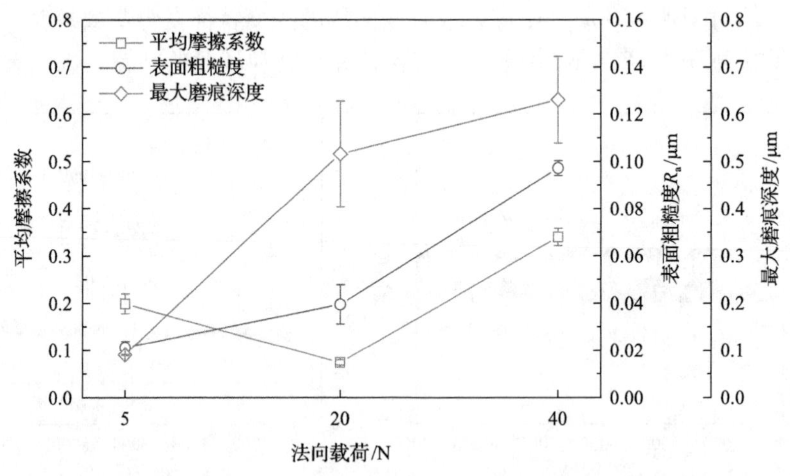

图 5.41　油润滑状态下平均摩擦系数与 316L 不锈钢磨损表面粗糙度以及最大磨痕深度随接触载荷的演变规律

图 5.42 为低、中等接触压力(F_n=5N、20N)条件下 PTFE 磨损表面微观形貌。由图 5.42(a)和(b)可得，除了少量微凸点和划痕，PTFE 磨损表面呈现相对光滑的特征，从高倍下的 SEM 可以看出，PTFE 磨痕中心的微凸体为散落在接触表面的自由颗粒，表明此时硬质颗粒已进入摩擦界面参与磨损。但 316L 不锈钢配副金属表面的磨痕内损伤极其轻微，甚至机加工痕迹仍清晰可见，几乎不存在磨粒流冲蚀磨损产生的细小犁沟，如图 5.43(a)所示。不难发现，当接触压力较低且颗粒尺寸较小时，即 F_n=5N 和 1000 目颗粒环境，由于施加载荷非常小，摩擦副间形成厚度适宜的润滑油膜，且该接触环境下的颗粒尺寸应远小于润滑油膜厚度。这使得颗粒在摩擦初期就已进入摩擦界面，厚度适宜的油膜隔开了摩擦副的直接接触，摩擦副的间隙为小尺寸颗粒提供了广阔的流动通道，颗粒的进入与排出的动态平衡状态在一开始就已建立，因此摩擦界面能够形成长期且稳定的“PTFE-油膜-316L 不锈钢”流体动力润滑状态或“PTFE-颗粒-316L 不锈钢”三体磨损体系。这也是低接触压力条件下，有、无磨粒环境的摩擦系数演变趋势一致且数值相近的主要原因(图 5.40)。此外，磨粒颗粒在油膜内部流动，与摩擦副表面接触的概率大大下降，颗粒对配副金属表面的切削作用和冲蚀效果大大削弱，磨损表面呈现较小的表面粗糙度，即 0.017μm(图 5.43(a))。

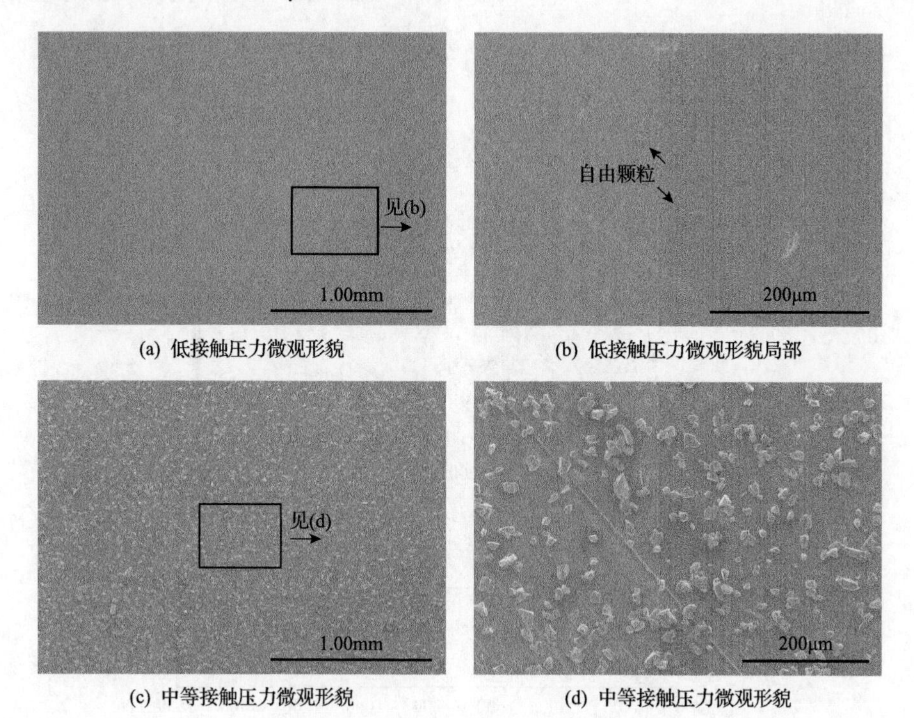

(a) 低接触压力微观形貌　(b) 低接触压力微观形貌局部

(c) 中等接触压力微观形貌　(d) 中等接触压力微观形貌

图 5.42　1000 目颗粒不同接触压力环境下 PTFE 磨损表面微观形貌

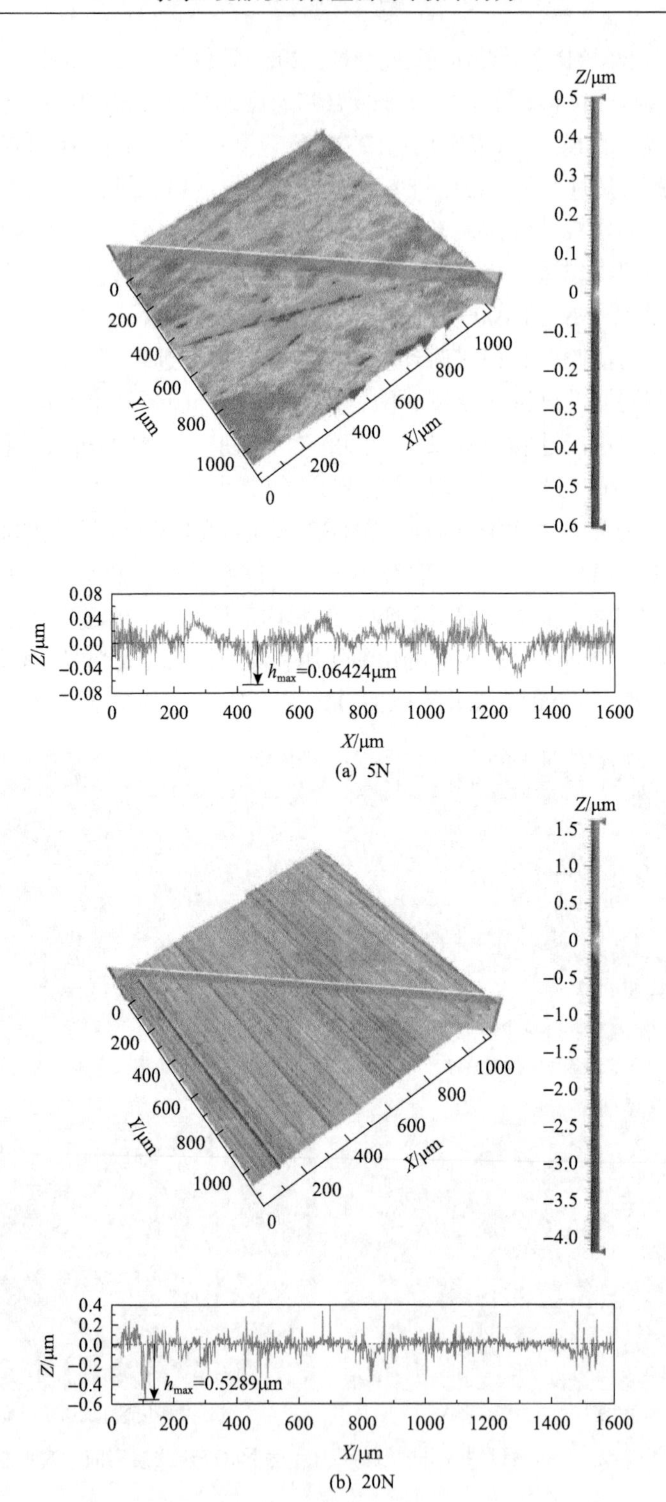
Z/μm
0.5
0.4
0.3
0.2
0.1
0
−0.1
−0.2
−0.3
−0.4
−0.5
−0.6
Y/μm
X/μm
h_{max}=0.06424μm
Z/μm
X/μm
Z/μm
1.5
1.0
0.5
0
−0.5
−1.0
−1.5
−2.0
−2.5
−3.0
−3.5
−4.0
h_{max}=0.5289μm

(a) 5N

(b) 20N

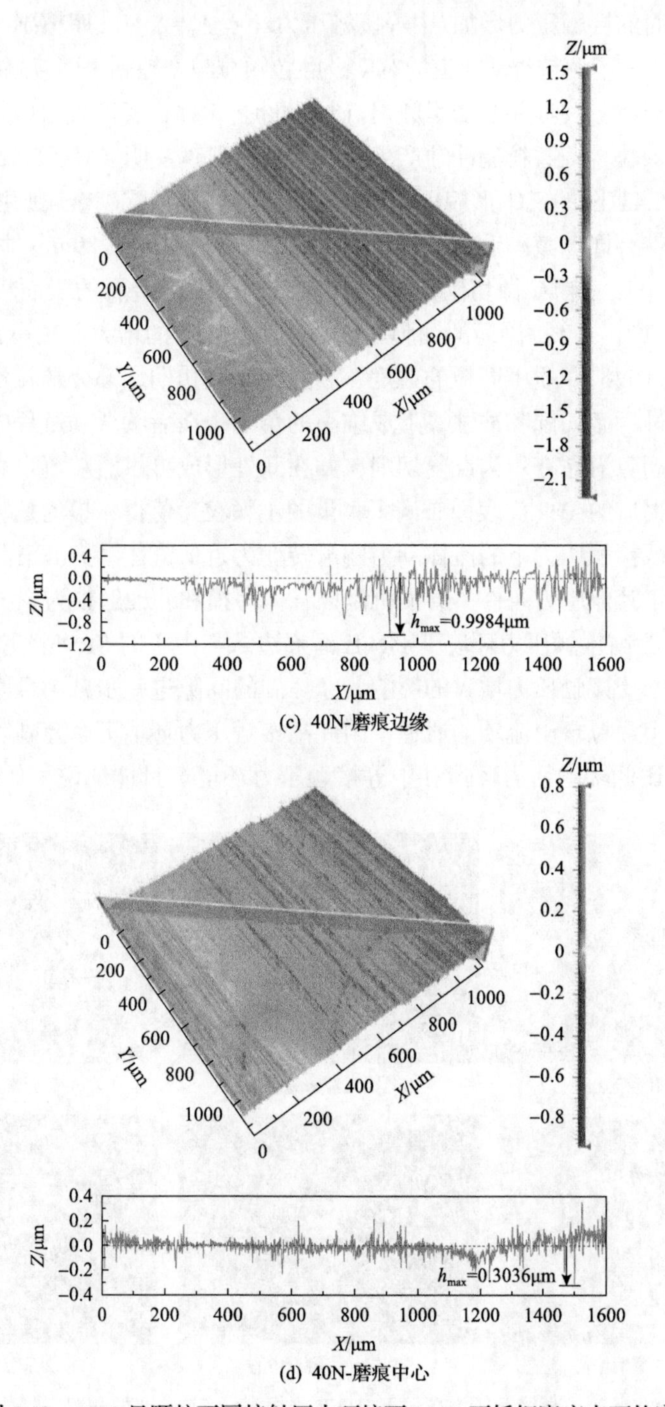

(c) 40N-磨痕边缘

(d) 40N-磨痕中心

图 5.43　1000 目颗粒不同接触压力环境下 316L 不锈钢磨痕表面轮廓

摩擦界面的接触压力增加(中等接触压力环境 F_n=20N)，摩擦副间形成的油膜厚度减小且压缩了颗粒流动通道的宽度，磨粒颗粒与摩擦副表面接触的概率增加，颗粒明显参与摩擦过程并改变了磨损机制。此时，PTFE 磨损表面均匀地分布着自由的 Al_2O_3 颗粒，且磨粒流冲蚀产生的微犁沟特征越发明显(图 5.42(c)和(d))；同样，由图 5.43(b)的三维形貌可以看出，该接触环境下配副金属磨损表面的波峰较为密集并带有许多微小毛刺，单个犁沟的最大深度为 0.5289μm。原有的机加工痕迹逐渐被小尺寸颗粒微切削产生的犁沟覆盖，配副金属的表面粗糙度上升至 0.056μm。事实上，摩擦副间的油膜厚度由于接触压力的增大而减小，但此时膜厚仍大于或接近润滑介质中磨粒的粒度，因此在摩擦初期，部分颗粒作为滚动体对摩擦副双方进行微切削和冲蚀，形成细小的犁沟；在后续滑动过程中，大量颗粒进入摩擦副间隙沿原有犁沟反复切削，并在此处形成可供磨粒流自由通行的微流道，因此磨损后的 PTFE 表面布满了大量的小颗粒。值得一提的是，该压力条件下摩擦副由低接触压力下的流体动力润滑转变为近似流体动力润滑状态，因此其摩擦系数小于其他压力条件，磨损机制以三体磨损和冲蚀磨损为主。

图 5.44 为高接触压力环境下 PTFE 磨痕边缘与中心的 SEM 图片和 Al、O 元素分布云图。受接触压力增大的影响，摩擦副的间隙进一步减小且摩擦剪应力提高，挤压了小颗粒自由流动的通道，因此高接触压力环境下摩擦副表面的损伤特征有别于上述低接触压力环境和中等接触压力环境。具体地说，如图 5.44(a)所

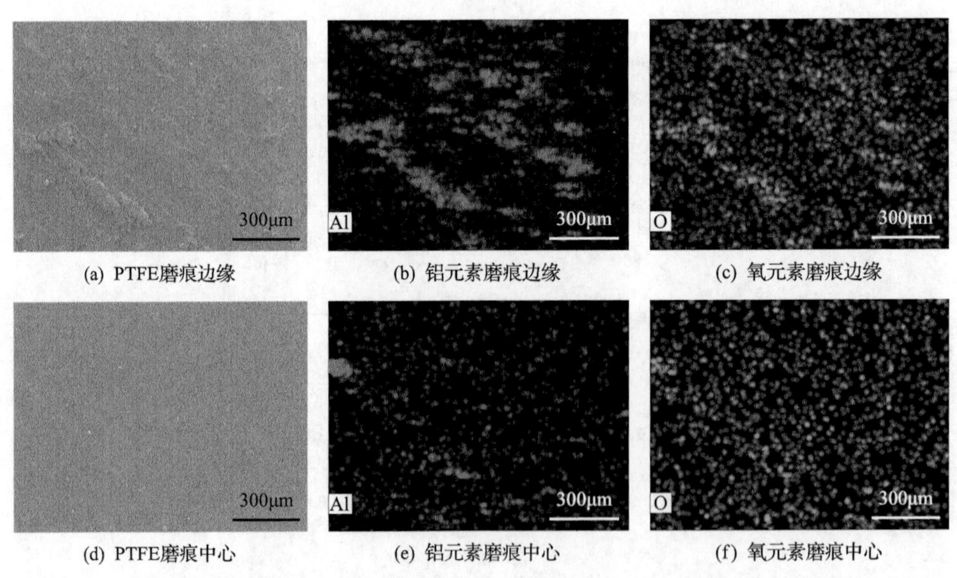

(a) PTFE磨痕边缘　(b) 铝元素磨痕边缘　(c) 氧元素磨痕边缘

(d) PTFE磨痕中心　(e) 铝元素磨痕中心　(f) 氧元素磨痕中心

图 5.44　1000 目颗粒高接触压力环境下 PTFE 磨损表面 SEM 图像和铝、氧元素分布云图

示，PTFE 磨损表面的边缘存在成团的絮状物，且磨损边缘同样分布着大量沿滑动方向的犁沟，犁沟的呈现特征有别于低接触压力和中等接触压力。此外，图 5.44(b)和(c)分别为 PTFE 接触边缘的铝、氧元素分布，由图可以看出，铝和氧元素成团分布且不均匀，对比铝和氧元素分布形貌可以看出两种元素分布一致。然而，PTFE 磨痕中心铝和氧元素占比极少且仅少量成团分布，SEM 形貌下还可观察到磨痕中心存在少量的自由颗粒和切削犁沟。

综上分析，在较高的接触压力条件下摩擦副的间隙被挤压缩小，接触界面处于边界润滑状态，这使得小颗粒在摩擦初始进驻摩擦副间隙的概率降低。摩擦副边缘积聚的颗粒逐渐增多，并被高接触压力压实，覆盖在 PTFE 磨损表面，进而阻碍了摩擦副的相对运动，因此摩擦系数呈现爬升的趋势。此外，随着边缘颗粒成群成团地覆盖在 PTFE 表面，形成特殊的“磨砂带”，展现出典型的砂轮效应，并加剧了对配副金属边缘的切削；因此，316L 不锈钢磨痕边缘三维形貌分布着紧密排布的齿状波峰，单个波峰的大小和宽度特征相比于其他接触压力环境显著，最大磨痕深度达到 0.9984μm。部分进入磨痕中心的颗粒并未充当自由滚动体，而是将颗粒的进攻角迎向 PTFE 猛烈犁削软体基质。因此，高接触压力条件下摩擦副的主要磨损机制为“PTFE-颗粒-316L 不锈钢”三体磨粒磨损。

图 5.45 为变接触压力环境下密封界面的磨损失效机制示意图。在纯油润滑条件下，随着接触压力的上升，密封界面的间隙逐渐减小，摩擦副间的润滑状态由

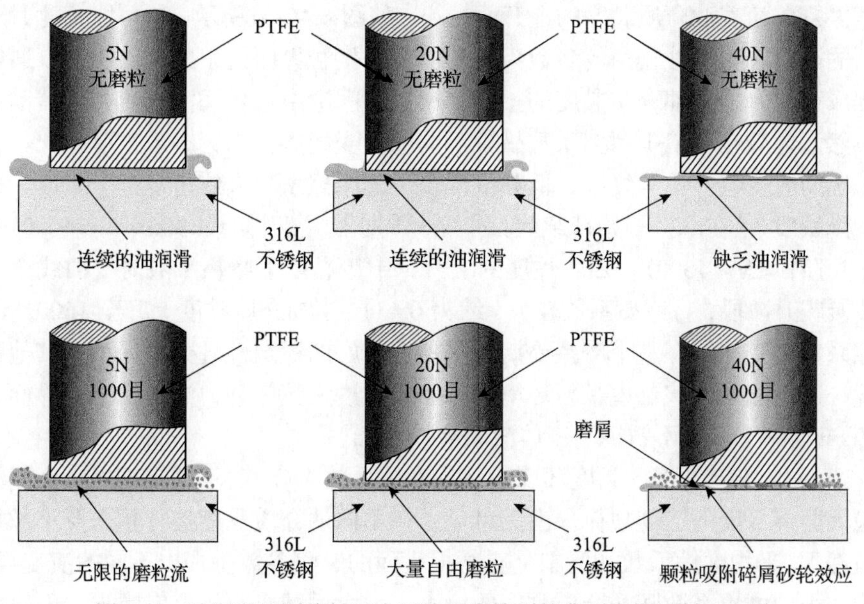

图 5.45　油润滑不同接触压力环境下摩擦副的典型磨损机制示意图

流动动力润滑状态转变为边界润滑状态，且磨损机制变更为“PTFE-316L 不锈钢”两体磨损状态。在低接触压力下，摩擦副间的油膜厚度和接触副间隙相对较宽，磨粒流可不受限制自由地穿过密封界面，其摩擦系数与损伤形式与纯油润滑环境下的磨损类似；摩擦界面维持长期且稳定的“PTFE-油膜-316L 不锈钢”流体动力润滑状态和“PTFE-颗粒-316L 不锈钢”三体磨损体系。此外，在中等接触压力环境下，虽然界面间隙减小，但磨粒颗粒仍能在界面内自由穿梭，颗粒物在摩擦界面的进入与排出自摩擦副启动阶段已达到动态平衡，处于流体动力润滑状态，摩擦系数较小。

当接触压力上升至 40N(P_H=2.239MPa)时，接触副的间隙被严重挤压，颗粒进入磨痕中心的难度增加，且颗粒不能充当自由滚动体；但这类小的颗粒物因其具有高表面能，受油介质黏度影响吸附粉末状磨屑，进而积聚、堆积形成小粒度的磨砂带，造成典型的局部砂轮效应。摩擦副处于边界润滑状态，损伤机制主要为“PTFE-颗粒-316L 不锈钢”三体磨粒磨损。

5.5.2　颗粒在临界尺寸以下时油介质黏度对界面润滑的影响

图 5.46 为不同油介质黏度下摩擦系数随循环次数的演变特征曲线。为了便于讨论，将 50cSt、350cSt 和 1000cSt 分别称为低黏度、中等黏度、高黏度。由图可以看出，润滑油介质黏度的大小对摩擦系数时变曲线有重要影响。此外，相比于富油无磨粒环境，小尺寸颗粒参与摩擦过程显著影响摩擦副间的摩擦系数。具体地说，富油无磨粒环境下摩擦系数时变曲线在 12000 个循环周次内基本维持平稳，但摩擦系数随着油介质黏度的上升而减小，如图 5.46(a)所示。这可能是此时对摩擦副的润滑起基础性作用的参数为油的黏度，接触界面所生成的油膜厚度通常与黏度成正比，随着油介质黏度的上升，摩擦副间隙由边界润滑过渡到流体动力润滑。然而含颗粒环境下摩擦系数呈现不同的演变趋势，与无磨粒工况相比，含颗粒工况的时变特性更为复杂；低黏度环境下的摩擦系数大致呈现三个阶段，即快速下降阶段(仅在摩擦初始持续数百个循环周次)、爬升阶段($300<N<4000$)和动态平稳阶段($N>4000$)。随着黏度的上升，中等黏度下摩擦系数时变曲线全程处于缓慢爬升阶段，且摩擦系数较大，约为 0.434。当油介质黏度上升至 1000cSt 时，摩擦系数时变曲线在整个摩擦周期内保持着极好的稳定性且数值远小于其他黏度环境，这可能是在该黏度颗粒环境下，摩擦副进入流体动力润滑状态，界面处于“PTFE-颗粒-316L 不锈钢”三体滚动磨损状态。

图 5.47 为变油介质黏度环境下平均摩擦系数与 316L 不锈钢磨损表面粗糙度和最大磨痕深度的演变规律。由图可见，在不同油介质黏度运行状态及小颗粒磨蚀条件下，平均摩擦系数和配副金属磨损表面的磨痕参数呈现出不同的演变规律。其中，平均摩擦系数随油介质黏度的增大先增大后减小，且金属磨损表面粗糙度的演变规律与之相似，即随着黏度的上升呈现出先增大后减小的变化规律。值得

一提的是，粗糙度由低黏度(50cSt)至中等黏度(350cSt)的上升趋势较小。然而，配副金属的最大磨痕深度随油介质黏度的上升而减小，这可能是因为接触界面的油膜厚度随油介质黏度上升而增加，小尺寸颗粒流通和贯穿摩擦副的间隙概率逐渐增大，磨粒流对配副金属表面的主要损伤行为转变为冲蚀磨损。

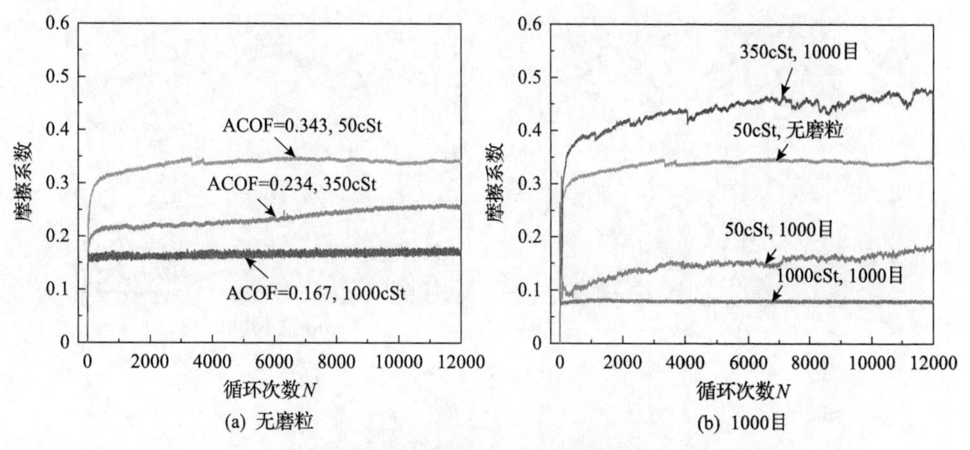

图 5.46　不同油介质黏度下摩擦系数随循环次数的演变特征曲线

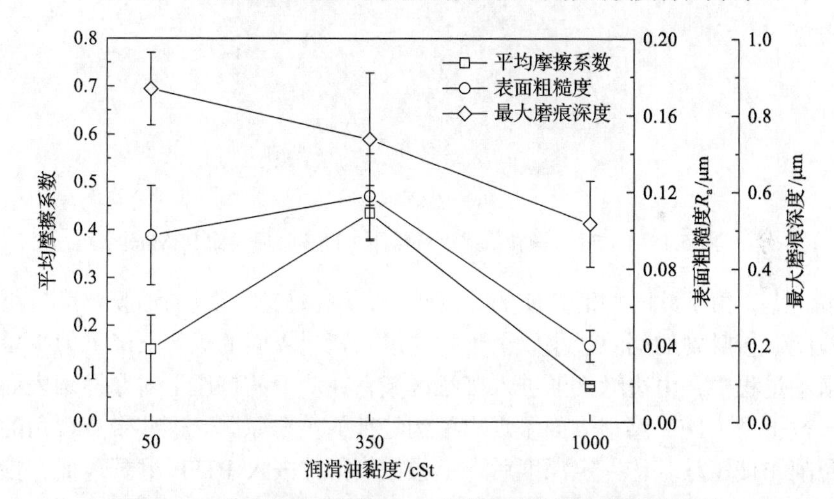

图 5.47　平均摩擦系数与 316L 不锈钢磨损表面粗糙度以及最大磨痕深度随油介质黏度的演变规律

对于 50cSt 这类低黏度油润滑环境，润滑硅油的黏度远小于其他油介质，宏观上硅油的黏稠度与水相似，因此低黏度油润滑环境下产生的油膜难以支撑接触载荷的挤压，摩擦副处于边界润滑状态。图 5.48 为低黏度油润滑 1000 目颗粒环境下 PTFE 磨损表面形貌。由图 5.48(a)可以看出，低倍数的磨损表面分布着随机且长短不一的犁沟或划痕，磨痕中心还存在着由大片密集坑点组成的粗糙区域，与外侧光滑表面形成鲜明的对比；而高倍数的磨损表面存在典型的颗粒嵌入、再聚集、后形成的小型“磨粒群”特征，“磨粒群”刚好位于划痕轨迹的末端(图 5.48(c))；此外，对粗糙区域放大分析可以发现，粗糙区域内的坑点形状各异、不规则，且还有少量攻角锐利的小颗粒嵌入磨损表面和极小的“磨粒群”存在。

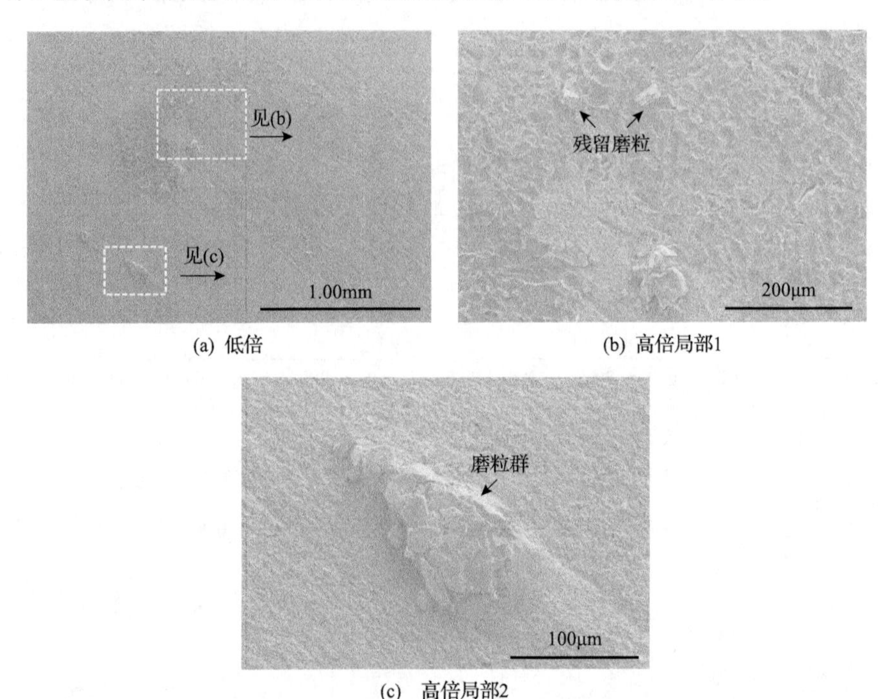

(a) 低倍　(b) 高倍局部1

(c) 高倍局部2

图 5.48　1000 目颗粒低黏度环境下 PTFE 磨损表面 SEM 图

事实上，由于此时润滑介质的黏度较小，摩擦初始形成的油膜厚度远小于磨粒的粒度，接触副的间隙过小以至于颗粒进入密封界面的概率下降。但少量的颗粒在滑动过程中，由边缘逐渐进入接触区域，在应力的挤压下对摩擦副表面造成损伤，这也是 PTFE 磨损表面呈现出犁沟特征的主要原因。这些带有攻角的硬质颗粒犁削 PTFE 软基体一定深度后，小颗粒停留并嵌入 PTFE 磨损表面，抬升了摩擦副的接触高度，摩擦副的真实接触面积变小，因此短循环周次内摩擦系数较小。而后续侵入摩擦界面的颗粒逐渐聚集汇合成“磨粒群”，因此粗糙区域是摩擦过程中磨损表面形成的大面积“磨粒群”，这些在接触边缘形成的“磨粒群”和单个嵌入颗粒可以造成配副金属边缘的严重损伤，在这个阶段摩擦系数保持上升的趋势。如图 5.49(a)所示，配副金属磨损表面边缘分布着大量沿滑动方向的犁沟，且单个犁沟的宽度和深度特征十分明显，宽约 20μm，深约 0.9996μm。需要指出的是，随着进驻颗粒的增加，接触界面被抬升的高度增加，单位面积内的颗粒承载的应力逐渐减小，加之由于 1000 目颗粒的尺寸未足够大(d<10μm)，除了初始

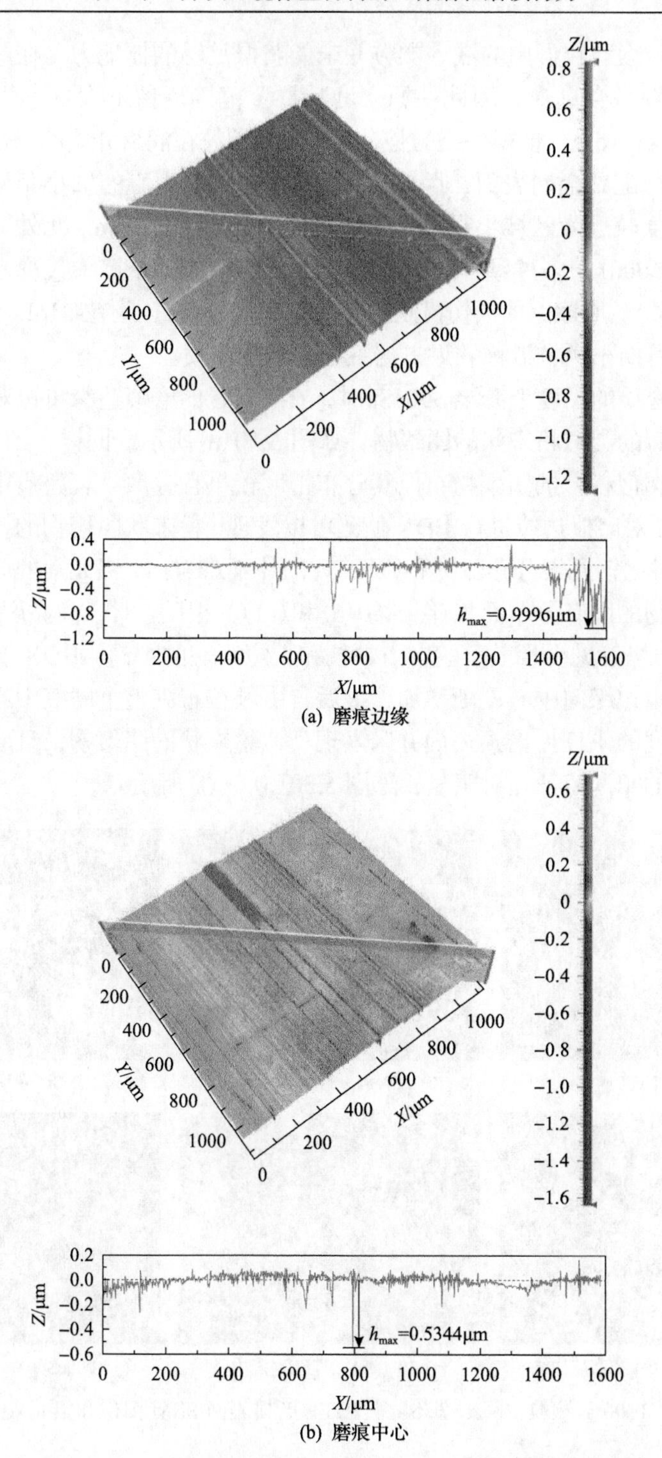

(a) 磨痕边缘

(b) 磨痕中心

图 5.49　1000 目颗粒低黏度环境下 316L 不锈钢的磨痕表面轮廓

嵌入颗粒，后续磨粒群内的嵌入颗粒并未能获得足够的抓地力，在犁削配副金属时这些后续颗粒会逃逸，因此在原“磨粒群”范围内留下大量不规则的逃逸坑点(图 5.48(a)和(b))。值得一提的是，逃逸后的颗粒在润滑介质的携带下组成磨粒流会不断冲蚀配副金属表面，因此 316L 不锈钢磨痕中心的细小犁沟数目较多，表面损伤程度较边缘区域小得多，表面粗糙度约为 0.032μm。此外，在磨损的中后阶段(N>4000)，多种颗粒运动行为的耦合作用使得摩擦系数进入动态平衡阶段(图 5.46(b))。摩擦副的损伤机制主要是前期的“PTFE-颗粒-316L 不锈钢”三体磨粒磨损和后期小颗粒滑移效果占据主导的冲蚀磨损。

当润滑介质的黏度上升至 350cSt 时，在 PTFE 的磨痕边缘可以观察到大量沿滑动方向分布的类似粉末状的团聚物，如图 5.50(a)所示。同样，PTFE 磨痕中心也存在这种类似粉末的团聚物，但其分布密度较小且分散，且磨痕中心可以观察到少量犁沟。对磨痕边缘进行 EDX 侦测可以发现，粉末状团聚物的铝元素含量占比较高，但对比铝元素分布云图和原 SEM 图片不难看出，铝元素的分布面积小于粉末状团聚物的固有分布面积(图 5.50(a)和(c))。相反，对于高黏度油润滑环境，PTFE 磨痕边缘仅见少量散落的自由颗粒和长短不一的犁沟，EDX 扫描显示颗粒的分布密度由边缘向中心逐渐增加，最后自由颗粒布满整个磨痕中心。需要指出的是，高黏度的 PTFE 磨损表面并未发现类似粉末状的团聚物，且磨痕中心因颗粒损伤造成的犁沟特征相对明显，如图 5.50(d)～(f)所示。

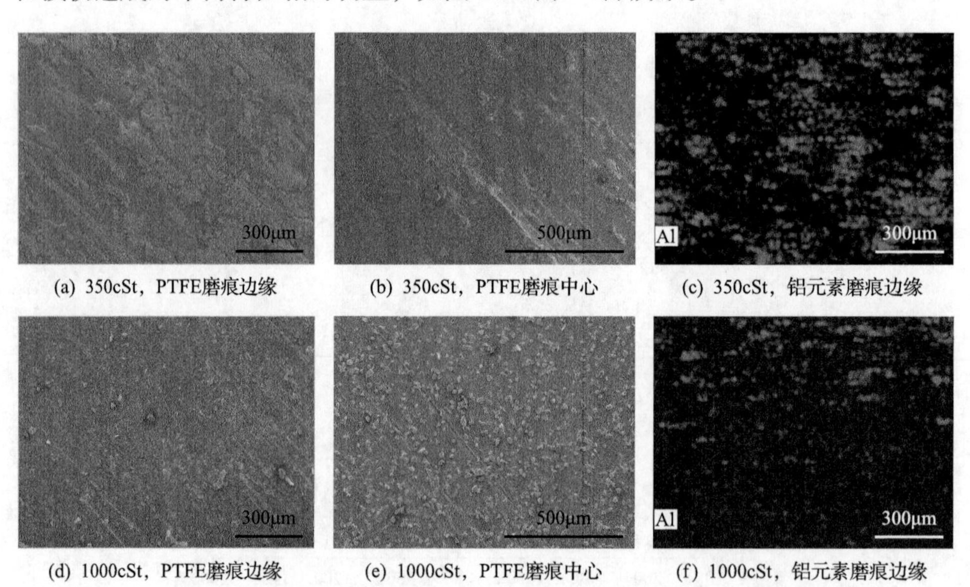

(a) 350cSt，PTFE磨痕边缘　(b) 350cSt，PTFE磨痕中心　(c) 350cSt，铝元素磨痕边缘

(d) 1000cSt，PTFE磨痕边缘　(e) 1000cSt，PTFE磨痕中心　(f) 1000cSt，铝元素磨痕边缘

图 5.50　1000 目颗粒中高黏度环境下 PTFE 磨损表面 SEM 图像和铝元素分布云图

上述现象表明，相比于低黏度环境，中等黏度环境下摩擦副间的油膜厚度更

大，但接触副的间隙远不足以支撑磨粒自由通过，或该润滑条件下油膜厚度与颗粒尺寸相近。颗粒进入摩擦界面后迅速参与磨损过程，在接触应力的挤压下切削配副金属表面，犁削作用产生的磨屑在黏性油介质的携带下，吸附在硬质颗粒的表面，并逐渐形成团聚物，这也是铝元素分布密度小于团聚物固有分布密度的主要原因。值得一提的是，磨损表面的团聚物阻碍了接触副发生相对运动，因此摩擦系数保持一个较高的数值且时变曲线呈现爬升的趋势(图 5.46(b))。此外，这种特殊的团聚物也加剧了配副金属的表面损伤，三维轮廓表面出现了猛烈切削留下的连续排布的沟槽，这种现象可以称为砂轮效应。相比于其他黏度环境下的磨痕中心布满了因磨粒流冲蚀产生的细小犁沟，中等黏度环境下的磨痕中心则是具有明显的颗粒犁削的痕迹(图 5.51)。显而易见，摩擦副仍为边界润滑状态，主要磨损机制为“PTFE-颗粒-316L 不锈钢”三体磨粒磨损。

总之，可以将不同油介质黏度环境下 PTFE/316L 不锈钢配副的磨损失效进行归类，如图 5.52 所示。对于低油介质黏度条件，摩擦初始形成的油膜厚度远小于磨粒的粒度，但部分颗粒从磨痕边缘进入接触区域，嵌入并逐渐形成“磨粒群”，但“磨粒群”内的磨粒因粒度并未能获得足够的抓地力，纷纷逃逸并在磨损表面留下大量不规则坑点。损伤机制主要是前期的三体磨粒磨损和后期磨粒流的冲蚀磨损。

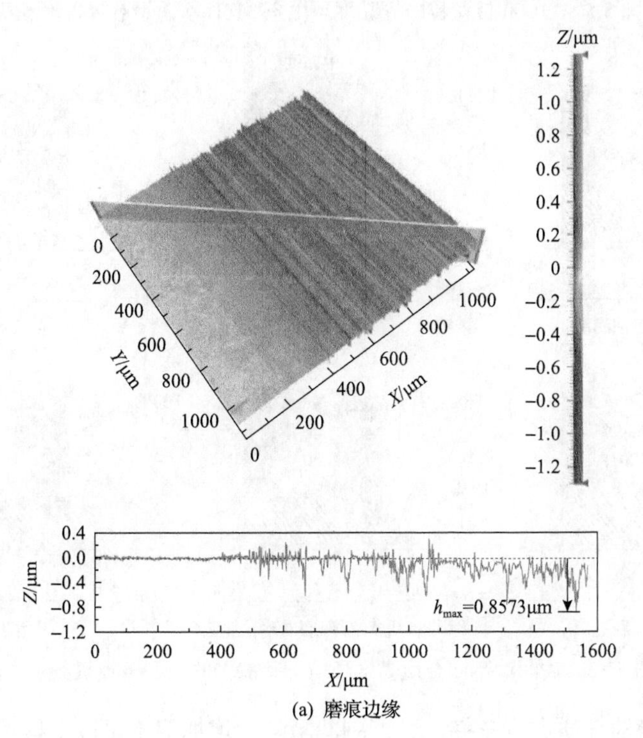

(a) 磨痕边缘

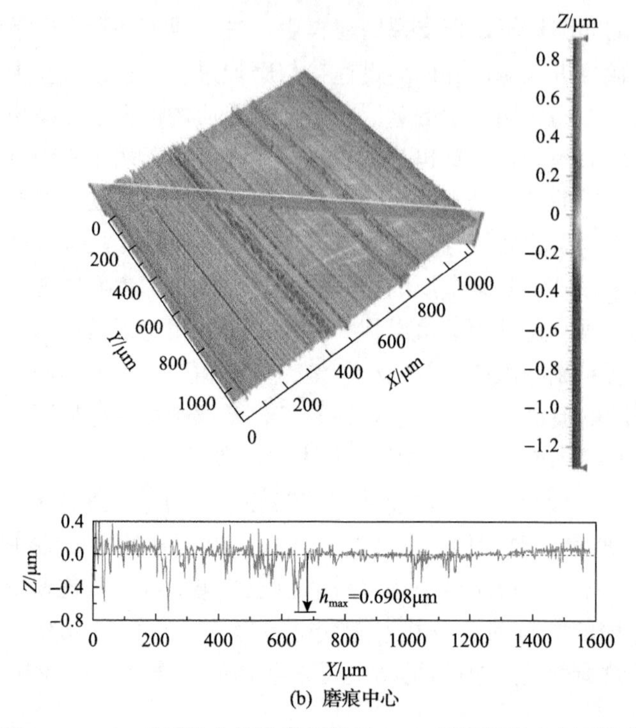

(b) 磨痕中心

图 5.51　1000 目颗粒中等黏度环境下 316L 不锈钢磨痕表面轮廓

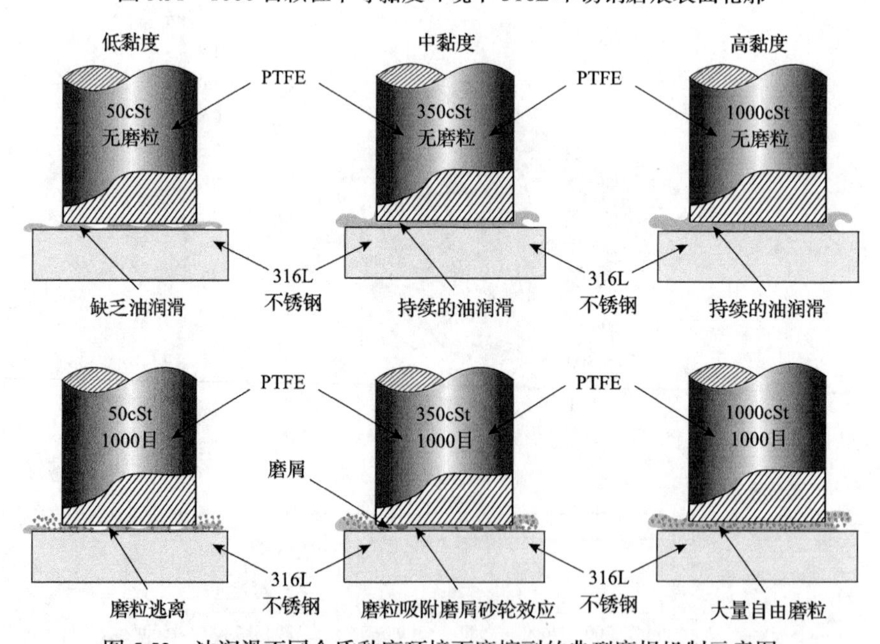

图 5.52　油润滑不同介质黏度环境下摩擦副的典型磨损机制示意图

对于中等油介质黏度条件，摩擦副间隙略微增加但不足以支撑颗粒自由流动，硬质颗粒参与磨损，并吸附粉末状的磨屑形成团聚物，进而演变成磨砂层。对配副金属进行猛烈切削，阻碍了接触副发生相对运动，摩擦系数较大。摩擦副处于边界润滑状态，且主要损伤机制为“PTFE-颗粒-316L不锈钢”三体磨粒磨损。

高黏度油介质环境下，颗粒尺寸小或接近于润滑油膜厚度，磨粒流在界面内自由流动，且摩擦初始颗粒物的进入与排出已达到动态平衡，摩擦系数较小且具有良好的稳定性。摩擦副界面处于流体动力润滑状态，仅对摩擦副双方造成轻微的损伤。

参 考 文 献

[1] 吕晓仁, 陈骥驰, 乔赫廷, 等. 砂粒形状对丁腈橡胶在含砂原油中磨损的影响及力学行为[J]. 材料研究学报, 2018, 32(1): 65-72.

[2] 何奎霖, 郭智威, 常铁, 等. 不同粒度泥沙对 PE-HD/愈创树脂材料摩擦性能影响[J]. 工程塑料应用, 2017, 45(7): 91-95.

[3] Shen M X , Li B, Ji D H, et al. Effect of particle size on tribological properties of rubber/steel seal pairs under contaminated water lubrication conditions[J]. Tribology Letters, 2020, 68(1): 40-54.

[4] Shen M X, Li B, Li S X, et al. Effect of particle concentration on the tribological properties of NBR sealing pairs under contaminated water lubrication conditions[J]. Wear, 2020, 456-457: 203381.

[5] Yuan C, Guo Z, Tao W, et al. Effects of different grain sized sands on wear behaviours of NBR/casting copper alloys[J]. Wear, 2017, 384-385: 185-191.

[6] Zhang S W. Tribology of Elastomers[M]. Amsterdam: Elsevier, 2004.

[7] Dong C L, Yuan C Q, Bai X Q, et al. Study on wear behaviours for NBR/stainless steel under sand water-lubricated conditions[J]. Wear, 2015, 332-333: 1012-1020.

[8] Shen M X, Zheng J P, Meng X K, et al. Influence of Al_2O_3 particles on the friction and wear behaviors of nitrile rubber against 316L stainless steel[J]. Journal of Zhejiang University—Science A, 2015, 16(2): 151-160.

[9] Petrica M, Katsich C, Badisch E, et al. Study of abrasive wear phenomena in dry and slurry 3-body conditions[J]. Tribology International, 2013, 64: 196-203.

[10] Farfán-Cabrera L I, Pascual-Francisco J B, Resendiz-Calderon C D, et al. Experimental method for wear assessment of sealing elastomers[J]. Polymer Testing, 2016, 53: 116-121.

[11] Park S M, Won T Y, Kim D S, et al. Effect of dust particle inflow on the wear of rubber seal material in automobile chassis system[J]. Tribology Transactions, 2010, 54 (1): 87-95.

[12] Yang L, Wang D, Guo Y. Frictional behaviors of iron based tools-casing with sand deposition[J]. Tribology International, 2018, 123: 180-190.

[13] Li C, Yan F. A comparative investigation of the wear behavior of PTFE and PI under dry sliding

and simulated sand-dust conditions[J]. Wear, 2009, 266(7): 632-638.

[14] Shen M X, Li B, Zhang Z N, et al. Abrasive wear behavior of PTFE for seal applications under abrasive-atmosphere sliding condition[J]. Friction, 2020, 8: 755-767.

[15] Thakare M R, Wharton J A, Wood R J, et al. Effect of abrasive particle size and the influence of microstructure on the wear mechanisms in wear-resistant materials[J]. Wear, 2012, 276-277: 16-28.

[16] Yang L, Wang D, Guo Y, et al. Tribological behaviors of quartz sand particles for hydraulic fracturing[J]. Tribology International, 2016, 102: 485-496.

[17] Hichri Y, Cerezo V, Do M T. Effect of dry deposited particles on the tire/road friction[J]. Wear, 2017, 376-377: 1437-1449.

[18] Do M T, Cerezo V, Zahouani H. Laboratory test to evaluate the effect of contaminants on road skid resistance[J]. Proceedings of the Institution of Mechanical Engineers, Part J: Journal of Engineering Tribology, 2014, 228(11): 1276-1284.

[19] Mofidi M, Prakash B. Two body abrasive wear and frictional characteristics of sealing elastomers under unidirectional lubricated sliding conditions[J]. Tribology—Materials, Surfaces & Interfaces, 2010, 4(1): 26-37.

[20] Zhang H, Liu S, Xiao H. Tribological properties of sliding quartz sand particle and shale rock contact under water and guar gum aqueous solution in hydraulic fracturing[J]. Tribology International, 2019, 129: 416-426.

[21] 吕晓仁, 陈骥驰, 王世杰, 等. 丁腈橡胶三体湿磨粒磨损中砂粒运动的有限元分析[J]. 润滑与密封, 2016, 41(9): 44-48.

[22] Lian C, Lee K, Lee C. Friction and wear characteristics of magnetorheological elastomer under vibration conditions[J]. Tribology International, 2016, 98: 292-298.

[23] Jourani A, Bouvier S. Friction and wear mechanisms of 316L stainless steel in dry sliding contact: Effect of abrasive particle size[J]. Tribology Transactions, 2014, 58(1): 131-139.

[24] Xiao H, Sinyukov A M, He X, et al. Silicon-oxide-assisted wear of a diamond-containing composite[J]. Journal of Applied Physics, 2013, 114(22): 13-17.

[25] Lv X R, Wang S J, Sun H. Wear behavior of nitrile butadiene rubber and fluorubber under dry sliding and base oil lubricanting[J]. Lubrication Engineering, 2011, 8: 63-66.

[26] Klein-Paste A, Sinha N K. Comparison between rubber-ice and sand-ice friction and the effect of loose snow contamination[J]. Tribology International, 2010, 43(5-6): 1145-1150.

[27] De Pellegrin D, Torrance A A, Haran E. Wear mechanisms and scale effects in two-body abrasion[J]. Wear, 2009, 266(1-2): 13-20.

[28] Coronado J J. Abrasive size effect on friction coefficient of AISI 1045 steel and 6061-T6 aluminium alloy in two-body abrasive wear[J]. Tribology Letters, 2015, 60(3): 40-45.

[29] Harsha A P, Tewari U S. Two-body and three-body abrasive wear behaviour of polyaryletherketone composites[J]. Polymer Testing, 2003, 22(4): 403-418.

[30] Molnar W, Varga M, Braun P, et al. Correlation of rubber based conveyor belt properties and abrasive wear rates under 2- and 3-body conditions[J]. Wear, 2014, 320: 1-6.

[31] 王文东, 张超, 杜鸣杰, 等. 水/油润滑条件下 PTFE 复合材料的摩擦学性能[J]. 理化检验(物理分册), 2016, 52(10): 717-721.

[32] Lan P, Polycarpou A A. Stribeck performance of drilling fluids for oil and gas drilling at elevated temperatures[J]. Tribology International, 2020, 151(2): 106502.

[33] 沈明学, 李波, 容康杰, 等. 水润滑条件下磨粒尺寸对橡胶密封副摩擦学行为的影响[J]. 摩擦学学报, 2020, 40(2): 252-259.

[34] Qiu M, Yang Z, Lu J, et al. Influence of step load on tribological properties of self-lubricating radial spherical plain bearings with PTFE fabric liner[J]. Tribology International, 2017, 113: 344-353.

[35] Shen M X, Li B, Ji D H, et al. Effect of contact stress on the tribology behaviors of PTFE/316L seal pairs under various abrasive-contained conditions[J]. Proceedings of the Institution of Mechanical Engineers Part J: Journal of Engineering Tribology, 2021, 235(3): 639-652.

[36] Salonitis K, Chondros T, Chryssolouris G. Grinding wheel effect in the grind-hardening process[J]. International Journal of Advanced Manufacturing Technology, 2008, 38(1-2): 48-58.

[37] Zhao Y, Chang L. A micro-contact and wear model for chemical-mechanical polishing of silicon wafers[J]. Wear, 2002, 252(3-4): 220-226.

第 6 章　服役温度影响下的橡塑摩擦学行为

本章基于有限元分析软件 Abaqus 6.14，采用含高阶项的 Mooney-Rivlin 本构模型对丁腈橡胶 O 形密封圈/316L 不锈钢配副往复摩擦生热特性进行分析；在橡胶加速老化的基础上，分析老化温度和时间对橡胶力学性能和摩擦学性能的影响规律；系统分析低温环境下温度、环境介质、运行参数等因素对聚合物摩擦学性能的影响；探讨不同服役温度对聚氨酯摩擦磨损行为、损伤机制的影响。

6.1　橡胶滑动摩擦生热特性

橡塑密封件与配副轴表面因往复或者旋转摩擦会产生大量的摩擦热，由于橡胶导热性较差，摩擦热的积聚会引起摩擦界面的局部温升，从而影响滑动部件的密封性能以及使用寿命。据统计[1]，唇形密封唇口与配副金属摩擦产生的局部高温是引起唇形密封失效的主要原因之一。

聚合物材料具有典型的材料非线性及几何非线性特点，导致接触界面温度计算比较复杂[2]。近年来，国内外基于有限元经验公式和试验验证在测量及计算温升方面取得了长足的发展[3]，尽管如此，有关橡胶/金属配副摩擦生热的研究鲜见报道。杨秀萍等[4]建立了液压 O 形密封圈仿真模型，对液压密封圈温度场和热应力耦合场进行了分析，探讨了摩擦生热对密封性能的影响，但忽略了摩擦热在配副金属中的扩散规律。因此，在密封件滑动过程中，摩擦热的生成及对材料服役行为的影响值得重视。

6.1.1　计算模型简介

研究对象为往复轴封用丁腈橡胶 O 形密封圈与不锈钢配副。在数值模拟时，橡胶和不锈钢的建模尺寸与实际尺寸一致(从截面直径为 5.3mm 的 O 形密封圈上截取 10mm 的圆柱为橡胶试样建模原型)；接触面间的摩擦系数 μ 分别取 0.1、0.3、0.5、0.7；往复摩擦频率 f 分别取 0.5Hz、1.2Hz、4Hz；接触压力 p 分别取 0.4MPa、0.8MPa、1.2MPa、1.6MPa，密封面接触采用罚函数法。超弹性材料的应力-应变关系通常用应变能密度函数描述，许多学者针对该类材料提出了如 Neo-Hooken、Mooney-Rivlin、Ogden 等本构模型。其中，二阶 Mooney-Rivlin 本构模型在单轴拉伸、纯剪切以及等比双轴拉伸试验中得到了较好的验证，且模型的参数较易确定，是目前准确度较高的不可压缩弹性体的本构模型[5]。因此，本节采用二阶

Mooney-Rivlin 本构模型描述橡胶材料的力学行为。模型的函数关系式为

$$U=\sum_{i+j=1}^{N} C_{ij}\left(I_i-3\right)^i\left(I_j-3\right)^j \tag{6.1}$$

式中，U 为应变能密度函数；$i=1$，$j=0$ 或者 $i=0$，$j=1$；N 为模型的阶数；C_{ij} 为材料常数；I_i 和 I_j 为应变张量不变量分量。

根据上述模型，利用有限元软件 Abaqus 中给定的简化五常数二阶多项式进行计算，其参数为 $C_{10}=1.255$、$C_{01}=-0.778$、$C_{02}=-0.744$、$C_{20}=-1.679$、$C_{11}=2.935$。

基于 Abaqus 6.14 建立丁腈橡胶/不锈钢配副密封件的热-结构耦合有限元分析模型。首先，建立 O 形密封圈与不锈钢金属三维结构的简化模型，如图 6.1 所示；然后，分别设置分析所需的各部件结构参数（弹性模量和泊松比）和热分析参数（密度、线膨胀系数、热导率及比热容）。根据部件之间不同的装配关系设置不同的接触属性，夹具与参考点 RPl 建立刚体约束；O 形密封圈与夹具底部间添加绑定约束，简化为一体；橡胶与金属接触属性设为面面接触，力学约束公式为运动接触法。此外，由于涉及热分析，需要设定不锈钢与空气之间的热交换条件，不锈钢上表面散热系数为 10W/($\mathrm{m}^2\cdot\mathrm{K}$)，忽略橡胶表面与空气之间的热量交换及通过橡胶向夹具散失的热量，初始环境温度为 26.5℃；热流分配比例取 1∶9。大多数学者认为摩擦生热过程中消耗的能量几乎全部转化为接触表面或接触两固体的顶部几微米内的热量[6]，因此本节假设摩擦过程中产生的热没有能量耗散。

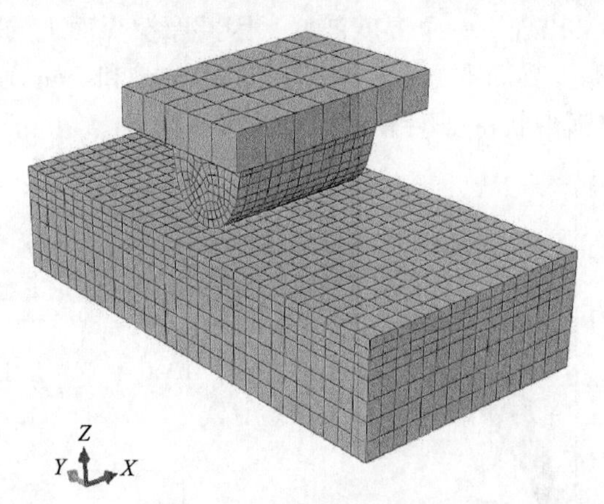

图 6.1　丁腈橡胶/不锈钢配副的有限元网格模型

对模型进行网格划分时，需要对摩擦接触表面进行网格细化。不锈钢板选择温度-位移耦合显式线性减缩积分 C3D8RT，橡胶选择温度-位移耦合显式线性减缩积分杂交单元 C3D8RHT，单元类型均为六面体（图 6.1）。

向夹具顶部施加 z 方向强制位移（0.75mm）进行预压缩，以约束不锈钢底部所

有的自由度。为与试验验证结果具有可比性，在配副金属距离摩擦界面 1mm 处设置参考点 RP2，对该点的温度变化进行实时输出，完成 O 形密封圈与不锈钢配副的摩擦热效应模拟。

往复摩擦过程中因摩擦产生的热量少，耗散至外界环境的热量可以忽略，其余大部分热量分别传向上、下两摩擦副。传向上摩擦副、下摩擦副的热量(q_1、q_2)关系式[7]如下：

$$\frac{q_1}{q_2}=\sqrt{\frac{c_1\rho_1k_1}{c_2\rho_2k_2}} \tag{6.2}$$

式中，k 为材料的热导率；c 为材料比热容；ρ 为材料密度。可以看出，摩擦过程中较多的热量会传入导热性能优异的材料中。经过计算，约 10%的摩擦热流入橡胶侧。此外，本节还利用 UMT-3 进行往复试验，以验证模拟结果。

6.1.2 试验验证

图 6.2 显示了接触压力为 1.2MPa、摩擦系数为 0.5、距离橡胶/金属摩擦界面正下方不同距离 h 处温度随循环次数的变化曲线。可以看出，随着循环次数的增加，不同位置的温度均呈先上升后趋于稳定的变化趋势。此外，在摩擦界面的网格节点(不锈钢表面)上，当摩擦途经网格节点时，该节点出现一个瞬时的温度波峰，但摩擦界面与空气存在对流换热和热辐射等，致使温度峰值迅速下降，而在下一个摩擦循环时又出现下一个温度波峰，因此摩擦界面上的网格节点处温度呈锯齿状变化[8]。在摩擦界面下方一定距离(如 h=1mm 和 2mm)处，温度主要通过热传导传递，这种锯齿状特征明显减弱。此外，对比 h=0mm、1mm、2mm 三

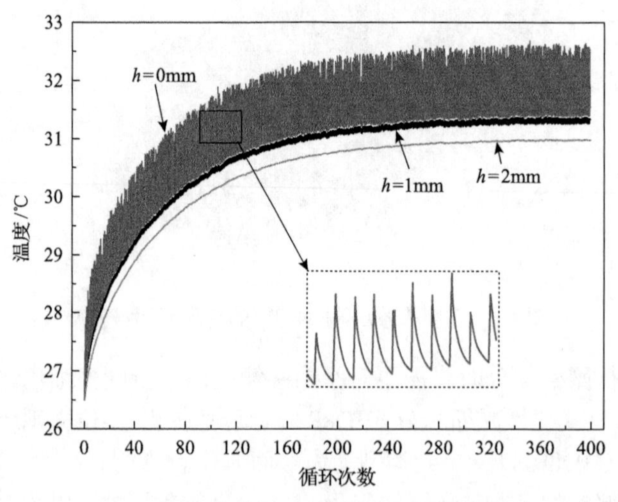

图 6.2 距离摩擦界面不同距离处的温度变化

条不同位置的温度变化曲线可知，当 h=1mm 时，温度已接近摩擦界面锯齿状温度变化的波谷值，二者的差值在 1%以内，满足工程分析的要求。因此，本节采用摩擦界面下 1mm 处的温度表征橡胶/金属配副的往复摩擦生热特性。

为了进一步验证数值分析结果的准确性，测定摩擦界面下方 1mm 处温度随摩擦循环的变化，结果如图 6.3 所示。可以看出，当 t＞150s 时，数值模拟的温度响应曲线与试验曲线基本吻合。当 t≤150s 时，两曲线的重合性较差，这可能与试验过程中摩擦界面存在油污以及橡胶表面有加工纹理等因素有关。但总体而言，该模型对温度场的计算较为准确，可用于研究橡胶/不锈钢摩擦表面的生热特性。

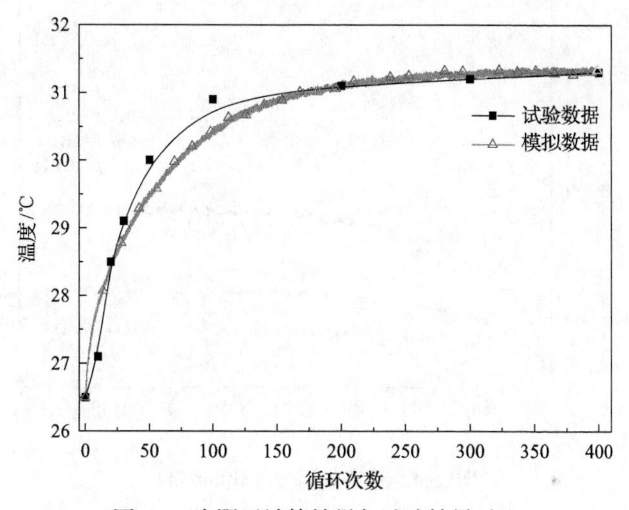

图 6.3　有限元计算结果与试验结果对比

6.1.3　计算结果与分析

图 6.4 显示了摩擦系数为 0.5、接触压力为 1.2MPa 时，不同往复频率 f 下摩擦界面的温度变化曲线。可以看出，往复频率 f 越高，摩擦界面温度的稳定值越大且温度达到稳定值所需的时间也越长。此外，图 6.5 给出了摩擦界面温度的稳定值与往复频率的关系。可以看出，摩擦界面温度的稳定值随往复频率的升高而逐渐增大且二者基本呈线性关系，这种关系可用二元一次方程表示为 $T=2.4f+T_n$，其中 T_n 为常数项(n=0,1,2,3,4)，T_0 为初始环境温度。一次项系数均为 2.4，表明不同环境温度下摩擦界面的温升速率相同且与初始环境温度无关。

摩擦副表面处理工艺润滑状态和润滑介质的差异均会影响摩擦系数。图 6.6 给出了往复频率为 2Hz、接触压力为 1.2MPa 时，不同摩擦系数下界面温度随往复摩擦循环周次的变化规律，其中 ΔT_{max} 为稳定阶段温度与环境温度之差，T_{air} 为室内空气温度。可以看出，橡胶/金属配副表面温度的稳定值随摩擦系数的增大而增大，并且摩擦系数越大，从初始环境温度达到稳定温度所需的时间越长。摩擦系数越大，单位时间内产生的摩擦热越多，配副表面温度上升也越快。此外，随着配副表面温度的快速上升，高温界面处的热对流效应逐渐显现，配副表面的温度增长受到一定的抑制，因此温度达到稳定值的时间也相应增加。当摩擦热和对流散热趋于稳定时，摩擦界面温度变化逐渐趋于平稳。图 6.7 给出了不同摩擦系数下摩擦界面的温度稳定值。由图 6.7 可知，稳定阶段摩擦界面的温度随往复频率呈抛物线状稳步增长。

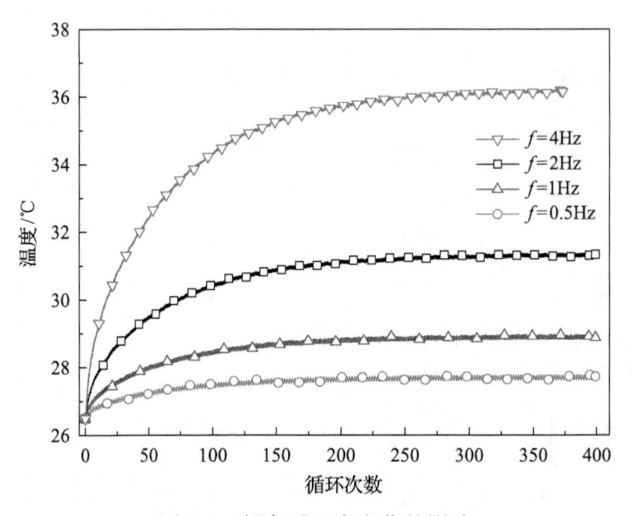

图 6.4　频率对温度变化的影响

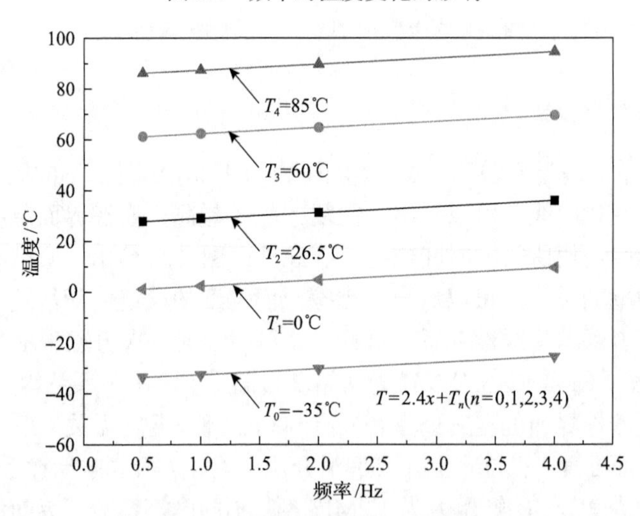

图 6.5　配副金属最高温度与往复频率关系

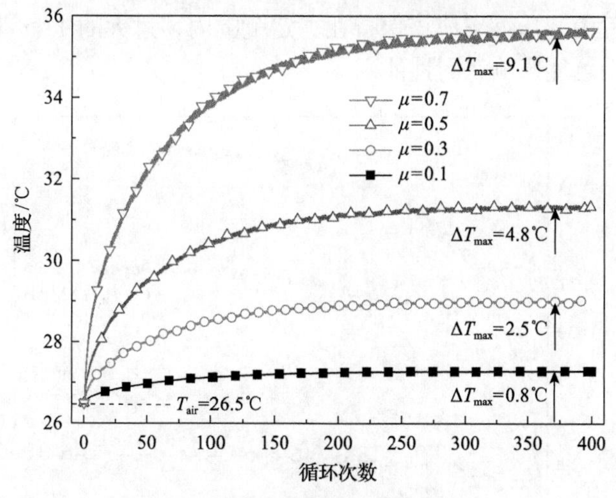

图 6.6　摩擦系数对温升的影响

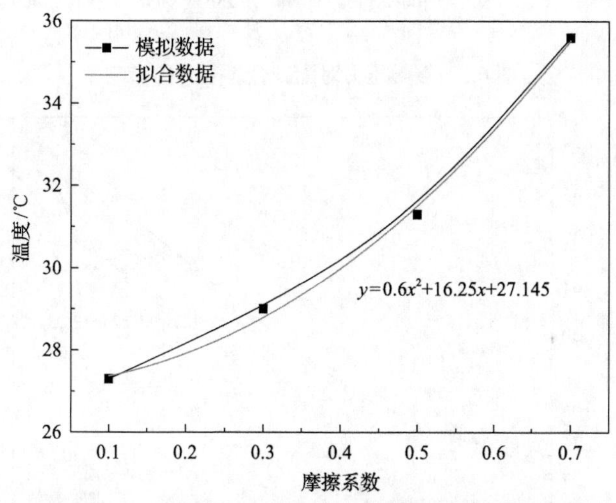

图 6.7　配副金属最高温度与摩擦系数的关系

橡胶/金属配副的接触压力对其密封性能有重要的影响，接触面密封比压大于密封流体压力是保证密封系统不发生泄漏的基本条件。图 6.8 为往复频率为 2Hz、摩擦系数为 0.5 时，不同接触压力下配副不锈钢表面温度的变化曲线。可以看出，随着摩擦界面接触压力的增大，配副金属最高温度增大，同时达到热平衡所需的稳定时间增长。一方面，在接触压力增大时，橡胶与配副金属接触的宽度也相应增加，产生摩擦热的区域扩大；另一方面，接触压力增大引起黏着摩擦力增大，使得单位面积内产生的热量增加而热平衡所需的时间也随之延长。图 6.9 为往复频率为 2Hz、摩擦系数为 0.5 时，不同接触压力下摩擦界面的温度稳定值曲线。可以看出，稳定阶段摩擦界面的温度随接触压力呈抛物线状变化。这意味着在密封圈的服役过程中，压缩率应该保持在一定范围内，过大的压缩率将导致密封面温度上升，进而可能影响密封性能。

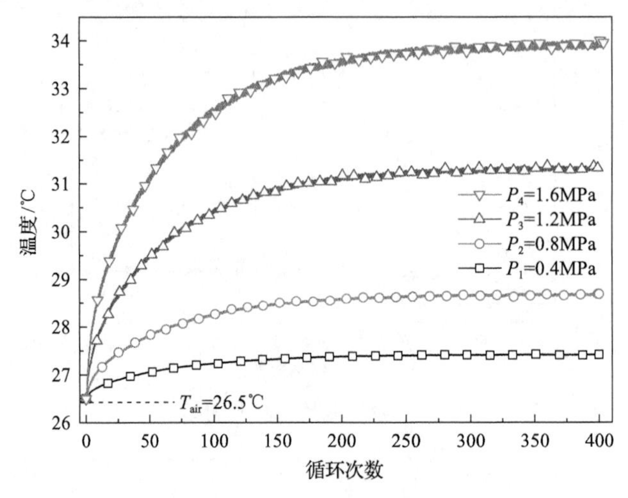

图 6.8　接触压力对配副金属温升的影响

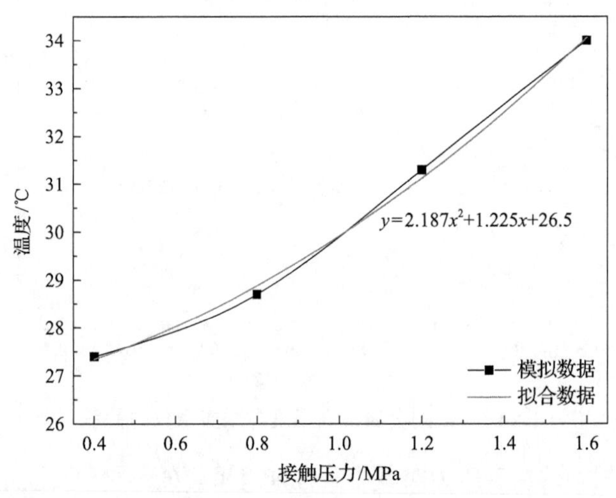

图 6.9　配副金属最高温度与接触压力的关系

图 6.10 为不同时刻配副金属表面温度场分布云图。可以看出，沿热源运动方向的等温线比较密集，温度梯度较大，如图 6.10(a)所示。摩擦表面温度呈圆角矩形状向外扩散，如图 6.10(b)和(c)所示。图 6.10(d)为往复频率f为 2Hz、接触压力P为 1.2MPa、摩擦系数μ为 0.5、T=200s 时与摩擦界面不同距离的剖视温度云图。由图可以看出，距离摩擦界面越近，等温线越密集，温度梯度越大。此外，在距离摩擦表面下方 1mm 处的温度已接近摩擦表面的温度，进一步证实了试验和数值模拟结果的可信性。

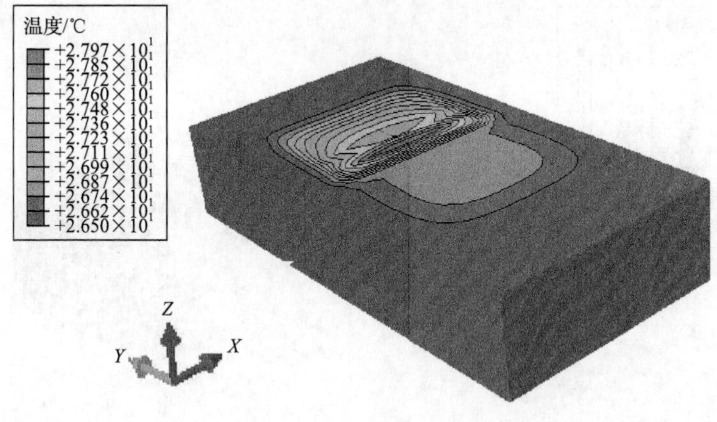

(a) T=0.5s

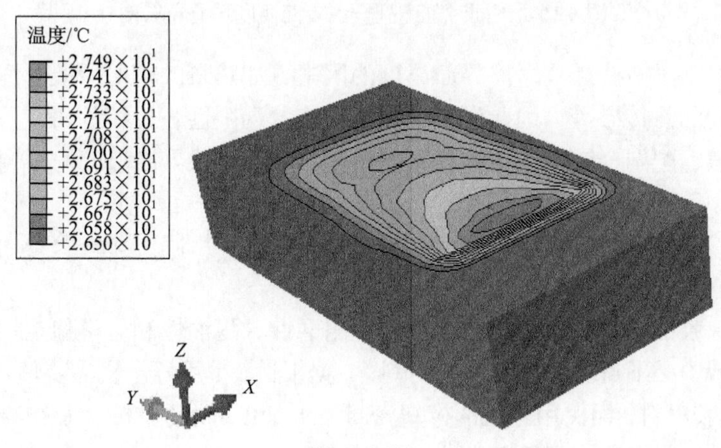

(b) T=0.625s

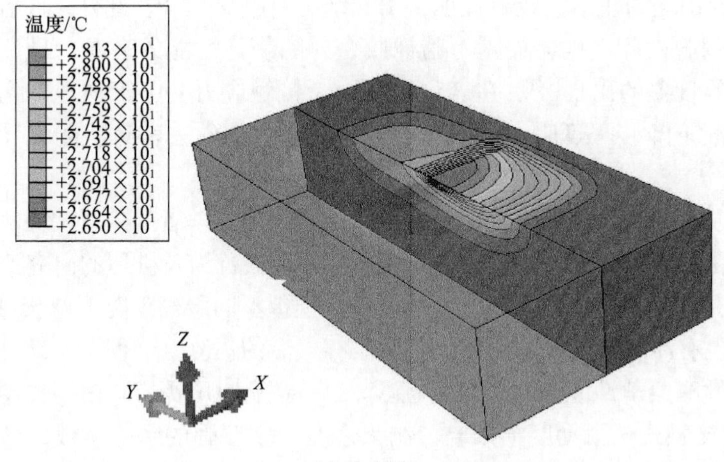

(c) T=0.75s

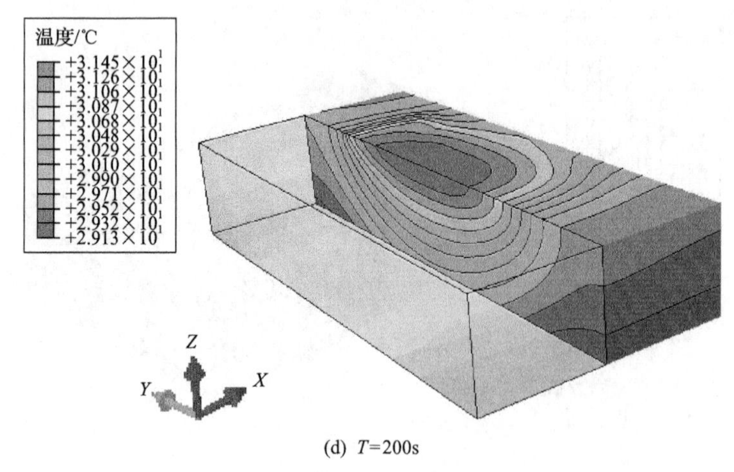

(d) T=200s

图 6.10　不同时刻配副金属表面温度场分布云图

本节忽略了一些影响摩擦界面温度的因素，如热量的辐射耗散、配副金属块与夹具之间的热传导等，因此研究结果有一定的局限性，后续的研究应关注热量的辐射耗散、配副金属块与夹具之间的热传导等对摩擦界面温度的影响。

6.2　高温富氧工况下橡胶力学特性和摩擦学行为

丁腈橡胶由于具有良好的耐高热性、耐磨性、耐油性和化学稳定性，成为航空航天领域中必不可少的弹性密封材料[9]。据报道，军用歼击机需要使用 1.2 万～1.5 万件橡胶材料，而民用客机的橡塑密封需求量更是多达 3t，突显出橡胶在整机系统装配和密封保障中的重要性[10]。丁腈橡胶大分子链内不饱和键的存在，使其易遭受氧自由基的攻击，或硫化填料引起结构内部缺陷[11]。此外，高温、高压及富氧等苛刻服役环境也会加剧丁腈橡胶密封圈物化性能的衰退，导致硬化、龟裂、蠕变等现象的出现[12]。在老化过程中，接触应力会由于物理和化学结构的恶化而逐渐下降，一旦应力低于临界值，最终就会失去密封功能，导致气体或液体泄漏[13]。

在过去的数十年里，橡胶老化问题已受到国内外学者的广泛关注。研究者开展了橡胶在空气、臭氧、液压油等介质中老化失效行为及机理的研究[14]，对橡胶老化时间、温度等影响因素的分析[15]，以及模拟不同服役工况下橡胶热氧老化的研究[16]，也有涉及老化模型的建立以及贮存寿命的预测[17]，但是系统评价橡胶热氧老化后的摩擦学性能的相关报道甚少。Dong 等[18]开展了老化丁腈橡胶与配副金属销-盘接触式干滑动磨损试验，结果表明，摩擦副的摩擦系数、磨损率以及配副金属表面粗糙度随老化温度和时间的增加而上升，磨损机理以疲劳磨损为主。Han 等[19]报道了热氧老化对纳米 CeO_2 和石墨烯改性苯硅橡胶摩擦学性能的影响，CeO_2 和定量范围内的石墨烯可在老化失效和摩擦发热过程中对橡胶基质起保护作用。Roche 等[20]也对老化后的离子改性氢化丁腈橡胶的摩擦学性能进行了探讨，结果表明，热氧老化和拉伸疲劳对橡胶材料的摩擦学性能影响不大。可见，目前已有的研究老化对橡胶摩擦学服役性能的影响仍未完全清楚。因此，老化对橡胶密封副摩擦学性能的研究对于密封副的实际应用指导尤为重要。

6.2.1　老化后橡胶形貌特征

图 6.11 为 120℃热氧老化时效前后不同时间的表面微观形貌变化。未老化橡胶表面除了有一些凹凸坑和原始加工纹理，无明显缺陷。当老化时间达到 14d 和 28d 时，表面变得更加粗糙，出现大量的析出物。这一现象可归因于老化过程中橡胶基质内部的添加剂向外部迁移挥发，部分沉淀在老化橡胶的表面上。实际上，对于正常服役条件下的橡胶老化，氧气会由外部逐渐渗透到内部，高温或温升可以加速这一过程。

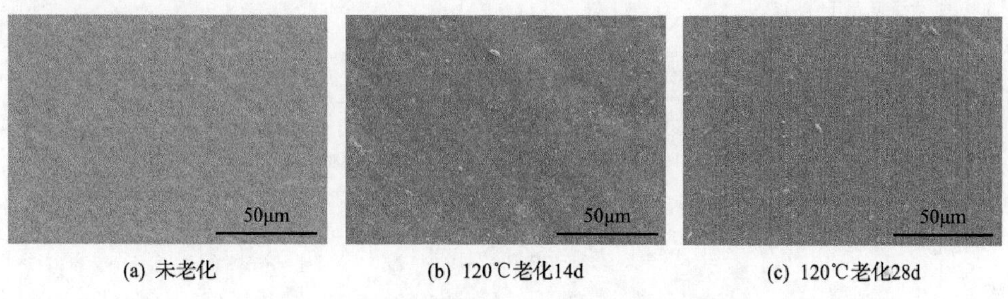

(a) 未老化　(b) 120℃老化14d　(c) 120℃老化28d

图 6.11　丁腈橡胶老化前后的表面微观形貌

6.2.2　高温富氧工况下力学性能的变化

在研究丁腈橡胶的摩擦学性能之前，测量其在不同老化条件下的抗拉强度、硬度和弹性模量等力学性能尤为重要，老化氛围会显著影响这些性能，进而又间接影响其摩擦学性能。不同加速老化条件下拉伸试验的应力-应变曲线如图 6.12 所示。橡胶的断裂伸长率随着老化时间的增加而降低，而在较低的老化温度（如 90℃和 105℃）下断裂应力几乎不受老化时间的影响，如图 6.12(a)和(b)所示。这一结果表明，丁腈橡胶在现阶段仍具有一定的黏弹性，断裂伸长率为 300%～600%。在这种情况下，橡胶的断口形貌保留了聚合物断裂的典型特征化区域。然而，在较高的老化温度(120℃和 135℃)下，断裂伸长率和断裂应力随着老化温度和时间的增加而逐渐降低。更重要的是，老化温度和时间的轻微上升会导致橡胶基质的承载能力大幅下降。如图 6.12(c)和(d)所示，在橡胶的老化后期，断裂应力降至 10MPa，断裂伸长率几乎降至接近于零(120℃老化 28d 和 135℃老化 14d)。这意味着橡胶基体明显老化(呈现硬化态)，橡胶的力学性能急剧下降。断口形貌呈现脆性断裂特征，韧性断裂的裂纹扩散脊线消失。

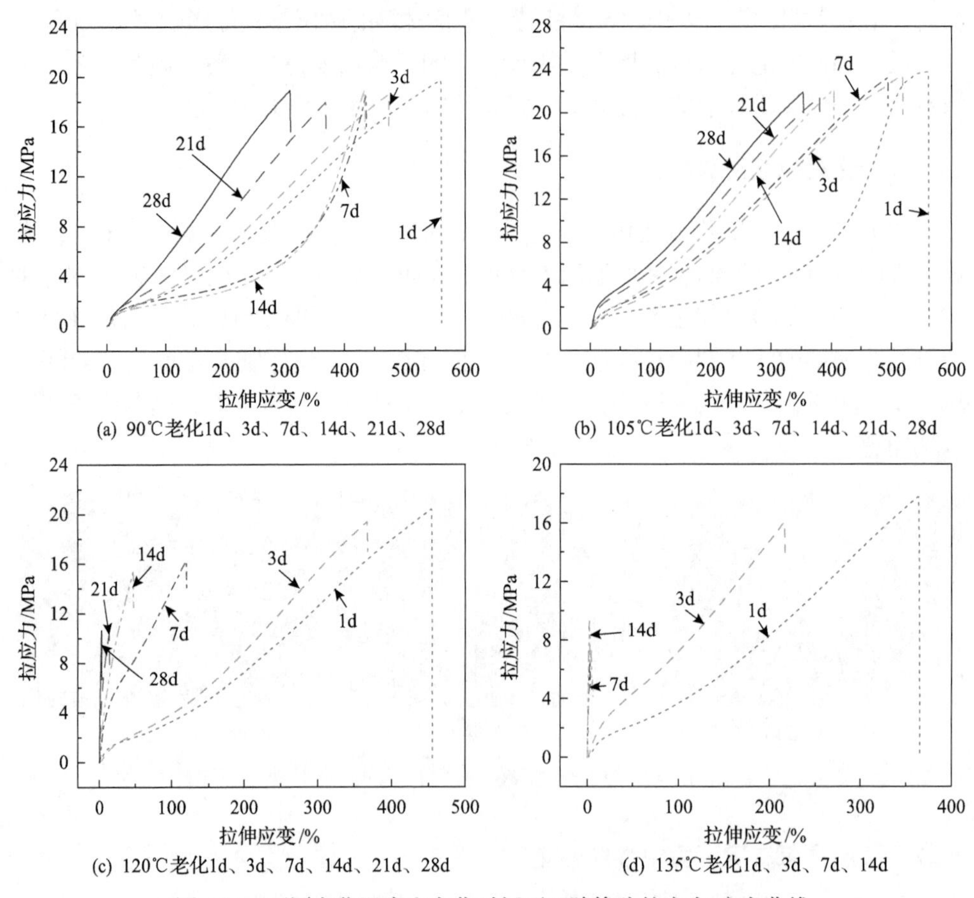

(a) 90℃老化1d、3d、7d、14d、21d、28d　(b) 105℃老化1d、3d、7d、14d、21d、28d

(c) 120℃老化1d、3d、7d、14d、21d、28d　(d) 135℃老化1d、3d、7d、14d

图 6.12　不同老化温度和老化时间下丁腈橡胶的应力-应变曲线

对橡胶的韧性和脆性进行评价有助于提升对热氧化老化后橡胶力学性能的认知。材料韧性 τ 又称为断裂能，它的取值为拉伸试验计算得到的拉伸应力 σ 与应变 ε 曲线下所围成的面积[21]。同样，材料脆性 B 与断裂伸长率 ε_b 和储能模量 E' 有关，储能模量可通过纳米压痕测试获得[22]。材料韧性和脆性的定义式为

$$\tau = \int_0^{\varepsilon_b} \sigma \mathrm{d}\varepsilon \tag{6.3}$$

$$B = 1/\left(\varepsilon_b E'\right) \tag{6.4}$$

图 6.13 总结了不同老化温度和老化时间下丁腈橡胶的脆性和韧性。一般而言，

随着老化温度和老化时间的增加，材料的脆性增速更快。当时效温度为 90℃和 105℃时，材料脆性的增加速率低于 120℃和 135℃。相比之下，材料的韧性似乎与材料的脆性成反比[23]。不难看出，随着老化时间的增加，丁腈橡胶材料的韧性显著降低，丁腈橡胶基质呈现脆化特征。这种性能变化主要归因于大分子链早期发生的降解，以及老化后期橡胶交联结构的增加。

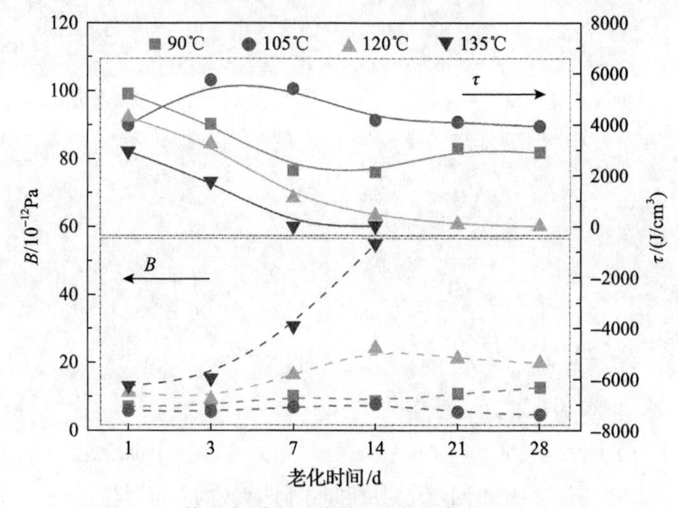

图 6.13　橡胶的脆性和韧性随老化条件的变化趋势

图 6.14 给出了不同热氧老化条件下丁腈橡胶拉伸断裂后的断口形貌。由图 6.14 可以看出，断口形貌可划分为镜面区、雾化区和粗糙区三个特征区。一般情况下，裂纹萌生于光滑的扇形镜面区，位于哑铃试件矩形截面的棱角处，如图 6.14(a)所示。雾化区作为过渡区位于镜面区和粗糙区之间。Sugiman 等[24]指出，断层区在高倍显微镜下呈抛物线形，对应于裂纹缓慢扩张阶段。值得注意的是，随着老化程度的增加，雾化区范围减小(图 6.14(a)～(c))，甚至最终消失(图 6.14(d))。这可能是老化造成橡胶基质的弹性逐渐减弱，且在拉伸过程中，裂纹的缓慢扩张阶段会随着老化温度和时间的增加而逐渐缩短。粗糙区位于断面的中心，该区域主要是次生裂纹的扩散和积累。因此，它的表面粗糙度较其他区域更大。此外，在老化早期，粗糙区出现了大量类似韧窝特征的凹坑，属于典型的韧性断裂，也进一步表明了此时橡胶仍具有良好的弹性。随着橡胶老化程度(120℃老化 28d 和 135℃老化 14d)的加深，这些韧窝特性逐渐消失，且力学响应严重退化。因此，如图 6.14 所示，较高的老化温度或较长的老化时间下橡胶断口形貌具有一个较低断面粗糙度。值得一提的是，在较长的老化时间内，橡胶的断口形貌呈现出明显的分层特征(图 6.14(d))。在这种情况下，断裂模式转变为脆性断裂，因此断裂面划分为裂纹扩张的快速区(呈现光滑特征)和慢速区(呈现粗糙特征)。

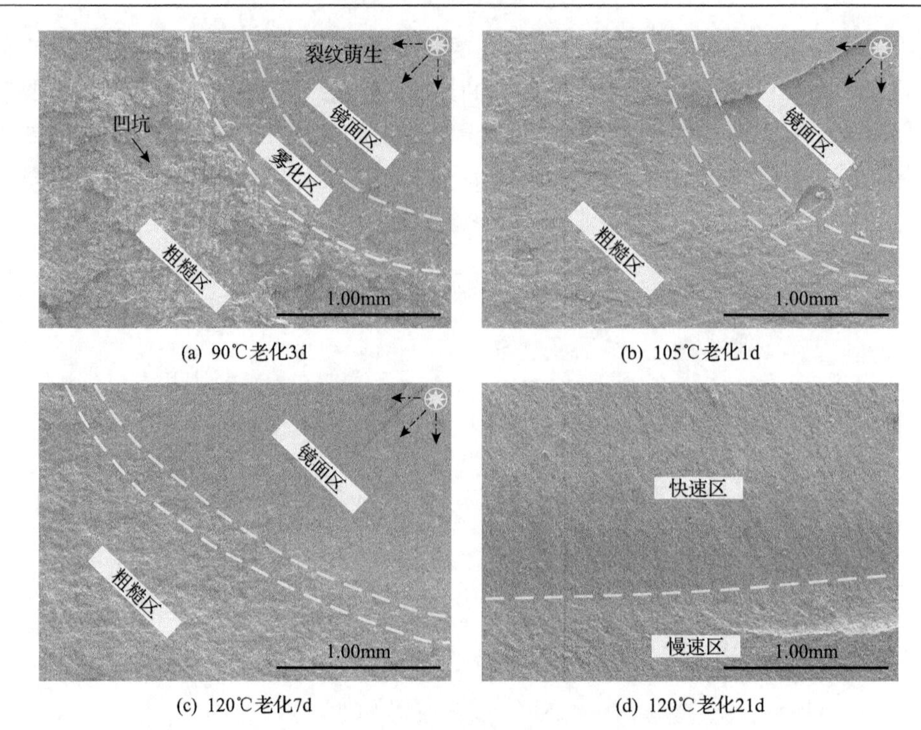

(a) 90℃老化3d　(b) 105℃老化1d

(c) 120℃老化7d　(d) 120℃老化21d

图 6.14　不同老化温度和时间下橡胶的断口形貌

不同老化条件下丁腈橡胶的压痕硬度 H 和储能模量 E 的关系如图 6.15 所示。随着老化时间由 1d 增长至 28d，压痕硬度和储能模量显著增加，在高温条件下尤为明显。如图 6.15(a)和(b)所示，压痕硬度和储能模量大约增加了 3 个数量级(如 135℃老化 14d 相比于老化早期的橡胶)。随着老化温度和老化时间的增加，压痕硬度和储能模量的变化趋势呈现先增加后减小的趋势。这一现象可能与不同老化

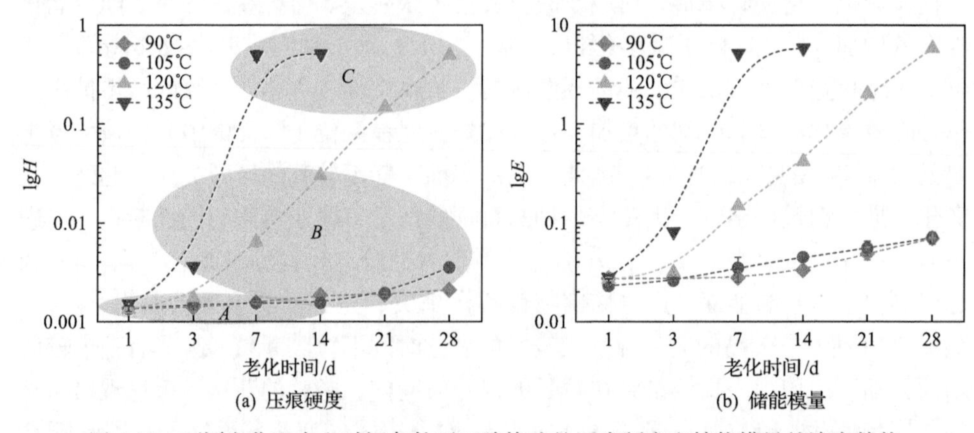

(a) 压痕硬度　(b) 储能模量

图 6.15　不同老化温度和时间条件下丁腈橡胶的压痕硬度和储能模量的演变趋势

条件下氧化反应速率的差异有关。老化温度越高，初始的交联反应速率越快，交联密度越大，而随着老化温度的升高，正向的交联反应会受到抑制。总之，自由基在分子链上的空间位阻增大，随着交联位点的增加，交联密度的增长速率放缓。此外，热氧老化导致一些交联键断裂，抑制了下一阶段中多相氧化反应的发生[19]，但随着服役温度的升高，橡胶的力学性能会随温度的小幅升高而显著下降。

6.2.3　高温富氧工况下摩擦学性能的变化

不同热氧条件下老化丁腈橡胶的平均摩擦系数的演变趋势如图 6.16 所示。在 90℃和 105℃时，平均摩擦系数的演变趋势是先增大后迅速减小。然而，随着老化温度由 120℃增加至 135℃，平均摩擦系数呈下降趋势，且演变过程从轻微降低到快速下降再到最后缓慢降低。此外，随着老化温度上升，平均摩擦系数的降低趋势会提前。

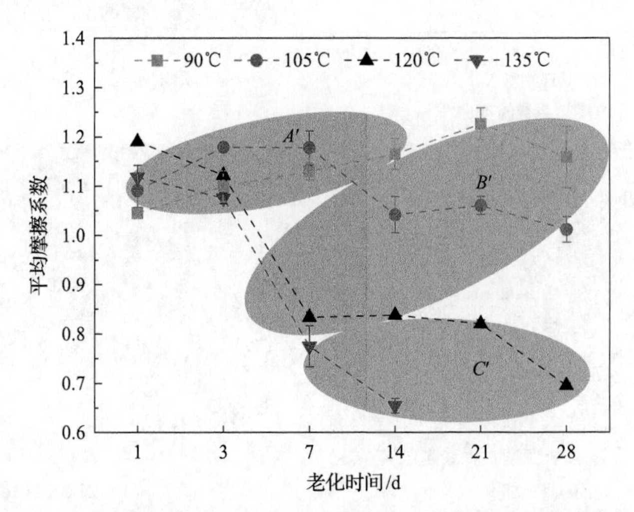

图 6.16　不同热氧条件下老化丁腈橡胶的平均摩擦系数的演变趋势

事实上，这些演变趋势大多与热氧老化时力学性能的演变相关。在分析摩擦系数、断口形貌和磨损机理演变趋势的基础上，将橡胶平均摩擦系数随老化温度和时间的演变规律大致划分为三个区域，即 $A(A')$、$B(B')$、$C(C')$区域。研究发现，同一区域内摩擦副的磨损表面形貌相似，换言之，三个区域下损伤机制呈现出各自的特征。

图 6.17(a)为老化前及 A 区域内已老化橡胶的摩擦系数时变曲线。老化前橡胶摩擦系数时变曲线可大致分为两个阶段，即 $N<1000$ 前呈下降趋势，然后进入稳定阶段。经典理论认为，这种现象是由于橡胶和钢之间的直接接触。随着 Schallamach 磨损花纹的逐渐形成并最后趋于均匀分布，摩擦系数逐渐减小。由

图 6.17(a)可以看出，A 区域的时变曲线表现出相似的演变趋势，但与未老化丁腈橡胶相比，摩擦系数的下降阶段使得循环次数增多。这是由于在老化早期，降解反应导致分子链断裂，交联结构的密度降低，而随着分子自由度的增加，在摩擦过程中解除滞后摩擦的能力下降[25]。因此，摩擦系数的下降趋势将持续较长的周期。不同的是，在 A 区域的时变曲线中观察到随机出现的波动特征(图 6.17(a))。

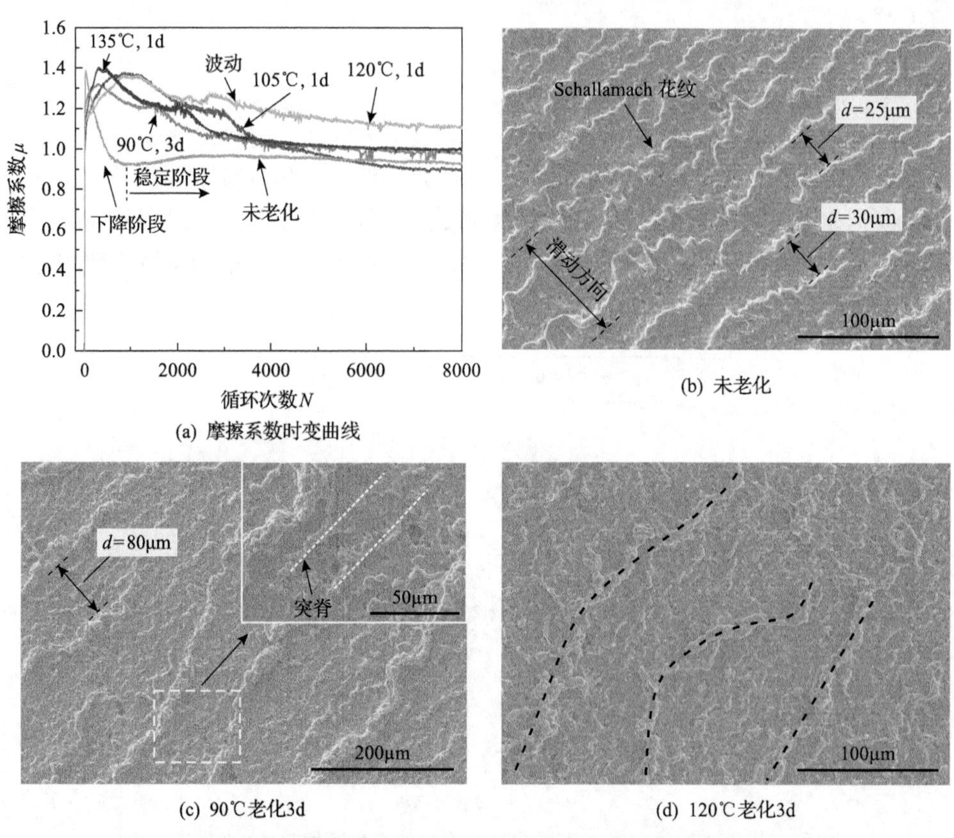

图 6.17　未老化橡胶和老化橡胶的摩擦系数时变曲线以及磨损表面形貌

图 6.17(c)和(d)为经过老化处理的橡胶磨损形貌。其磨损舌状花纹较未老化的排布稀疏、不规则且间距逐渐扩大(间距宽度由 25μm 增至 80μm)。值得注意的是，相邻的舌状花纹间还存在细小的突脊磨屑和点蚀孔洞(图 6.17(c))，对于 A 区域中老化橡胶的磨损类型，上述观察的特征(不规则分布等)与力学性能的退化相关。这可能是由于老化后橡胶强度下降(图 6.12(b))，在基体表面的黏附能力削弱，因此舌状花纹在摩擦过程中更易卷曲脱落，从而形成图 6.17(c)和(d)中呈现的不同于未老化橡胶的 Schallamach 磨损花纹特征。当橡胶与配副金属摩擦时，摩擦系数对摩擦副接触形式的变化极为敏感。因此，橡胶磨损表面大小交替的舌

状花纹形貌导致摩擦系数出现波动特征。此时，A 区域内老化橡胶的主要磨损机制仍为黏着磨损和疲劳磨损。

随着老化温度和时间的增加，B 区域内老化的橡胶分子链端交联反应增强，导致橡胶基体硬度显著增加，橡胶黏弹性下降。橡胶磨屑在基体表面的黏附能力进一步被削弱，舌状花纹在对摩副的剪切作用下能够及时地被撕裂、剪断，形成细小的磨屑，磨屑的增长速率下降且不易长大[26]。在磨损表面可以观察到均匀分布着直径约为 1μm 的丝状磨屑，如图 6.18(b)和(c)所示。同样，当老化温度达到105℃或更高时，这种丝状磨屑逐渐消失。在磨损表面观察到大量尺寸不一的孔洞和凹坑(图 6.18(c)和(d))。然而，该区域的丝状磨屑可以作为第三体磨粒，随着橡胶基体纳米硬度的增加和黏附性能的降低，B 区域的摩擦系数小于 A 区域中的摩擦系数。与此同时，摩擦系数的波动特性减弱，趋于稳定。如前所述，该区域黏着磨损逐渐减弱，磨粒磨损和摩擦疲劳特征逐渐显现。

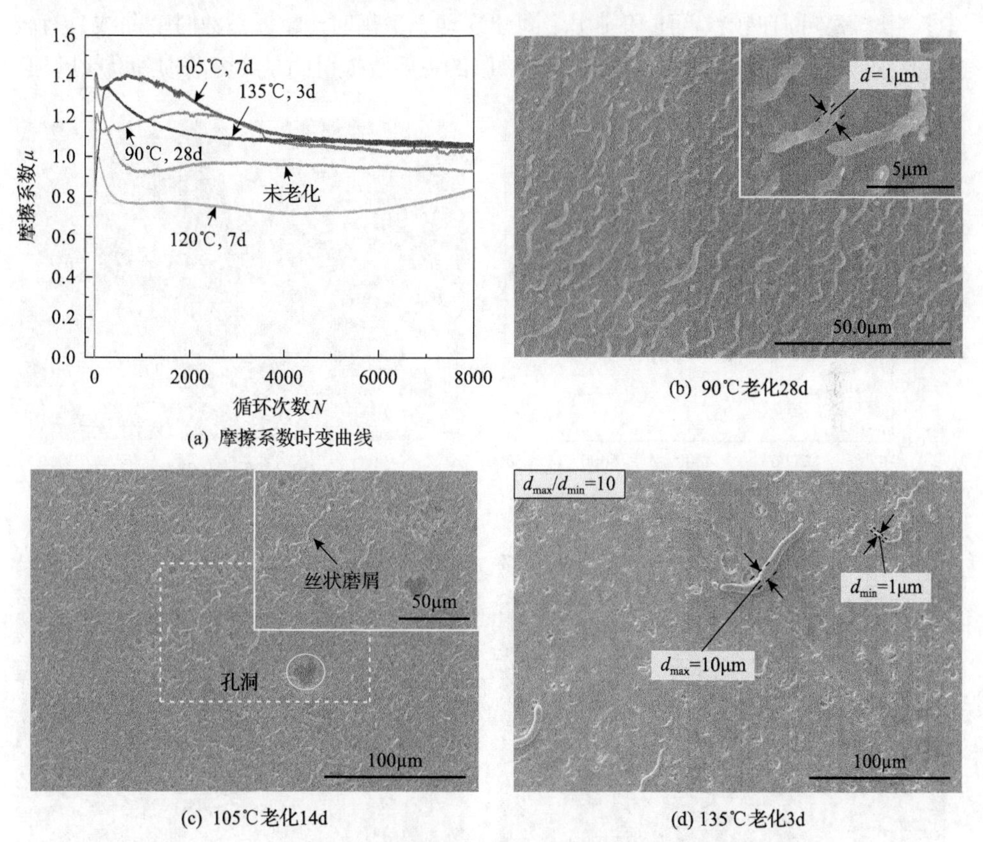

(a) 摩擦系数时变曲线

(b) 90℃老化28d

(c) 105℃老化14d

(d) 135℃老化3d

图 6.18　B 区域内老化橡胶的摩擦系数时变曲线以及磨损表面形貌

如图 6.15(a)所示，C 区域内橡胶基质的硬度极高，远高于其他区域。重要的是，在相同的法向载荷下，配副金属的压痕深度和摩擦副的实际接触面积也明显减小。此时，摩擦系数(约为 0.72)的减小可能是摩擦滞后分量减小或消失所致。但是，由于橡胶长期暴露在高温环境中，分子活性较差，机械性能严重退化，橡胶基体易脆化。随着添加剂迁移和挥发量的不断增加，高温也会导致基体内部产生缺陷和微裂纹。实际上，*C* 区域老化的丁腈橡胶仍残存着部分的抗断裂和抗撕裂性能。因此，SEM 图片显示，表面微裂纹分布不连续且较小。这一结果与之前的研究相似[18]。然而，在对摩副金属的反复剪切作用下，微裂纹的扩散行为更加显著，会产生大量垂直于滑动方向的条纹状疲劳裂纹，如图 6.19(b)所示。这些损伤特征均符合典型的疲劳磨损特征[27]。此外，大量的粉状磨屑从摩擦界面排出，并堆积在磨痕的边缘，如图 6.19(d)所示。随着材料韧性的降低和脆性的增加，磨粒磨损将主导材料的损伤行为。实际上，这些磨损碎片在摩擦过程中可以作为滚动磨粒，因此橡胶磨损表面分布着平行于滑动方向的犁沟(图 6.19(c))。在摩擦过程中，当摩擦界面在颗粒产生和排出之间建立动态平衡时，摩擦系数时变曲线具有较好的稳定性。总之，*C* 区域内老化丁腈橡胶的主要磨损机制是疲劳磨损和磨粒磨损。

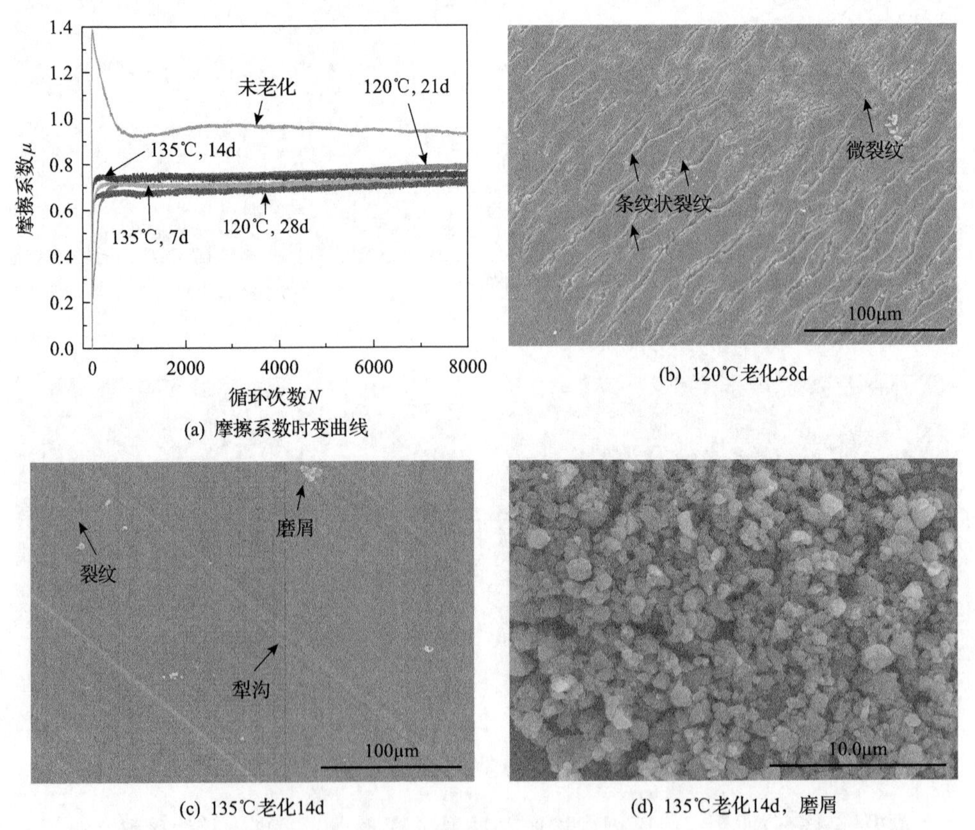

(a) 摩擦系数时变曲线

(b) 120℃老化28d

(c) 135℃老化14d

(d) 135℃老化14d，磨屑

图 6.19　*C* 区域内老化橡胶的摩擦系数时变曲线和磨损表面以及磨屑形貌

6.2.4　粗糙度及磨损率分析

摩擦试验后橡胶磨损表面的三维轮廓如图 6.20 所示。随着橡胶基质老化程度的加深，磨痕的宽度和深度逐渐减小。与未老化橡胶磨损表面所呈现的均匀磨损花纹相比，高弹态橡胶(对应 *A* 区域的橡胶)的磨损表面布满密集的毛刺，“凹谷-突脊”交替的磨损花纹特征逐渐消失，如图 6.20(a)和(b)所示。弱弹态橡胶(对应 *B* 区域的橡胶)的磨损表面相对光滑，但存在一些凹坑和孔洞，如图 6.20(c)所示。硬化态橡胶(对应 *C* 区域的橡胶)的磨损表面具有明显的磨粒磨损特征，磨痕中心分布许多平行于滑动方向的犁沟，如图 6.20(d)所示。

不同老化温度下平均表面粗糙度 R_a 和平均磨损率随老化时间的演变曲线如图 6.21 所示。由图可以看出，平均表面粗糙度 R_a 随老化时间的增加而线性减小。此外，平均磨损率的演变趋势与平均表面粗糙度 R_a 的演变趋势相似，除了老化温度为 105℃的后段演变曲线(图 6.21(b))。结合磨损表面形貌分析可知，当橡胶出现磨损花纹时，平均表面粗糙度 R_a 较高(图 6.20(a)和(b)、图 6.21(a))。当磨损花纹演变为丝状磨屑时，平均表面粗糙度 R_a 进一步减小。相比之下，磨损形貌的改变导致橡胶磨舌的承载能力下降。随着添加剂的迁移和挥发，摩擦副直接接触的概率上升，配副的切削作用导致平均磨损率略有增大(图 6.21(b))。然而，在较高的橡胶老化水平下，在橡胶磨损表面能够观察到异常明显的犁沟和裂纹。磨损机制以磨粒磨损为主，平均表面粗糙度 R_a 和平均磨损率降低，分别如图 6.20(d)和图 6.21(b)所示。

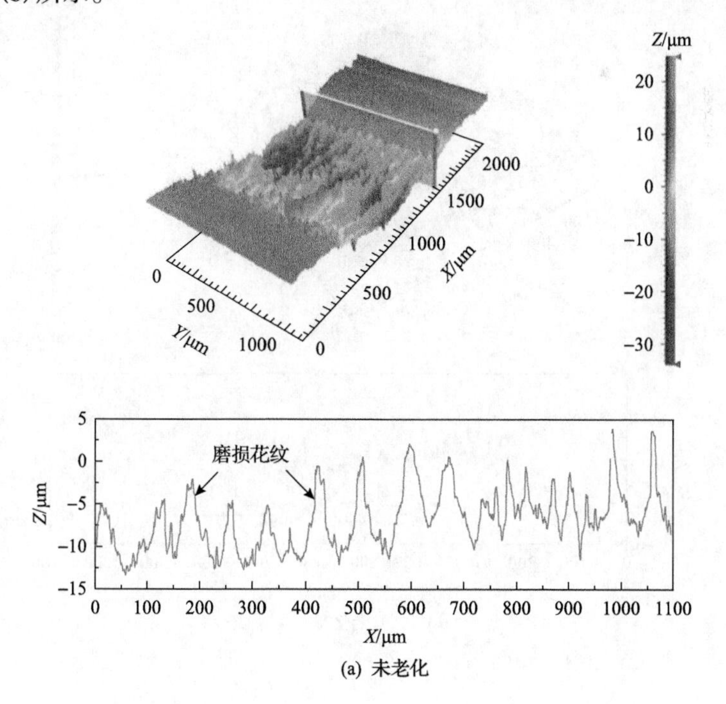

(a) 未老化

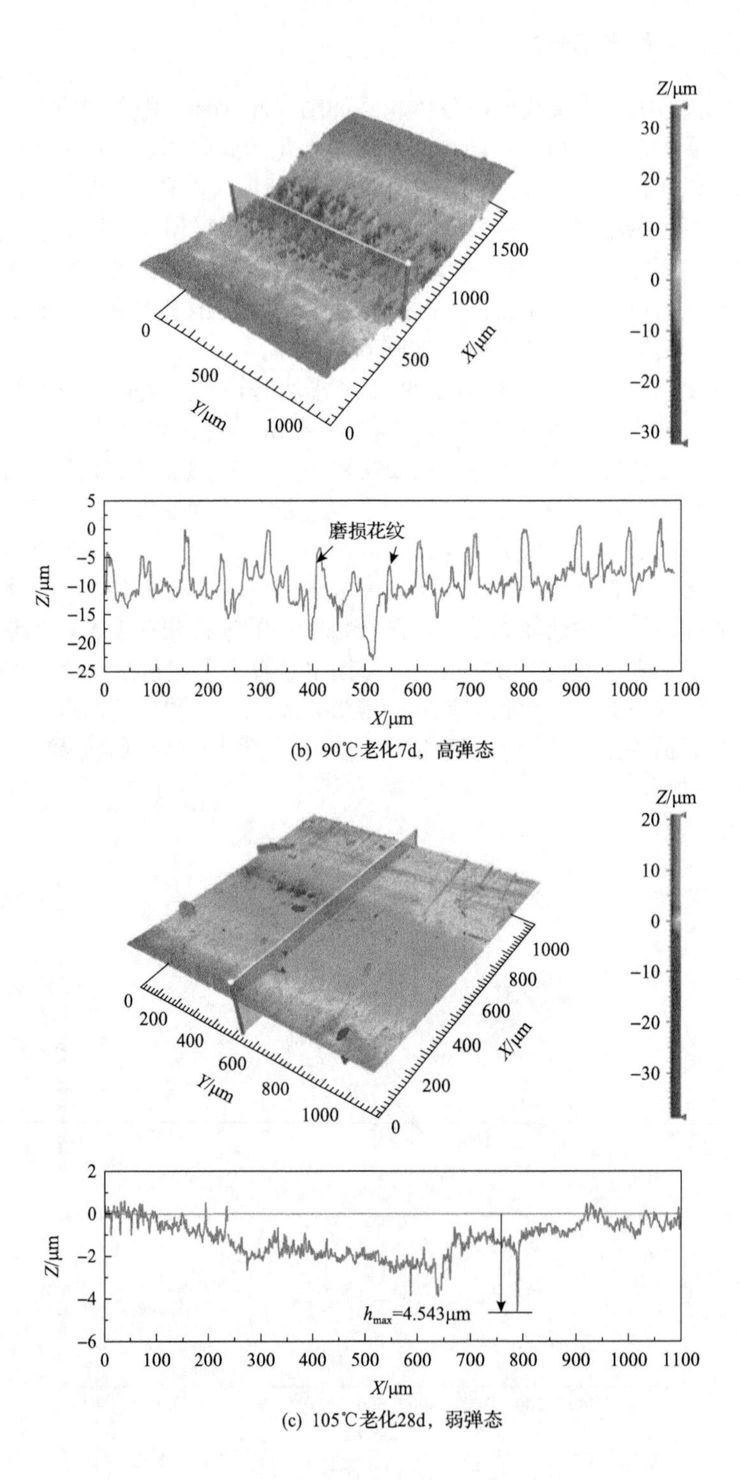

(b) 90℃老化7d，高弹态

(c) 105℃老化28d，弱弹态

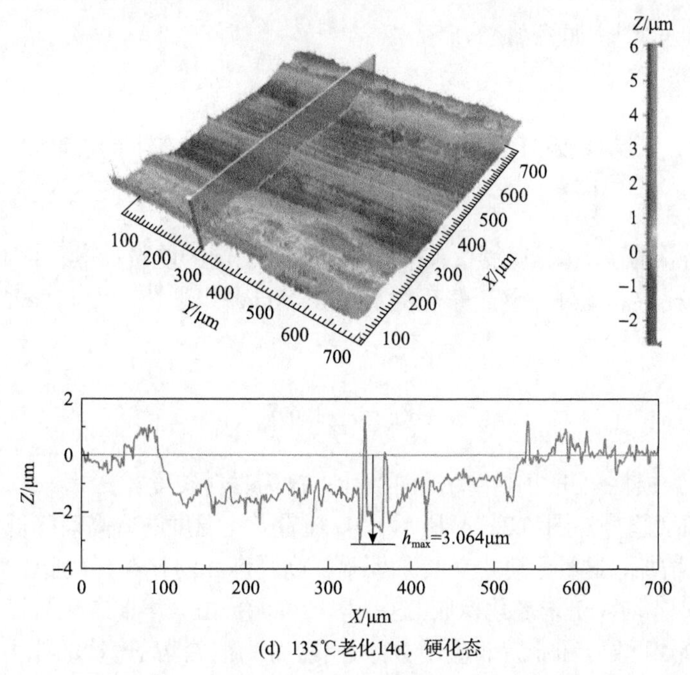

(d) 135℃老化14d，硬化态

图 6.20　不同老化区域内橡胶磨损表面三维轮廓

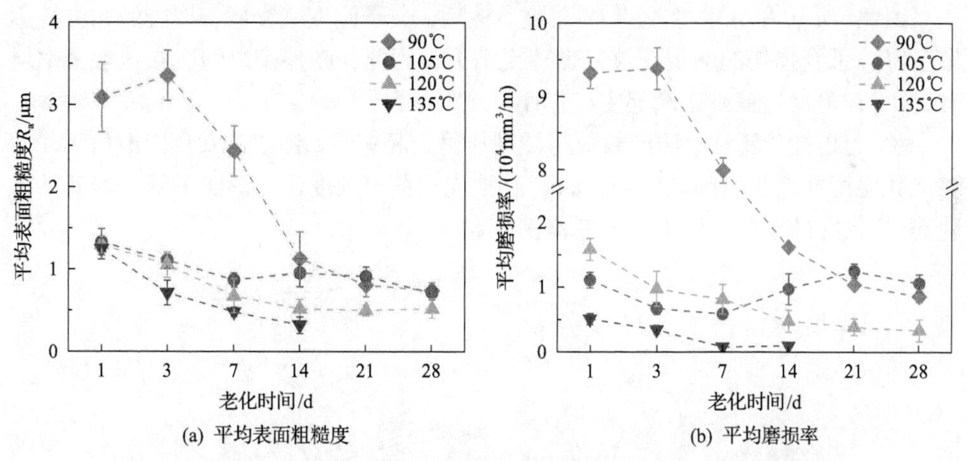

(a) 平均表面粗糙度　(b) 平均磨损率

图 6.21　摩擦试验后丁腈橡胶平均表面粗糙度和平均磨损率的演变趋势

6.2.5　摩擦能量耗散

在摩擦学领域，摩擦耗散统计是评价摩擦副摩擦磨损性能的重要方法。然而，有关于丁腈橡胶在老化条件下的摩擦能量耗散能特性的报道很少。从摩擦循环的摩擦力-位移(F_t-D)曲线闭环回路总面积中获取结果，如图 6.22(a)所示。对于黏弹性材料的橡胶，摩擦副之间的摩擦力主要存在两个不同的分量，即黏附分量 μ_A

和滞后分量 μ_H[28]，如式(6.5)所示：

$$\mu_f = \mu_A + \mu_H \tag{6.5}$$

相似地，丁腈橡胶/316L 不锈钢摩擦副在干滑动状态下的总能量耗散为

$$W_f = W_A + W_H \tag{6.6}$$

式中，W_f为总的摩擦能量耗散；W_A为黏附效应引起的能量耗散；W_H为滞后效应引起的能量耗散。此外，基于修正的 Kelvin-Voigt 模型[29]，W_A与 $\tan\delta$、N/H 的关系式如下：

$$W_A \propto \frac{N}{H}\tan\delta \tag{6.7}$$

式中，$\tan\delta$ 为损耗角正切；N 为法向载荷；H 为材料硬度。

W_f的演变趋势如图 6.22(b)所示，W_f随着老化温度的升高而降低，并且随着老化时间的增加，这种下降趋势更加明显。高弹态和弱弹态(分别为 A 区和 B 区)橡胶试样的 W_f均大于未老化橡胶。这一增长可能是由于早期老化阶段的热降解反应，且基质软化效应和滞后效应使 W_f大幅增加，解除滞后摩擦的能力下降。这与先前关于橡胶老化的研究结果一致[25]。在这种情况下，W_H在摩擦过程中起主导作用。因此，A 区和 B 区橡胶的 W_f较高。然后，分子间发生交联，橡胶的黏弹性逐渐下降，承受损伤的磨损花纹减少甚至消失。因此，摩擦副之间直接接触概率增加，W_A在滑动过程中逐渐起主导作用。

W_A与损耗角正切、法向载荷与硬度比呈正相关。如图 6.22(c)和(d)所示，随着老化温度和老化时间的增加，$\tan\delta$ 和法向载荷与硬度比的影响下降。因此，硬化态(C 区内)橡胶的 W_f小于未老化橡胶。

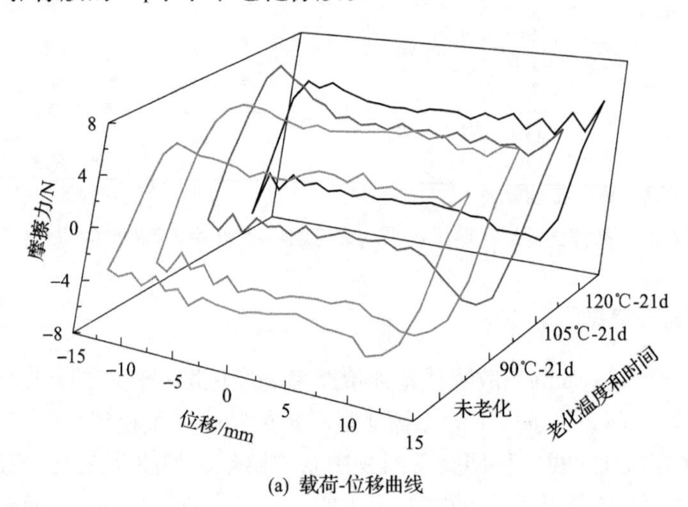

(a) 载荷-位移曲线

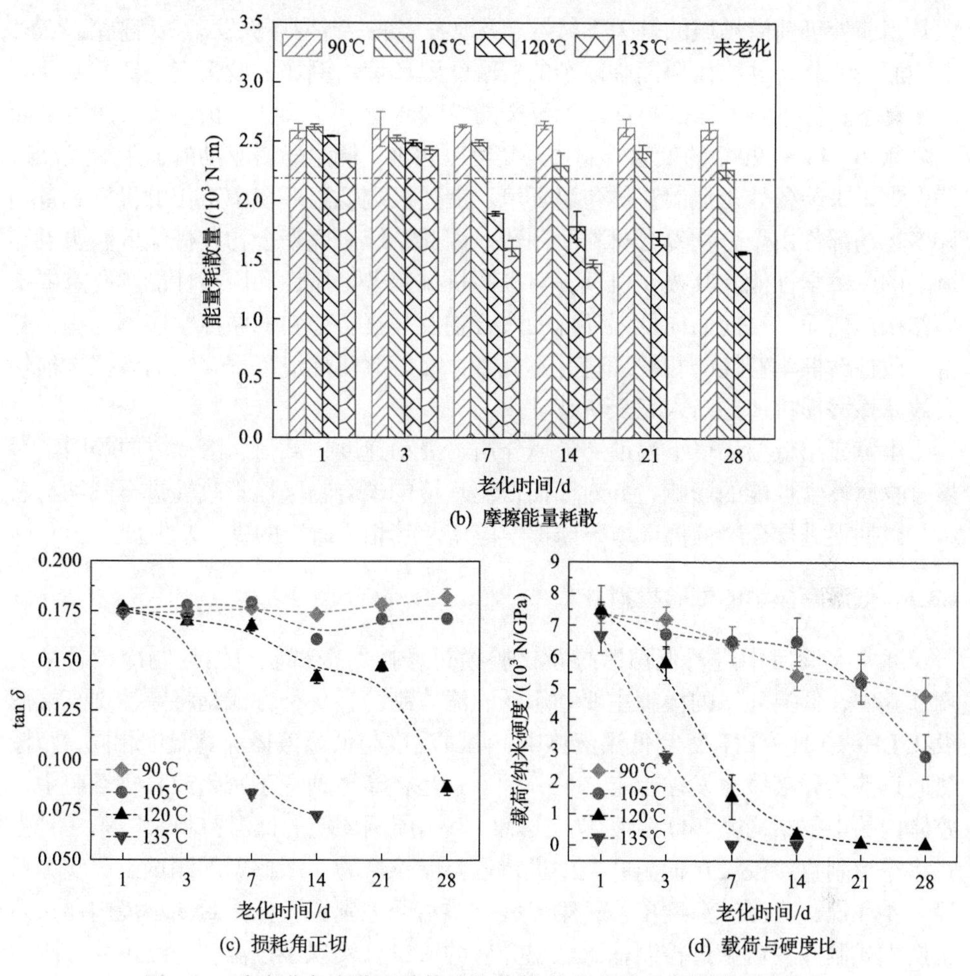

(b) 摩擦能量耗散

(c) 损耗角正切　(d) 载荷与硬度比

图 6.22　未老化与老化丁腈橡胶的载荷-位移曲线、摩擦能量耗散、损耗角正切、载荷与硬度比的演变关系

总之，随着老化温度和时间的增加，橡胶的硬度显著增加，基质显现较高的脆性和失去黏弹性。摩擦的滞后分量与橡胶的黏弹性存在关联函数关系[30]。因此，橡胶的黏弹性和接触面积明显减小，W_f 也普遍减小。在这种情况下，W_A 占据主导地位，总摩擦系数也较小(图 6.19(a))。综上所述，热氧老化可以有效改变橡胶材料的摩擦耗能机制。

6.3　面向低温服役环境的橡塑摩擦学问题

随着我国由制造大国向制造强国不断迈进，制造业、航空航天、交通运输、能源等多个领域都向关键基础运动部件的减摩耐磨性能提出了更高的要求[31]。

尤其当前处于前沿领域的航天飞行器、极地考察船、新型环保发动机等高端装备，上述服役的装备件均需要面临复杂的极端低温环境。例如，航天飞行器需要面对高度真空、低于–200℃的超低温等复杂的极端环境[32]；又如，极地考察船需要面临多冰和 –43～–20℃的低温等恶劣环境[33]；再如，低温燃料驱动的迪尔曼发动机等先进未来装备处于低温流体包裹环境。上述极端低温环境中工作的机械装备，许多运动部件由聚合物复合材料所制造，因此系统研究聚合物在极端低温服役环境下的摩擦学性能及其损伤机理，对提高机械装备可靠性和服役性能具有重要指导作用。然而，当前面向低温环境的聚合物及其复合材料的摩擦学应用与相关制备、改性摩擦学特性的相关理论并不完备，极端服役环境下聚合物的摩擦学损伤失效摩擦磨损机理还尚未完全清楚。

本节介绍低温环境下温度、环境介质、滑动速度、载荷、滑动方向等因素对聚合物摩擦学性能的影响，并对面向低温环境的聚合物摩擦学改性进行归纳与总结，以期促进聚合物低温环境下摩擦学应用及其相关研究的进一步发展。

6.3.1　低温摩擦学的试验模拟

通常实验室中进行低温摩擦学试验通过摩擦磨损试验机结合制冷设备来实现。其中，低温环境的模拟主要利用低温流体制冷，一种方式是将摩擦副直接浸没在 LHe、LH_2、LN_2 等超低温液体中，测试温度与低温液体沸腾温度相同，摩擦热通过热传导液体蒸发被带走；另一种方式是将摩擦副置于密闭或真空空腔中，腔体内的中空结构循环低温液体，实现摩擦副周围环境的低温控制[34]。第一种方式将摩擦副直接浸没在低温介质中进行低温摩擦试验，摩擦副的测试工况实为低温介质环境，且测试温度单一；第二种方式将摩擦副置于低温封闭环境内通过热交换方式制冷，可通过控制输入低温介质的流量，实现服役温度连续可控，因此摩擦副的服役环境更加贴近实际工况且利于研究温度对摩擦学性能的影响，但由于热量在空气中的传输能力有限，只能实现较低摩擦功耗的测试工况。

近年来，国内一些科研院所在低温摩擦学试验装置上取得了显著的进展，这对低温摩擦学的发展具有很大的促进作用。例如，由中国科学院兰州化学物理研究所研制的我国首套多功能空间摩擦学试验系统[35]和空间摩擦学原位分析系统[36]（图 6.23），为我国空间摩擦学研究提供了重要的平台支撑；武汉理工大学针对极地甲板机械低温服役工况，研制了分别用于往复摩擦磨损试验机和旋转销盘摩擦磨损试验机的两种低温腔，其中往复摩擦磨损试验机低温腔内最低温度可达 –64℃，旋转销盘摩擦磨损试验机低温腔内最低温度可达到 –70℃[37]，促进了极地工况下摩擦学研究的顺利实施；西南交通大学面向哈大高速铁路等高寒铁路轮轨异常损伤研制了新型低温环境轮轨磨损模拟试验装置，该装置获得的相关研究成果为高寒铁路轮轨系统的安全可靠运行提供了一定的理论参考[38]。

图 6.23　我国首套空间摩擦学原位分析系统[39]

6.3.2　服役温度对聚合物材料摩擦学性能的影响

目前，温度对聚合物材料摩擦系数的影响主要存在两种理论。一种理论认为，温度降低会使聚合物的弹性模量增加，在相同载荷作用下低温时对摩副之间的实际接触面积比常温时要小，使得黏附项减少，因此摩擦系数变小。例如，Song 等[40]研究了玻璃纤维填充的 PTFE 基复合材料的摩擦学性能，发现 PTFE 复合材料的摩擦系数随着温度的降低而减小。Anita 等[41]研究了在 –50～20℃的不同温度下 PA6、PET、聚醚醚酮(简称 PEEK)的弹性模量和摩擦系数随温度的变化，研究指出，温度降低会导致材料的弹性模量增大，材料的形变减小，对摩副之间的实际接触面积减小，因此摩擦系数减小。另外，低温下摩擦副表面结霜起到一定的润滑作用，也是摩擦系数减小的原因之一。

另一种理论认为，温度降低导致聚合物剪切强度增加，使得对摩副间的黏附项增加，摩擦系数变大。例如，Liu 等[42]进行的 UHMWPE 与 CoCr 15 钢球在室温和液氮(78K)环境下的球-盘摩擦磨损试验结果表明，低温下的摩擦系数比常温下要高，并认为这是磨损机制由常温下的磨粒磨损转变为低温下的疲劳磨损与磨粒磨损共同作用所引起的。薛超凡等[43]采用正交试验方法研究了碳纤维增强环氧树脂基复合材料在 –45℃、–20℃以及室温下微动摩擦磨损性能，研究指出，复合材料在低温下呈现出一定的脆性，疲劳剥落较室温时更为严重，低温时的摩擦系数相比于常温会增大。

McCook 等[44]研究了 PTFE、PTFE/PEEK 复合材料、ePTFE/环氧树脂涂层在 173～317K 温度下摩擦系数与环境温度的关系，并且收集了已发表的一些关于 PTFE 和其他聚合物的研究数据，同时结合他们的测试结果拟合成如图 6.24 所示的摩擦系数与温度的函数，该函数显示随着温度降低，材料摩擦系数单调升高。E_a为活化能，J/mol；R为通用气体常数，大小为8.314J/(mol·K)；T为表面温度，K；T_0为温度效应归一化的参考温度，T_0=296K；μ^*为归一化摩擦系数；μ为温度为T时测得的摩擦系数，μ_{T0}为温度为T_0时的摩擦系数。

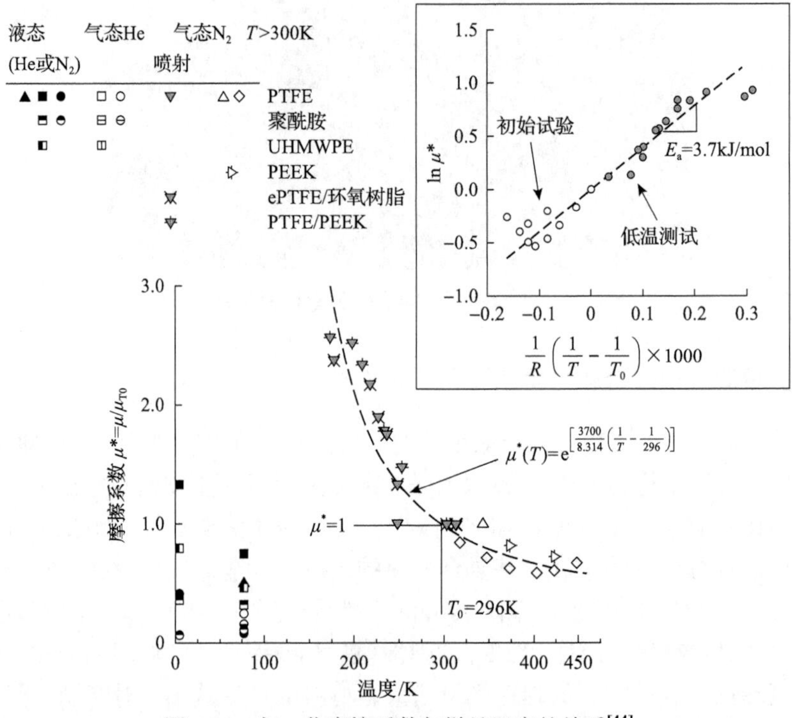

图 6.24　归一化摩擦系数与样品温度的关系[44]

虽然以上两种与服役温度相关的理论对摩擦系数的影响存在完全相反的观点，但上述两种温度对聚合物材料摩擦系数的影响机制并不冲突，两者共同影响材料摩擦系数的变化，存在相互竞争的关系。在不同温度范围内，其中一种影响机制将占据主导地位，使得材料在这个温度范围内摩擦系数随环境温度的降低而增大或减小，若超过此温度范围，则另一种影响机制占据主导地位，摩擦系数将随温度的变化趋势向另一个方向变化。例如，Wan等[45]研究了温度和载荷对PI(聚酰亚胺)摩擦学性能的影响，在−50℃、−40℃、−30℃、−20℃和−10℃五种不同温度以及300N、450N、600N三种不同载荷下进行试验，结果如图6.25所示。由图可知，温度与载荷对摩擦系数的影响很大，但是摩擦系数并不随温度变化而呈线性变化。Burton等[46]在不同温度下(4～200K)进行不锈钢板、蓝宝石和PTFE与不锈钢的对磨试验，研究表明，对于硬质材料，温度的降低对材料的摩擦系数并没有很大的影响，摩擦系数主要与磨损有关；对于较软的材料如PTFE，温度对其摩擦系数的影响很大。这一研究侧面印证了温度通过影响材料的硬度进而影响材料的摩擦系数。

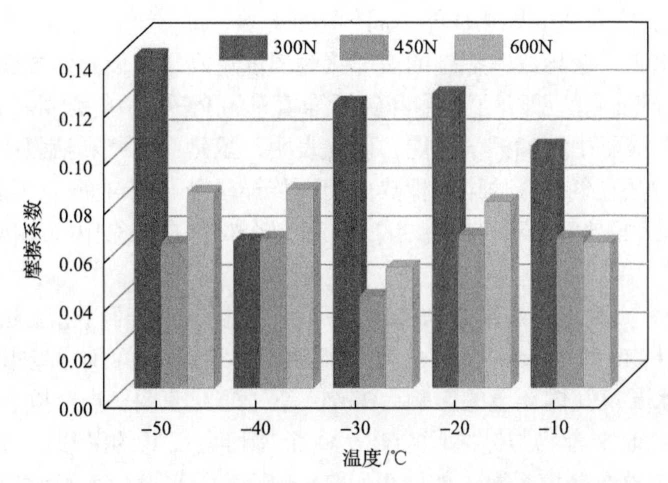

图 6.25　PI 在不同温度和负载条件下的摩擦系数[45]

总之，降低温度一方面会使材料的硬度和弹性模量增加，相同载荷下的变形量减小，实际接触面积减小，摩擦系数减小；另一方面会使材料的剪切强度增加，进而引起摩擦系数的黏附项增加，导致低温下的摩擦系数增大，这两种机制共同作用对聚合物的摩擦系数产生重要的影响，并且对于不同的聚合物材料，其影响行为又呈现出不同的影响规律。

聚合物材料不同于普通的金属材料，温度的降低会导致聚合物材料的力学性能产生很大的变化。线性非晶聚合物存在三种状态，即玻璃态、高弹态和黏流态，材料会随温度的降低由韧性向脆性转变导致磨损变严重。Liu 等[42]分别在室温和液氮环境下开展了线性非晶聚合物 UHMWPE 与 CoCr15 钢球的球-盘摩擦磨损试验，研究表明，低温下的磨损量远大于室温下的磨损量；薛超凡等[43]在–45℃、–20℃和常温下对碳纤维增强环氧树脂基复合材料进行了微动摩擦磨损试验，发现低温下会出现较多的微动裂纹和疲劳剥落，磨损更为严重；在真空环境下，Song 等[40]研究了玻璃纤维填充的 PTFE 基复合材料在–60～30℃不同温度下的磨损率，发现低温环境下的磨损率相比于常温显著降低。综上所述，服役温度对聚合物的磨损性能具有较大影响，现有研究中关于温度对聚合物磨损量的研究结果仍存在较大的争议，这可能与研究人员选用的摩擦副材料和试验工况有关。

6.3.3　介质环境对橡塑材料摩擦学性能的影响

学者普遍认为，在使用低温液体方式制冷时，摩擦过程中环境介质可以及时地将摩擦界面的摩擦热向周围传导，因此摩擦学行为不同于干态低温服役工况，在摩擦试验过程中不同的介质环境对聚合物的摩擦学性能影响很大。目前，研究结果指出的低温制冷液体影响聚合物摩擦学性能主要有两个方面：

(1)不同制冷介质的导热性能不同，处于导热性能较差的制冷介质中时，摩擦热难以传导出去，会导致摩擦副的实际接触温度更高，进而对摩擦学性能产生影响。例如，Theiler 等[47]研究了青铜和碳纤维填充的 PTFE 基复合材料在室温空气、氦气、液氮和液氦中的摩擦学性能，研究表明，虽然在氦气和液氮中的环境温度均为 77K，但是在气体介质中摩擦热向周围传导较慢。相对而言，氦气环境中的摩擦副实际接触温度更高，导致测试的几种复合材料在液氮中的摩擦系数均小于氦气环境。

(2)制冷介质也可能与聚合物反应，从而产生协同或抑制效应，进而影响聚合物的摩擦学性能。McCook[44]认为，进行低温摩擦学试验时面临许多困难，如试验过程中水、冰以及气体环境的影响。Burris 等[48]研究表明，当摩擦界面有冰存在时，在摩擦界面聚合物与冰之间会产生一个剪切力很低的滑移通道，这个滑移通道的存在会导致摩擦系数大幅降低。Chen 等[49]研究界面冰膜对橡胶带摩擦学性能的影响时，进一步证实了低温环境下湿摩擦的静摩擦系数要比干摩擦的静摩擦系数高 10%～40%。

聚合物材料的摩擦学性能也受空气湿度和成分影响，在潮湿空气中滑动时，大磨损颗粒的黏附增加使得表面粗糙度变大，进而导致摩擦系数增大。Oyamada 等[50]研究了碳纤维聚醚醚酮复合材料(PEEK-CF)在温度 113K、不同湿度条件下所表现的摩擦学性能，结果表明，在低温环境下，聚合物材料摩擦系数会随着周围环境湿度的降低而减小，在通入高湿度空气后，摩擦系数又会迅速增大恢复初始水平；在低温、低氧、低湿度环境下，含碳纤维的聚醚醚酮复合材料摩擦系数会显著降低，摩擦系数将低于 0.1；在低温氮气环境下，磨损表面形成了一层由聚醚醚酮和碳纤维细碎磨粒组成的摩擦膜，使得材料的摩擦系数和磨损量相比于常温氮气环境大幅减小。

Zheng 等[51]开展了 PI 在两种全氟聚醚油和两种硅油及其不同温度环境下的摩擦学性能对比研究，发现在润滑油介质环境下，聚合物的低温摩擦学性能与润滑油的黏度密切相关。在常温下四种润滑油的黏度很低，润滑效果优良，摩擦系数相对于干摩擦急剧减小，但是随着温度降低，四种润滑油的黏度增加，在–100℃时甚至会凝固，导致 PI 的摩擦系数升高且非常不稳定；而由于低温下 PI 的硬度增加，其磨损率会随着温度的降低逐渐减小。

6.3.4　试验参数对低温环境下摩擦学性能的影响

摩擦副相互摩擦时会产生摩擦热，使得摩擦表面的温度高于环境温度，进而影响摩擦副的摩擦学行为。根据 Samyn 等[52]的研究，摩擦热会使摩擦界面的温度升高 10～30℃，而聚合物是依靠分子与分子之间转移热量，热传导率很低，因此研究人员在研究滑动速度与载荷对摩擦学性能的影响时，为了避免大的温升对试验产生影响，均尽量控制了滑动速度与接触载荷。

在低温、低载荷工况下，聚合物材料会由于载荷的增加而产生变形，导致实际接触面积增大，因此即使载荷增加，但是摩擦表面实际的接触压力会减小，使得摩擦系数与磨损率减小。例如，Wan 等[45]的研究表明，PI 在低温高载荷(450～600N)工况下，磨损量随着载荷的增加而增大。Liu 等[42]研究了 UHMWPE 在室温和液氮(78K)环境下摩擦系数与载荷的关系，结果如图 6.26 所示。UHMWPE 在低温下的摩擦系数随载荷的变化趋势与常温非常相似，都是先增大后减小；在液氮条件下，UHMWPE 的磨损量随着温度的增加而增加。他们认为，这是载荷增加使得实际接触面积增大导致的摩擦系数增加；而当载荷继续增加时，摩擦副会迅速磨合，摩擦表面会因表面磨损变得光滑，导致摩擦系数降低。

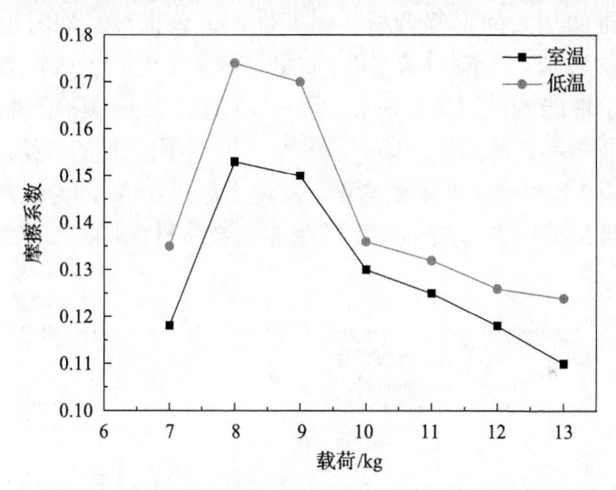

图 6.26　UHMWPE 在室温和低温环境下摩擦系数与载荷的关系[42]

Barry 等[53]对 PTFE-PTFE 在正常载荷和 25～300K 温度下三种不同的滑动构型进行了分子动力学模拟，探究了滑动方向对低温聚合物摩擦的影响，模拟结果表明，垂直方向滑动的摩擦系数最大，平行滑动摩擦系数最小。在相对较高的温度下，界面分子存在低阻碍的路径，即摩擦系数较低；在低温下，界面原子之间的键刚度增加，分子之间滑动阻碍增加，因此摩擦系数增加。

6.3.5　面向低温环境的聚合物改性

一些常见的聚合物虽然具有良好的耐低温性能，但其承载能力低、耐磨性差等限制了其在低温摩擦学领域的应用。为改善聚合物的低温摩擦磨损性能，众多研究人员对聚合物进行了改性研究，并制备出了满足不同使用要求的高性能复合材料。例如，氧化丙烯橡胶的玻璃化转变温度为 –73℃、氯醚橡胶(聚环氧氯丙烷)T6000 的玻璃化转变温度为 –60℃，这两种橡胶都具有良好的抗冻性，但是耐磨性与松弛特性均较差。目前，针对聚合物的低温摩擦学性能相关改性主要有以下几种思路：

(1)固体润滑剂填充改性。常用的固体润滑剂有石墨、二硫化钼、PTFE 等，石墨和二硫化钼具有层状结构，填充进聚合物中之后可使复合材料对偶间更易发生剪切滑动，使材料具有更好的润滑性。PTFE 可促进聚合物复合材料对摩副之间转移膜的形成，使材料表现出较低的摩擦系数。

(2)纤维增强改性。纤维具有高的机械强度，填充纤维可有效提高聚合物的强度和刚度，增强复合材料的耐磨性，常用的改性纤维有芳纶纤维、碳纤维、玻璃纤维等。时连卫等[54]制备了芳纶纤维改性 PTFE 复合材料，研究了复合材料的摩擦磨损性能，并将复合材料在常温、液氮、液氢下的性能进行了对比，结果如图 6.27 所示。芳纶纤维的加入使得复合材料耐磨性能显著提高，同时也提高了摩擦系数；当 PPTA(聚对苯二甲酰对苯二胺)质量分数为 5% 时，改性效果最佳。通过对复合材料力学性能测试发现，在低温下，PPTA/PTFE 复合材料的冲击强度有所下降，断裂伸长率显著下降。Wang 等[55]研究了不同含量的芳纶纤维和氧化锌对 PTFE 在液氮环境下摩擦学性能的影响，发现当添加 15% 的芳纶纤维和 2% 的氧化锌时改性效果最佳，在保持 PTFE 低摩擦系数特性的同时，大大提升了 PTFE 的耐磨性。

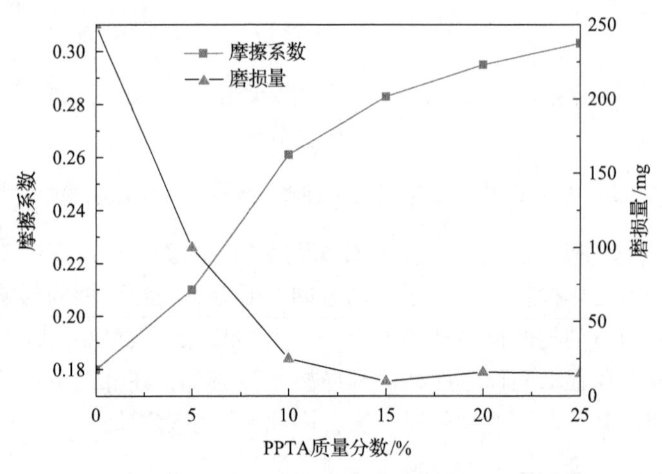

图 6.27　PPTA 含量对复合材料摩擦磨损性能的影响

(3)表面改性。Masami 等[56]发现 Si-DLC 涂层可以使氟橡胶在低温下具有更小的摩擦系数和更低的磨损率；Lan 等[57]利用静电喷雾沉积的方法将 ATSP(无水磷酸三钠)喷涂至灰铸铁上，制造了一层 30μm±5μm 厚的 ATSP 涂层，研究发现，

ATSP 涂层的摩擦系数随着温度的降低而增大，并在–100℃时达到最大值，温度继续降低，摩擦系数继续下降；在低温条件下，ATSP 涂层的磨损极小，出现了近乎“零磨损”的效果。

6.4　不同服役温度下聚氨酯密封件摩擦学行为

在众多橡胶材料中，聚氨酯因其具有优越的耐磨性、机械强度、耐压性和气密性等特点而受到广泛关注，是近年创新的多功能综合性橡胶材料，在多个方面优于普通橡胶，成为发展密封新技术(结构)的关键材料之一。然而，密封件所处的工作环境复杂多变，常受到紫外线、水、沙尘和温度等因素的影响，致使其物理性能发生变化，从而导致整个装置损伤失效。尤其液压系统和充气部件的使用环境多为高/低温(宽温域)极端苛刻的工况，因此对宽温域下聚氨酯材料的耐磨性能提出了越来越迫切的需求。

目前，国内外的学者针对聚氨酯材料在常温服役工况中的摩擦磨损行为取得了一系列显著的进展，主要集中于材料的改性增强[58]、涂层[59]、化学结构[60]等对其摩擦学特性的影响。然而，极端温度条件对聚氨酯性能的影响研究主要侧重于材料的制备和测试方法[61]、耐腐蚀性[62]、老化降解[63]等方面。例如，Ashrafizadeh 等[62]利用有限元模型研究了温度对聚氨酯弹性、塑性和应力软化行为的影响。迄今，关于极端高/低温下聚氨酯材料摩擦学的相关研究仍未见报道，其磨损机制尚不明确。因此，研究聚氨酯材料在宽温域下的摩擦学行为是一项非常重要的课题，通过改变温度得到其摩擦学性能的变化规律，从而尽可能地减小不同温度下摩擦磨损导致的表面损坏，为延长密封件的使用寿命提供保障。

基于上述面向低温服役环境的橡塑摩擦学问题，以及现有对宽温域下橡塑材料摩擦学研究的不足，本节选用聚氨酯/金属配副为研究对象，通过对比分析界面摩擦系数、磨损率、磨痕形貌等的变化情况，探讨不同温度对聚氨酯摩擦磨损行为、损伤机制的影响，以期为极端服役环境下聚氨酯密封材料的安全可靠服役提供技术指导及理论依据。

6.4.1　试验简介

试验在 UMT-3 型摩擦磨损试验机(结合超低温制冷/热循环系统)上进行，加热/制冷一体式循环系统由制冷/加热单元、温控模块、冷却/制热介质和中空结构的试样腔组成，冷却介质为液态乙醇(质量分数为 99.7%)，制热介质为 5W-40 全合成机油。摩擦副的试验环境是中空结构密闭腔(图 6.28)，摩擦副位于腔体内，腔体的腔壁为内外双层壁组成的介质通道，通道用于流通不同温度的冷却/制热介质[64]。数字温度传感器固定在腔内，可实时监测腔内的温度，并反馈给温控模块。冷却/制热介质的温度受循环系统可编程逻辑控制器(programable logic controller, PLC)闭环控制，因此可以实现环境温度的无极及实时调控，波动不超过±1℃，以保证整个试验过程中温度的稳定。依次在–50℃、–25℃、0℃、25℃、60℃五个温度工况下进行干滑动磨损试验。

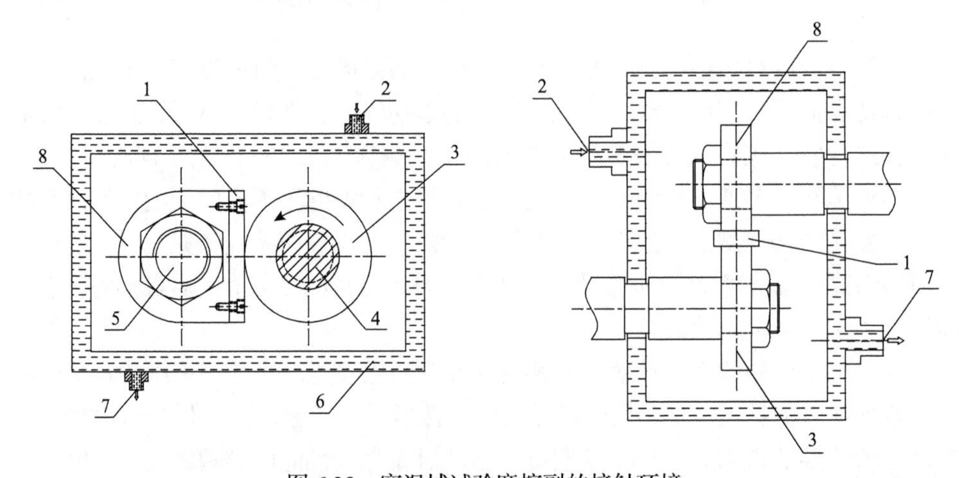

图 6.28　宽温域试验摩擦副的接触环境

1-316L 不锈钢平面试样；2-介质入口；3-聚氨酯轮试样；4-旋转轴；5-平面试样固定端；6-冷却/制热介质；7-介质出口；8-平面试样夹具

6.4.2　不同温度下摩擦系数与磨痕参数的演变分析

图 6.29 为五种不同温度条件下聚氨酯摩擦系数的变化趋势。由图可以看出，在五种温度下，聚氨酯试样的摩擦系数在 100 个循环周期内，均经历先爬升再快速下降，最后进入稳定的阶段(阶段Ⅲ)。其中，在–50℃时，摩擦系数在摩擦初期(图 6.29 中的阶段Ⅰ)达到的峰值最高，随着环境温度的升高，摩擦系数峰值呈下降的趋势。以–50℃为例，在摩擦初期，聚氨酯试样的硬度较高(表 6.1)，滑动所需要克服的阻力较大，因此其摩擦系数峰值较大，随后摩擦热的作用导致聚氨酯表层材料软化，摩擦系数出现下降。在 100 次循环后，25℃、60℃下的摩擦系数进入缓慢下降阶段，直至基本稳定(图 6.29 中阶段Ⅱ～阶段Ⅲ)，最终其值分别保持在 0.9 和 0.6 左右。

表 6.1　不同温度下聚氨酯摩擦系数峰值及磨损表面硬度

温度/℃	–50	–25	0	25	60
摩擦系数初始峰值	3.0	2.9	2.6	2.5	2.0
肖氏硬度(Shore A)	94.4	88.9	81.6	78.2	73.8

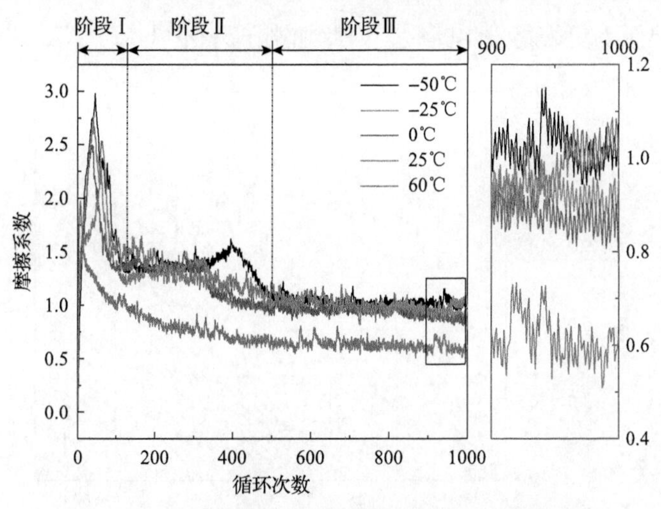

图 6.29　五种不同温度条件下聚氨酯的摩擦系数曲线

低温区段(–50℃、–25℃、0℃)的摩擦系数与常温及高温下不同的是，在阶段Ⅰ后，并未达到稳定，而是缓慢攀升至第二峰值点，然后下降(图 6.29 中的阶段Ⅱ)。进一步观察发现，温度度越低，摩擦系数进入第二峰值的循环周次越滞后(–50℃、–25℃、0℃出现峰值时分别为第 390 次、330 次和 320 次循环)。出现此种现象的原因为，摩擦副间的相对运动引起接触区表层温度升高，并形成较大的温度梯度，环境温度的不同导致聚氨酯表层达到相同温度的时间会有先后，因此环境温度较低的聚氨酯表面到达摩擦系数变化点的循环周数也就越滞后。在进入稳定阶段(图 6.29 中的阶段Ⅲ)后，低温区段的摩擦系数由–50℃时的 1.08 降低至 0℃的 0.77(图 6.29 右侧放大图)。当升至室温时，材料的硬度有所降低，聚氨酯表面和摩擦对偶面的真实接触面积增大，摩擦系数反而增大；在环境温度较高(60℃)时，剧烈的分子热运动使变形损失摩擦力减小，摩擦系数降低。综上所述，不同温度对聚氨酯与金属配副滑动界面的摩擦系数均产生了不同程度的影响。

图 6.30 为不同温度下聚氨酯试样磨损率的变化情况。由图可以看出，温度对聚氨酯的磨损状况影响显著。在低温(–50～0℃)环境下，聚氨酯试样的磨损率变化较小，且均低于室温条件；随着温度的升高，聚氨酯材料的磨损率呈现增大趋势，60℃时的磨损率(1.1×10^{-3}g/m)是 –50℃时(3×10^{-4}g/m)的 3.7 倍。由此可见，低温可以有效降低聚氨酯的磨损。其原因可能在于，一方面，低温时聚氨酯的硬度较高，在相同的载荷条件下有更小的压缩变形，摩擦副的摩擦力对其表面的切向分量也较小，所以磨损率较小，抗磨损性能增强；另一方面，低温下的聚氨酯分子被限制于冻结状态，降低了材料的磨损，随着温度的升高，材料内部分子间

的共价键在热激下更容易发生断裂，因此加剧了磨损[65]。

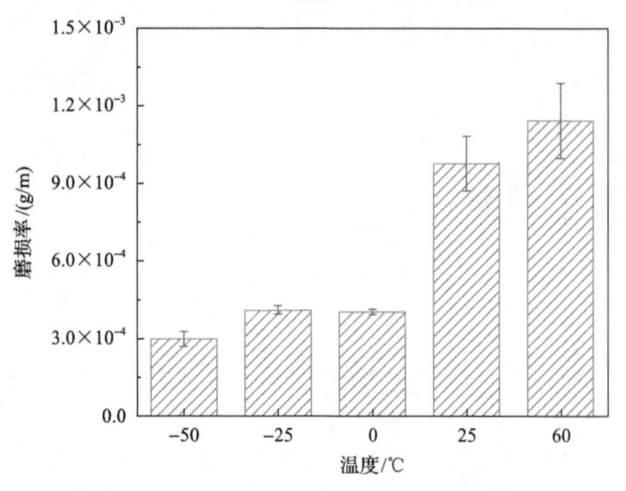

图 6.30　聚氨酯磨损率随温度的演变趋势

聚氨酯磨痕表面的三维形貌及不同温度下试样表面的粗糙度如图 6.31 所示。以−50℃和 60℃时的磨痕形貌为例，磨痕表面均有不规则形状的沟槽和突起，且沟槽和突起均不连续，深度和宽度也出现一定范围的变化。由图 6.31(c)知，低温(−50℃、−25℃、0℃)下相互之间的粗糙度无明显差异，但相比于 25℃及 60℃时，轮廓最大波峰高度 R_p 及轮廓总高度 R_t 均较低，而轮廓算术平均粗糙度 R_a 表现出与 R_p 及 R_t 截然相反的演变规律，在−50℃时，R_a 为 9.1μm；当温度升至 60℃时，R_a 下降为 8.2μm。磨痕表面粗糙度随温度的变化规律与摩擦系数的变化规律有相似之处，即低温区段的差异不显著，当温度升高至 60℃时，表面粗糙度及摩擦系数均变小。

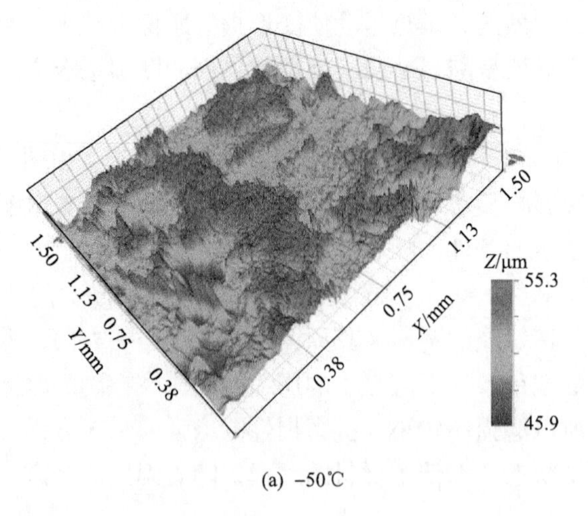

(a) −50℃

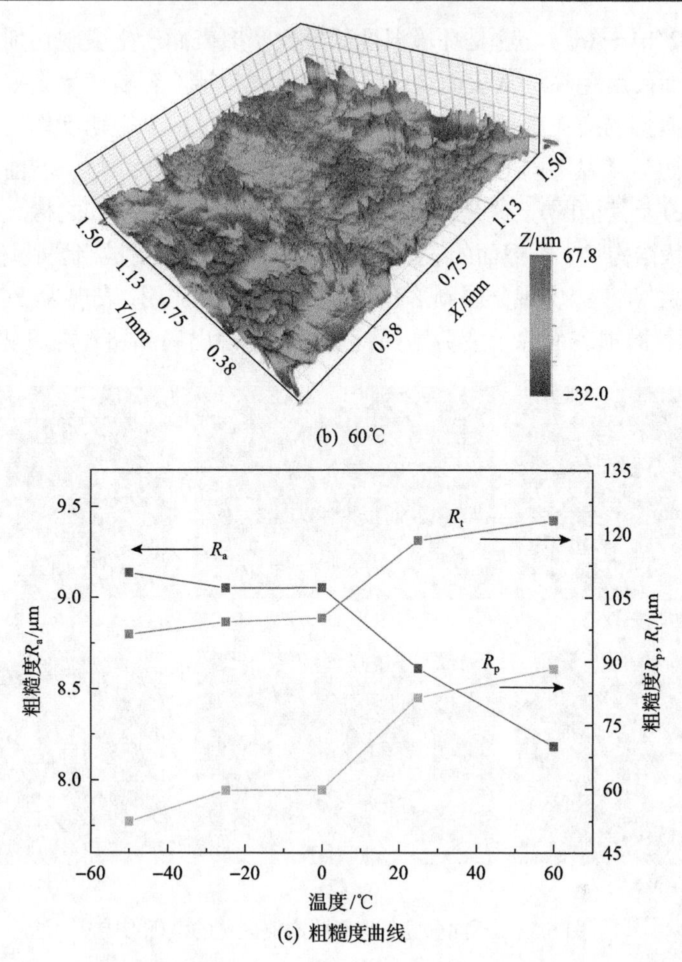

(b) 60℃

(c) 粗糙度曲线

图 6.31　聚氨酯磨痕表面的三维形貌及不同温度下磨痕参数的演变趋势

6.4.3　不同温度下聚氨酯损伤特征分析

不同温度下聚氨酯试样磨痕区域的微观形貌如图 6.32 所示。初始未磨损的聚氨酯试样的表面较为光滑平整(图 6.32(a))。在不同温度环境下，磨损表面均形成了一系列垂直于滑动方向隆起的山脊状磨损花纹。山脊状花纹为橡胶磨损的典型形貌，即 Schallamach 图纹，其形成起因于接触面的切向压缩应力[66]，且图纹沿着与滑动方向相反的方向移动。对摩副硬质金属的粗糙峰嵌入聚氨酯后产生推挤作用，使其形成塑性流动并犁出沟槽[67]，形成山脊状突起，而与聚氨酯配副的 316L 不锈钢表面几乎未见损伤。

进一步比较发现，在不同温度区间内，磨损表面形貌表现出不同的规律。在低温环境下，磨损表面存在较多的细小颗粒，且随着温度升高，颗粒的尺寸逐渐增大(图 6.32(b)～(d))。这是环境温度低导致摩擦表面产生微观切削，且温度越低，材料表面硬度越高，从表面切削下来的小颗粒越不容易产生集聚。因此，其磨损机制为典型的磨粒磨损特征，磨损的主要物理过程为微切削作用产生的微观分子的断裂。与低温不同的是，常温下的磨损表面无细小颗粒，卷曲特征更为凸显(图 6.32(e)及其插图)。这是由于此时的聚氨酯硬度较低，加之橡胶组织结构多为微观的层状结构[68]，摩擦面的表层在剪切力的重复作用下被撕裂破坏，进而卷曲脱落，产生卷曲磨耗。宏观分层剥落在此过程中起主导作用，表现为疲劳磨损特征。而在 60℃时，磨损表面除了疲劳磨损特征，还表现出局部黏着现象(图 6.32(f))。

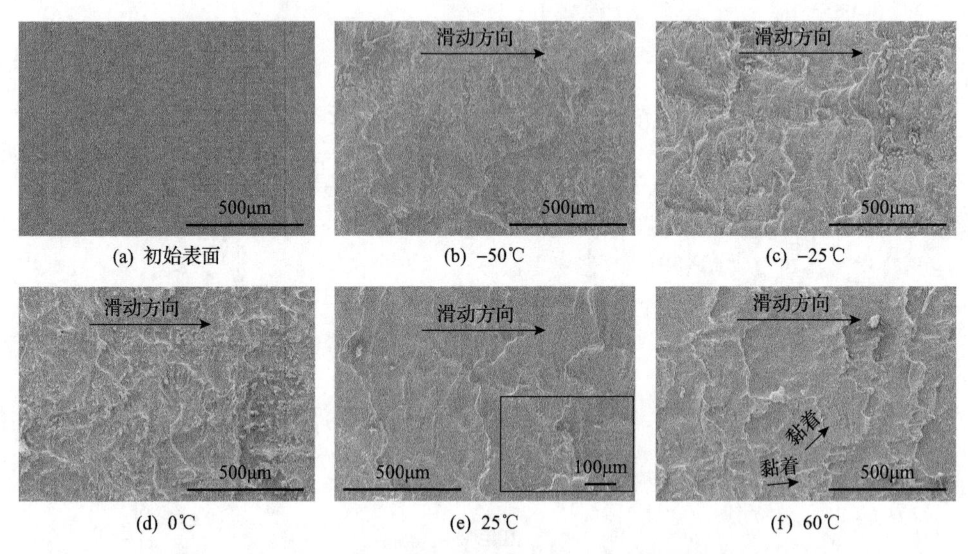

(a) 初始表面　(b) −50℃　(c) −25℃
(d) 0℃　(e) 25℃　(f) 60℃

图 6.32　不同温度下聚氨酯磨痕区域的微观形貌

值得一提的是，不同温度下聚氨酯材料的磨痕区域均出现了光滑的月牙状条带凹坑(图 6.33(a))，此凹坑在橡胶的磨损形貌中不多见。分析多组照片，推测其形成的过程如下：

(1)聚氨酯表面在切向应力梯度的作用下，形成垂直于滑动方向的条纹。

(2)当局部切削达到一定程度时，此部位被瞬间撕裂剥落，从而在磨痕表面呈现出月牙状条带凹坑。

(3)随着摩擦的进行，凹坑边缘由于应力集中，形成与滑动方向平行的条痕区(图 6.33(a)中黑虚线内区域)，随后凹坑处经历磨损，形成垂直于滑动方向的条纹，如此循环往复。

通过统计得出，在不同温度下，磨痕表面月牙状凹坑数量的变化趋势如图 6.33(b)所示。由图可见，−50～25℃时的凹坑数量无显著差异，当温度为 60℃时，凹坑数量最少，约为 0℃时的 1/4。这可能是环境温度较高，聚氨酯表面较为软化，材料不易成块剥落所致。

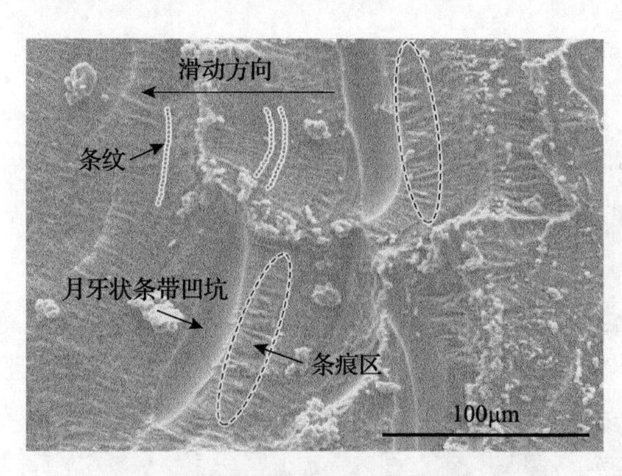

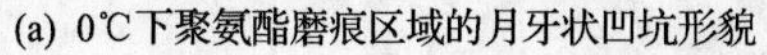
(a) 0℃下聚氨酯磨痕区域的月牙状凹坑形貌

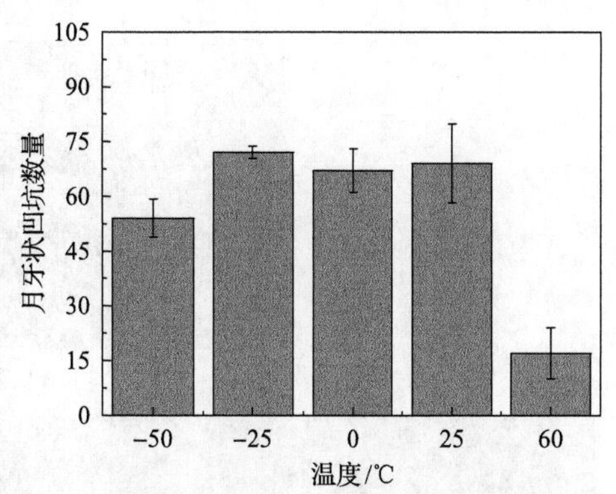

(b) 不同温度下1.10mm^{2}面积内凹坑的分布

图 6.33　月牙状凹坑形貌及其分布情况

材料表面经磨损脱落形成的磨屑，可以间接地反映滑动过程中磨损表面的损伤状态。以三个不同温度下聚氨酯的磨屑为例(图 6.34)。低温时出现的磨屑主要为粉末状磨屑(图 6.34(a))。这是由于温度降低后，磨屑受到摩擦热的作用减少，磨屑颗粒之间的结合力削弱，表面微凸体以颗粒状形式脱落。当温度升高到 60℃时，出现了条状磨屑。这主要是磨损初期产生的磨屑嵌入材料表面，形成第三体并参与磨损所致。大块条状磨屑在接触面的残留和脱落，必将进一步加剧聚氨酯表面的摩擦磨损行为，因此在 60℃下，聚氨酯试样表现出较高的磨损率，这与上述图 6.30 的结果相吻合。由图 6.34(b)～(d)可以看出，随着温度的升高，磨屑尺寸变大。由图 6.34(e)～(g)进一步分析可知，三个温度下的磨屑均由细小颗粒及卷曲的片状剥离层组成。这些剥离层考虑为聚氨酯材料表面在磨损过程中被局部撕裂脱落而成，从而在磨痕表面留下图 6.33(a)所示的月牙状条带凹坑。同时发现，在温度较低时，磨屑中细小颗粒物较多；当温度为 0℃时，磨屑以片状剥离层为主；当温度升至 60℃时，片状剥离层与颗粒间出现黏连，界限不再分明。这也从侧面印证了上述图 6.32 中低温下出现磨损表面多颗粒物(磨粒磨损)和高温下出现黏着特征(黏着磨损)的结论。

图 6.35 为 0℃下聚氨酯试样磨损表面 SEM 照片、微区元素能谱图及三个温度(−50℃、25℃、60℃)下的红外光谱图。由图可以看出，聚氨酯磨损表面主要由 C、N、O、Cl 四种元素组成，且 EDS(1)～EDS(4)区域中各元素含量均无明显变化。结合红外光谱可知，材料表面官能团也无显著差异。因此，可以断定，聚氨酯磨损基体、山脊状突起、月牙状凹坑的形成以及磨屑的产生，均是简单的机械物理作用。在不同的温度下，聚氨酯材料的摩擦磨损表面均未发生明显的化学结构变化。

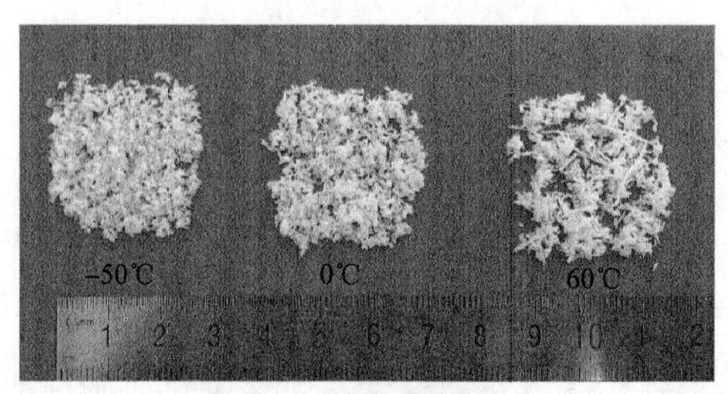

(a) 宏观形貌

(b) −50℃，放大30倍　　(c) 0℃，放大30倍　　(d) 60℃，放大30倍

(e) −50℃，放大1000倍　　(f) 0℃，放大800倍　　(g) 60℃，放大1000倍

图 6.34　不同温度下聚氨酯的磨屑宏观及微观形貌

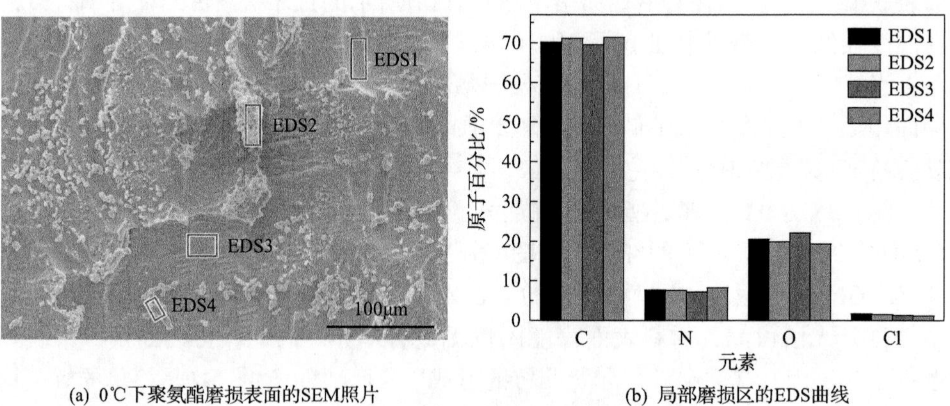

(a) 0℃下聚氨酯磨损表面的SEM照片　　(b) 局部磨损区的EDS曲线

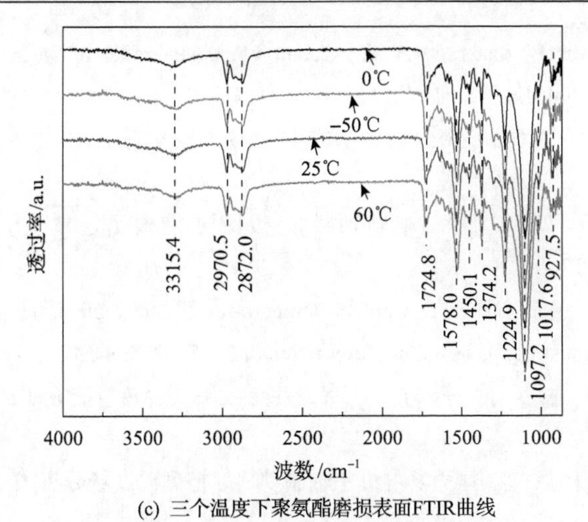

(c) 三个温度下聚氨酯磨损表面FTIR曲线

图 6.35　聚氨酯磨损表面的化学结构

FTIR 为傅里叶转换红外光谱

6.5　聚合物低温摩擦学的研究展望

聚合物材料的低温摩擦学研究具有重大的应用需求，如空间摩擦学、极地科考、轨道交通等领域都将用到大量的聚合物材料。服役温度对聚合物及其复合材料的弹性模量、硬度和剪切强度等力学性能产生影响，导致聚合物出现不同于常温环境的摩擦学性能和磨损机制；在开展低温摩擦学试验时，需要特别注意冷却介质、水、冰、湿度等会对聚合物摩擦学性能产生较大的影响；在低温环境下，滑动速度越快，载荷越大，摩擦反应进行越快，形成低摩擦状态越容易，但同时磨损也会加剧；填充填料的方法可有效提高聚合物的摩擦磨损性能，但目前各种填料对聚合物低温摩擦学性能的影响机理尚不清晰。未来应进一步对低温工况下温度、湿度、滑动速度等对聚合物摩擦学性能的影响机理进行系统研究，重点探讨聚合物低温摩擦学行为及其损伤机理，理清影响低温摩擦学性能的关键因素(包括服役工况、材料组分等)，为低温环境聚合物的摩擦学应用和摩擦学设计提供理论参考。

参 考 文 献

[1] 赵良举, 赵向雷, 杜长春, 等. 橡胶油封唇口温度及其对润滑失效影响[J]. 机械科学与技术, 2014, 33(6): 840-844.

[2] 孔亚彬, 沈明学, 张执南, 等. 橡胶 O 形圈/不锈钢配副往复摩擦生热特性[J]. 上海交通大学学报, 2019, 53(11): 1352-1358.

[3] Frolich D, Magyar B, Sauer B, et al. A comprehensive model of wear, friction and contact temperature in radial shaft seals[J]. Wear, 2014, 311(1): 71-80.

[4] 杨秀萍, 于润生, 刘学新. 密封圈热-结构耦合场参数化有限元分析[J]. 橡胶工业, 2015, 62(9): 547-551.

[5] 桑建兵, 邢素芳, 刘宝会, 等. 旋转轴唇形密封圈的有限元分析与仿真[J]. 液压与气动, 2013, (5): 114-117.

[6] Kennedy F E, Lu Y, Baker I. Contact tempera-tures and their influence on wear during pin-on-disk tribo-testing[J]. Tribology International, 2015, 82: 534-542.

[7] 许曼曼, 赵良举, 杜长春, 等. 往复式密封件泵汲率及生热量研究[J]. 润滑与密封, 2014, 39(9): 57-62.

[8] 刘莹, 胡育勇, 宋涛, 等. 风力发电机主轴制动器摩擦副温度场分析[J]. 润滑与密封, 2015, 40(3): 35-39.

[9] Li B, Li S X, Shen M X, et al. Tribological behavior of acrylonitrile-butadiene rubber under thermal oxidation ageing[J]. Polymer Testing, 2021, 93: 106954.

[10] 刘丽萍, 冯志力, 刘嘉. 航空橡胶密封材料发展及应用[J]. 军民两用技术与产品, 2013, (6): 13-16.

[11] Fu Y, Yang C, Lvov Y M, et al. Antioxidant sustained release from carbon nanotubes for preparation of highly aging resistant rubber[J]. Chemical Engineering Journal, 2017, 328: 536-545.

[12] Rodriguez N, Dorogin L, Chew K T, et al. Adhesion, friction and viscoelastic properties for non-aged and aged styrene butadiene rubber[J]. Tribology International, 2018, 121: 78-83.

[13] Kommling A, Jaunich M, Wolff D. Effects of heterogeneous aging in compressed HNBR and EPDM O-ring seals[J]. Polymer Degradation & Stability, 2016, 126: 39-46.

[14] Jiang B Q, Jia X H, Wang Z X, et al. Influence of thermal aging in oil on the friction and wear properties of nitrile butadiene rubber[J]. Tribology Letters, 2019, 67(3): 86-95.

[15] Grasland F, Chazeau L, Chenal J, et al. About thermo-oxidative ageing at moderate temperature of conventionally vulcanized natural rubber[J]. Polymer Degradation & Stability, 2019, 161: 74-84.

[16] Wan S H, Li T X, Chen S B, et al. Effect of multi-modified layered double hydroxide on aging resistance of nitrile-butadiene rubber[J]. Composites Science and Technology, 2020, 195(28): 1-8.

[17] 阙刚, 彭旭东, 沈明学, 等. 丁腈橡胶热空气老化力学性能分析及贮存寿命预测[J]. 润滑与密封, 2018, 43(2): 18-25.

[18] Dong C L, Yuan C Q, Bai X Q, et al. Tribological properties of aged nitrile butadiene rubber under dry sliding conditions[J]. Wear, 2015, 322-323: 226-237.

[19] Han R J, Quan X D, Shao Y R, et al. Tribological properties of phenyl-silicone rubber composites with nano-CeO_2 and graphene under thermal-oxidative aging[J]. Applied Nanoscience, 2020, 10: 2129-2138.

[20] Roche N, Heuillet P, Janin C, et al. Mechanical and tribological behavior of HNBR modified by ion implantation, influence of aging[J]. Surface & Coatings Technology, 2012, 209: 58-63.

[21] De B, Voit B, Karak N. Transparent luminescent hyperbranched epoxy/carbon oxide dot nanocomposites with outstanding toughness and ductility[J]. ACS Applied Materials & Interfaces, 2013, 5(20): 10027-10034.

[22] Brostow W, Hagg L H, Narkis M. Sliding wear, viscoelasticity, and brittleness of polymers[J]. Journal of Materials Research, 2006, 21(9): 2422-2428.

[23] Brostow W, Hagg L H, Khoja S. Brittleness and toughness of polymers and other materials[J]. Materials Letters, 2015, 159: 478-480.

[24] Sugiman S, Putra I K, Setyawan P D. Effects of the media and ageing condition on the tensile properties and fracture toughness of epoxy resin[J]. Polymer Degradation & Stability, 2016, 134: 311-321.

[25] Mofidi M, Kassfeldt E, Prakash B. Tribological behaviour of an elastomer aged in different oils[J]. Tribology International, 2008, 41(9): 860-866.

[26] Molnar W, Nevosad A, Rojacz H, et al. Two and three-body abrasion resistance of rubbers at elevated temperatures[J]. Wear, 2018, 414-415: 174-181.

[27] Myshkin N K, Petrokovets M I, Kovalev A V. Tribology of polymers: Adhesion, friction, wear, and mass-transfer[J]. Tribology International, 2005, 38(11-12): 910-921.

[28] Heinrich G, Klüppel M. Rubber friction, tread deformation and tire traction[J]. Wear, 2008, 265(7): 1052-1060.

[29] Koeller C R. Applications of fractional calculus to the theory of viscoelasticity[J]. Transactions of the American Society of Mechanical Engineers Journal of Applied Mechanics, 1984, 51(2): 299-307.

[30] Bragaglia M, Cacciotti I, Cherubini V, et al. Influence of organic modified silica coatings on the tribological properties of elastomeric compounds[J]. Wear, 2019, 434-435: 202987.

[31] 熊光耀，李圣鑫，李波，等. 面向低温环境的聚合物摩擦学性能及其改性研究进展[J]. 材料导报, 2022, 36(3): 20070001.

[32] 何春霞. 聚合物复合材料摩擦学研究进展[J]. 材料科学与工艺, 2003,11(4): 445-448.

[33] 孙荣禄，孙树文，郭立新，等. 固体润滑技术在空间机械中的应用[J]. 宇航材料工艺, 1999, 29(1): 17-22.

[34] Hübner W, Gradt T, Schneider T, et al. Tribological behaviour of materials at cryogenic temperatures[J]. Wear, 1998, 216(2): 150-159.

[35] 李峰, 张长春. 我国首套空间摩擦学系统研制成功[J]. 表面工程资讯, 2009, 9(2): 7.

[36] 宋喜群, 刘晓倩. 中科院兰化所研制成功我国首套空间摩擦学原位分析系统[J]. 表面工程与再制造, 2018, 18(3): 56.

[37] 杨琨, 王霞, 王进平, 等. 摩擦磨损试验机极地低温环境的模拟研究[J]. 哈尔滨工业大学学报, 2020, 52(1): 85-90.

[38] 马蕾, 何成刚, 赵相吉, 等. 低温环境下轮轨材料滚动磨损模拟试验研究[J]. 摩擦学学报, 2016, 36(1): 92-97.

[39] 仪器信息网. 刘维民院士领衔, 我国首台空间摩擦学原位分析系统研制成功[EB/OL]. https://www.instrument.com.cn/news/20180503/462911.shtml[2018-05-03].

[40] Song F Z, Yang Z H, Zhao G, et al. Tribological performance of filled PTFE-based friction material for ultrasonic motor under different temperature and vacuum degrees[J]. Journal of Applied Polymer Science, 2017, 134(39/40): 1-10.

[41] Anita P, Piotr K. The influence of reducing temperature on changing young's modulus and the coefficient of friction of selected sliding polymers[J]. Tribologia, 2018, 2(8): 107-111.

[42] Liu H T, Ji H M, Wang X M. Tribological properties of ultra-high molecular weight polyethylene at ultralow temperature[J]. Cryogenics, 2013, 58: 1-4.

[43] 薛超凡, 于敏, 姚举禄, 等. 碳纤维增强树脂基复合材料在低温条件下的微动摩擦磨损性能[J]. 上海交通大学学报, 2018, 52(5): 604-611.

[44] McCook N L, Burris D L, Dickrell P L, et al. Cryogenic friction behavior of PTFE based solid lubricant composites[J]. Tribology Letters, 2005, 20(2): 109-113.

[45] Wan G, Wu Q, Yang K. Tribological properties of the vane head/stator of hydraulic vane motor in the low ambient temperature[J]. Tribology International, 2020, 149: 105570.

[46] Burton J C, Taborek P, Rutledge J E. Temperature dependence of friction under cryogenic conditions in vacuum[J]. Tribology Letters, 2006, 23(2): 131-137.

[47] Theiler G, Hubner W, Gradt T, et al. Friction and wear of PTFE composites at cryogenic temperatures[J]. Tribology International, 2002, 35(7): 449-458.

[48] Burris D L. Investigation of the tribological behavior of polytetrafluoroethylene at cryogenic temperatures[J]. Tribology Transactions, 2008, 51(1): 92-100.

[49] Chen G S, Lee J H, Narravula V, et al. Friction and noise of rubber belt in low temperature condition: The influence of interfacial ice film[J]. Cold Regions Science and Technology, 2012, 71: 95-101.

[50] Oyamada T, Ono M, Miura H, et al. Effect of gas environment on friction behavior and tribofilm formation of PEEK/carbon fiber composite[J]. Tribology Transactions, 2013, 56(4): 607-614.

[51] Zheng F, Lv M, Wang Q H, et al. Effect of temperature on friction and wear behaviors of polyimide (PI)-based solid-liquid lubricating materials[J]. Polymers for Advanced Technologies,

2015, 26(8): 988-993.

[52] Samyn P, Schoukens G. Tribological properties of PTFE-filled thermoplastic polyimide at high load, velocity, and temperature[J]. Polymer Composites, 2009, 30(11): 1631-1646.

[53] Barry P R, Chiu P Y, Perry S S, et al. Effect of temperature on the friction and wear of PTFE by atomic-level simulation[J]. Tribology Letters, 2015, 58(3): 50.

[54] 时连卫, 王子君, 孙小波, 等. 芳纶纤维改性聚四氟乙烯复合保持架材料性能研究[J]. 轴承, 2015, (12): 31-33.

[55] Wang L Q, Jia X M, Cui L, et al. Effect of aramid fiber and ZnO nanoparticles on friction and wear of PTFE composites in dry and LN_2 conditions[J]. Tribology Transactions, 2008, 52(1): 59-65.

[56] Masami I, Haruho M, Tatsuya M, et al. Low temperature Si-DLC coatings on fluoro rubber by a bipolar pulse type PBII system[J]. Surface and Coatings Technology, 2011, 206(5): 999-1002.

[57] Lan P, Gheisari R, Meyer J L, et al. Tribological performance of aromatic thermosetting polyester (ATSP) coatings under cryogenic conditions[J]. Wear, 2018, 398-399: 47-55.

[58] Wang R, Wang H, Sun L, et al. The fabrication and tribological behavior of epoxy composites modified by the three-dimensional polyurethane sponge reinforced with dopamine functionalized carbon nanotubes[J]. Applied Surface Science, 2016, 360: 37-44.

[59] Zhang Z Z, Song H J, Men X H, et al. Effect of carbon fibers surface treatment on tribological performance of polyurethane (PU) composite coating[J]. Wear, 2008, 264(7-8): 599-605.

[60] Beck R, Truss R. Effect of chemical structure on the wear behaviour of polyurethane-urea elastomers[J]. Wear, 1998, 218(2): 145-152.

[61] Hill D, Killeen M, O'donnell J, et al. Development of wear-resistant thermoplastic polyurethanes by blending with poly(dimethyl siloxane). I. Physical properties[J]. Journal of Applied Polymer Science, 1996, 61(10): 1757-1766.

[62] Ashrafizadeh H, McDonald A, Mertiny P. Development of a finite element model to study the effect of temperature on erosion resistance of polyurethane elastomers[J]. Wear, 2017, 390: 322-333.

[63] Herrera M, Matuschek G, Kettrup A. Thermal degradation of thermoplastic polyurethane elastomers (TPU) based on MDI[J]. Polymer Degradation & Stability, 2002, 78(2): 323-331.

[64] Ji D H, Li H X, Xiong G Y, et al. Tribological properties and wear mechanisms of polyurethane sealing material over a wide temperature range[J]. Tribology Transactions, 2022, 65(3): 555-563.

[65] Persson B N, Tosatti E. Qualitative theory of rubber friction and wear[J]. The Journal of Chemical Physics, 2000, 112(4): 2021-2029.

[66] Berger H, Heinrich G, Chemnitz H G. Friction effects in the contact area of sliding rubber: A

generalized schallamach model[J]. Kautschuk Und Gummi Kunststoffe, 2000, 53(4): 200-205.
[67] 王优强, 林秀娟, 李志文. 水润滑橡胶/镀镍钢配副摩擦磨损机理研究[J]. 机械工程材料, 2006, (1): 63-65.
[68] 王哲, 王世杰, 吕晓仁. 潜油螺杆泵定子橡胶摩擦磨损行为研究[J]. 机械设计与制造, 2014, (2): 163-166.

编　后　记

“博士后文库”是汇集自然科学领域博士后研究人员优秀学术成果的系列丛书。“博士后文库”致力于打造专属于博士后学术创新的旗舰品牌，营造博士后百花齐放的学术氛围，提升博士后优秀成果的学术影响力和社会影响力。

“博士后文库”出版资助工作开展以来，得到了全国博士后管委会办公室、中国博士后科学基金会、中国科学院、科学出版社等有关单位领导的大力支持，众多热心博士后事业的专家学者给予积极的建议，工作人员做了大量艰苦细致的工作。在此，我们一并表示感谢！

“博士后文库”编委会